高｜等｜学｜校｜计｜算｜机｜专｜业｜系｜列｜教｜材

计算方法

（Python版）

王淑栋　刘玉杰　岳昊　编著

清華大學出版社
北 京

内 容 简 介

本书介绍工程、科学领域中常用的数值计算方法,共 6 章,分别为绪论、非线性方程的数值解法、线性方程组的数值解法、插值与拟合、数值积分与数值微分以及常微分方程初值问题的数值解法,同时提供学习过程中需要用到的数学基础知识以供参考,给出典型计算方法的 Python 代码。

本书可作为普通高校工科本科生、研究生"计算方法"课程教材或参考书,也可作为科技人员使用数值计算方法和 Python 的参考手册。

图书在版编目(CIP)数据

计算方法: Python 版 / 王淑栋,刘玉杰,岳昊编著. -- 北京:清华大学出版社,2025.7.
(高等学校计算机专业系列教材). -- ISBN 978-7-302-69675-9

I.O24;TP312.8

中国国家版本馆 CIP 数据核字第 2025BD3998 号

责任编辑:龙启铭　王玉梅
封面设计:何凤霞
责任校对:刘惠林
责任印制:刘　菲

出版发行:清华大学出版社
　　　　　网　　　址:https://www.tup.com.cn,https://www.wqxuetang.com
　　　　　地　　　址:北京清华大学学研大厦 A 座　　　邮　　编:100084
　　　　　社 总 机:010-83470000　　　　　　　　邮　　购:010-62786544
　　　　　投稿与读者服务:010-62776969,c-service@tup.tsinghua.edu.cn
　　　　　质 量 反 馈:010-62772015,zhiliang@tup.tsinghua.edu.cn
　　　　　课 件 下 载:https://www.tup.com.cn,010-83470236
印 装 者:河北盛世彩捷印刷有限公司
经　　销:全国新华书店
开　　本:185mm×260mm　　　　印　张:16.25　　　　字　数:375 千字
版　　次:2025 年 8 月第 1 版　　　　　　　　　印　次:2025 年 8 月第 1 次印刷
定　　价:49.00 元

产品编号:108151-01

前　言

近年来，随着信息技术的蓬勃发展和计算机辅助教学技术的广泛应用，教学效率取得了显著提升。新兴教学模式不断涌现，使得学生可以更加灵活地进行学习和实践。然而，教学方式的革新也带来了课程学时的压缩，"计算方法"课程的学时从过去的 72 学时压缩至如今的 32 学时。这一变革对教学内容的优化和教学方法的改进提出了更高的要求。

在当前新工科的背景下，教育理念转向以学生学习收获为核心的 OBE（Outcome-Based Education）模式。OBE 强调以学生为中心，通过明确的学习成果目标来指导教学设计和评价体系。学生需要在有限的学时内建立全面的知识架构，掌握典型问题的数值计算方法。学时的减少要求学生充分利用课外时间进行自主学习和深入探索，提升自学能力和应用能力。这对教材的系统性和易读性都提出了新的挑战和要求。对于工科专业的学生来说，计算方法的学习需要与之前学习的高等数学和线性代数的相关概念和原理相衔接。这不仅要求学生具备扎实的数学基础，还需要他们能够将数学理论应用于实际问题的解决。因此，本书在算法原理介绍过程中，详细展开了算法原理和推导过程，尤其在算法引入时，特别强调问题驱动的理念。我们通过实际问题的示例，引导学生理解算法的应用场景和实际意义。此外，本书简要给出了部分预备和参考知识，以帮助学生更好地理解和应用这些算法。

本书共 6 章，分别为绪论、非线性方程的数值解法、线性方程组的数值解法、插值与拟合、数值积分与数值微分、常微分方程初值问题的数值解法。每章的内容设计都经过精心地规划和安排，以确保知识点的连贯性和系统性。本书第 1 章和第 6 章由王淑栋编写，其中，第 1 章介绍了"计算方法"课程的基本概念，即误差和有效数字，为后续章节的学习奠定了基础；第 6 章介绍了初值问题的基本概念和常用的数值求解方法，即欧拉法、后退欧拉法、梯形法、欧拉预测校正法、龙格-库塔法和阿当姆斯法。第 2 章和第 3 章由岳昊编写，其中，第 2 章介绍了几种常用的迭代方法，如牛顿法和割线法，并通过实例分析了这些方法的收敛性和适用条件；第 3 章重点介绍了直接法和迭代法，包括高斯消去法、矩阵分解法、雅克比迭代法等，帮助学生理解和掌握线性方程组的求解技巧。第 4 章和第 5 章由刘玉杰编写，其中，第 4 章介绍了拉格朗日插值、牛顿插值和三次样条插值等插值方法及最小二乘法，并结合实际数据进行实例分析；第 5 章详细讲解了梯形公式、辛普森公式、牛顿-柯特斯求积公式、复化求积公式、龙贝格积分法以及高斯求积公式等常用数值积分方法，简单介绍了插值型求导公式，并详细讨论了两点和三点求导公式，帮助学生理解和掌握积分和微分的数值计算技巧。在本书编写过程中，王淑栋和刘玉杰对整本书进行了认真校对，确保内容的准确性和逻辑性。刘玉杰还绘制了书中的插图，这些图直观清晰，可帮助读者更好地理解复杂的概念和算法。

为了方便读者编程和参考，我们在附录 A 和附录 B 中分别列出了典型算法的 Python 代码和参考数学基础知识。Python 作为一种高效的编程语言，其简洁和易用性使其成为数值计算和科学计算的理想工具。附录 A 中的 Python 代码可以帮助读者更好地理解算法的具体操作步骤和实现细节，增强编程实践能力。同时，附录 B 中的数学基础知识为读者提供了便捷的参考资源，帮助其巩固和复习相关理论知识。

特别感谢庞善臣教授在本书编写过程中提出的中肯建议和宝贵帮助，他的专业意见和指导使得本书内容更加完善和丰富。同时，感谢学院在本书出版费用上的资助，没有学院的支持，这本书的顺利出版将难以实现。这是一本集体智慧的结晶，凝聚了众多编者的心血和努力，希望读者能够从中获益，提升自己的数值计算能力和解决实际问题的能力。

由于时间紧张，水平有限，书中难免有疏漏之处，欢迎各位读者批评指正。我们衷心希望这本书能在大家的帮助下不断改进和完善，成为学生和教师在计算方法学习和教学中的得力助手。

编　者

2025 年 3 月

目　　录

第 1 章　绪论 ·· 1
　1.1　计算方法 ··· 1
　1.2　误差与有关概念 ·· 1
　　　1.2.1　误差来源 ·· 1
　　　1.2.2　误差的基本概念 ·· 3
　　　1.2.3　数值运算的误差估计 ·· 7
　1.3　数值计算中应注意的几个问题 ·· 9
　习题一 ·· 14

第 2 章　非线性方程的数值解法 ·· 15
　2.1　引言 ··· 15
　2.2　逐步搜索法 ·· 16
　2.3　二分法 ·· 16
　　　2.3.1　基本思想 ·· 16
　　　2.3.2　误差估计 ·· 17
　2.4　不动点迭代法 ·· 19
　　　2.4.1　引例 ·· 19
　　　2.4.2　基本思想 ·· 19
　　　2.4.3　迭代法的收敛性及收敛速度 ·· 22
　　　2.4.4　迭代法的加速收敛 ·· 26
　2.5　牛顿（Newton）法 ··· 29
　　　2.5.1　牛顿法的构造 ··· 29
　　　2.5.2　牛顿法的几何意义 ·· 30
　　　2.5.3　牛顿法的局部收敛性 ··· 30
　2.6　割线法 ·· 32
　习题二 ·· 34

第 3 章　线性方程组的数值解法 ·· 35
　3.1　引言 ··· 35
　3.2　解线性方程组的直接法 ·· 36
　　　3.2.1　高斯消去法 ·· 36
　　　3.2.2　高斯主元消去法 ·· 43
　　　3.2.3　矩阵分解法 ·· 52

3.3 向量和矩阵的范数 ·· 63
    3.3.1 向量范数 ·· 63
    3.3.2 矩阵范数 ·· 67
3.4 方程组的性态分析和矩阵条件数 ·································· 70
3.5 解线性方程组的迭代法 ·· 73
    3.5.1 基本思想 ·· 73
    3.5.2 雅克比迭代法 ·· 75
    3.5.3 高斯-塞德尔迭代法 ··· 77
    3.5.4 逐次超松弛迭代法 ·· 79
    3.5.5 迭代法的收敛性 ·· 81
习题三 ··· 89

第 4 章 插值与拟合 ··· 91
4.1 引言 ··· 91
4.2 代数插值 ··· 91
    4.2.1 拉格朗日插值 ·· 93
    4.2.2 牛顿插值 ·· 100
    4.2.3 差分与等距节点插值公式 ··································· 108
    4.2.4 分段线性插值 ·· 114
4.3 三次样条插值 ·· 118
4.4 曲线拟合的最小二乘法 ··· 126
    4.4.1 问题的提出 ··· 126
    4.4.2 最小二乘原理 ··· 127
    4.4.3 线性拟合 ··· 130
    4.4.4 多项式拟合 ··· 134
习题四 ·· 137

第 5 章 数值积分与数值微分 ·· 140
5.1 引言 ·· 140
    5.1.1 数值积分的基本思想 ······································· 140
    5.1.2 求积公式的代数精度 ······································· 143
5.2 插值型求积公式 ·· 148
5.3 牛顿-柯特斯（Newton-Cotes）求积公式 ························ 151
    5.3.1 柯特斯系数 ··· 152
    5.3.2 牛顿-柯特斯公式的代数精度 ································ 157
    5.3.3 牛顿-柯特斯公式的截断误差 ································ 158
    5.3.4 牛顿-柯特斯公式的稳定性 ································· 161

　　5.4　复化求积公式 ··· 162
　　　　5.4.1　复化求积公式的推导 ··································· 162
　　　　5.4.2　复化求积公式的截断误差 ····························· 165
　　　　5.4.3　变步长复化求积方法 ······························· 168
　　5.5　龙贝格积分法 ··· 171
　　5.6　高斯求积公式 ··· 175
　　　　5.6.1　高斯积分问题的提出 ··································· 175
　　　　5.6.2　高斯求积公式概述 ····································· 175
　　5.7　数值微分 ··· 178
　　　　5.7.1　差商与数值微分 ······································· 178
　　　　5.7.2　插值型求导公式 ······································· 180
　　习题五 ··· 182

第 6 章　常微分方程初值问题的数值解法 ······························· 184
　　6.1　引言 ··· 184
　　6.2　欧拉法及其改进方法 ··· 185
　　　　6.2.1　欧拉法 ··· 185
　　　　6.2.2　后退欧拉法 ··· 191
　　　　6.2.3　梯形法 ··· 193
　　　　6.2.4　欧拉预测校正法 ······································· 194
　　6.3　龙格-库塔法 ··· 197
　　　　6.3.1　基本思想 ··· 197
　　　　6.3.2　几种常用的 R-K 公式 ································· 198
　　6.4　阿当姆斯法 ··· 201
　　　　6.4.1　基本思想 ··· 201
　　　　6.4.2　阿当姆斯显式公式 ····································· 202
　　　　6.4.3　阿当姆斯隐式公式 ····································· 203
　　　　6.4.4　阿当姆斯预测校正系统 ································· 204
　　习题六 ··· 205

附录 A　典型算法的 Python 代码 ····································· 207

附录 B　参考数学基础知识 ··· 246

参考文献 ··· 250

第1章 绪　　论

1.1　计算方法

在科学与工程研究中，常会遇到各种各样的数学问题，求出这些数学问题的精确解一般而言都比较困难，因此需要研究求解数学问题近似解（又称**数值解**（numerical solution））的方法。**计算方法**（又称**数值计算方法**（numerical computing method））是研究用计算机求解数学问题近似解的数值方法及其理论，它要解决的基本问题是如何把复杂的数值计算问题有效地转换为只有一定数位数的四则运算问题。计算方法与数学方法都是以数学相关知识为基础，应用大量数学知识对数学问题进行求解的方法。但两者在求解数学问题时又有本质差异。如一阶常微分方程初值问题

$$\begin{cases} \dfrac{\mathrm{d}y}{\mathrm{d}x} = 2x \\ y(0) = 1 \end{cases}$$

求函数 $y = y(x)$ 的解析表达式，采用的是数学方法，这是数学问题；求函数 $y = y(x)$ 在某些节点 $\{x_i\}_{i=0}^{n}$ 的近似函数值 $\{y_i\}_{i=0}^{n}$，采用的是数值计算方法，这是数值问题。

计算方法具有广泛的应用领域，跟其他学科相结合形成了诸多新的应用领域，如计算物理、计算化学、计算生物学、计算材料学等。下面以计算机相关方向为例，介绍计算方法的一些应用领域。在计算机技术中，尤其是跟应用密切结合的方向上，大量技术都使用了相关的计算方法。在当前热点方向如人工智能、机器学习中，很多使用了最小二乘拟合、矩阵分解和梯度下降法等。在计算机辅助设计（CAD）和计算机图形学，甚至电子游戏产业中，会有大量的函数插值、方程组求解和微分方程求解的应用。在编译原理和计算机网络方向上，也会遇到很多线性方程组、非线性方程组和计算优化等问题。在高性能计算领域中，超级计算机的性能评价通常使用大量数值计算来衡量，而且超级计算机上的主要应用如新能源、大气海洋环境等，也使用了大量计算方法的技术。由此可以看出，仅仅在计算机科学与研究领域中，计算方法就有着非常广泛的应用。事实上，在所有的工程科学领域中，包括石油勘探、石油工程、石油储运等，计算方法的应用可谓是无处不在、遍布广泛。

1.2　误差与有关概念

1.2.1　误差来源

从实际问题的提出到计算机上求得结果，大体上分为三个步骤：建立数学模型、测量数据和求解模型。在每个步骤中，物理量的真实值与输出结果往往会存在差异，这种差异称为**误差**（error）。按照误差产生的不同原因可将其分为模型误差、观测误差、截

断误差和舍入误差。

1. 模型误差

模型误差（**model error**）是建立近似数学模型时产生的误差，如物理上建立计算模型时，忽略摩擦、空气阻力等次要因素而引起的误差。

例如，物体在重力作用下自由下落，其下落的距离 s 和时间 t 的关系为

$$s = \frac{1}{2}\mathrm{g}t^2, \quad \mathrm{g} \approx 9.81\mathrm{m/s}^2。$$

上述数学模型就忽略了空气阻力这个因素。从模型中求出的距离 s 就是近似值，它与物体实际下落距离之差就是模型误差。

2. 观测误差

观测误差（**observation error**），也称**数据误差**，是由于观测手段和测量工具精度的限制，测量所得数据与实际大小之间的误差。

假设某金属棒在温度 t 时的长度为 l_t。在 $0°\mathrm{C}$ 时，金属棒的长度为 l_0。在温度为 $t°\mathrm{C}$ 时，有如下经验公式 $l_t \approx L_t = l_0(1 + \alpha t + \beta t^2)$，其中 α、β 为参数。经测量计算 $\alpha = 0.001\ 253 \pm 10^{-6}$，$\beta = 0.000\ 068 \pm 10^{-6}$。上述问题建模过程中的 $l_t - L_t$ 就是模型误差，$\pm 10^{-6}$ 就是观测误差。

上述模型误差和观测误差在计算方法对数据进行数值计算前就会产生，称为**计算前误差**。为了使最终结果尽可能准确，应建立更精确的数学模型，采用更准确的测量值。与计算前误差相比，计算方法更关注计算过程中产生的两种误差：截断误差和舍入误差。

3. 截断误差

截断误差（**truncation error**），也称**方法误差**，是构建的数学模型准确解与数值计算方法准确解之间的误差。

例如，函数 $\sin x$ 展开成级数

$$\sin x = x - \frac{x^3}{3!} + \frac{x^5}{5!} - \frac{x^7}{7!} + \cdots。$$

当 $x \to 0$ 时，用前三项近似代替 $\sin x$ 的值，则截断误差为 $\sin x - x + \dfrac{x^3}{3!} - \dfrac{x^5}{5!}$。

4. 舍入误差

舍入误差（**rounding error**）是受计算机字长限制而导致的误差，即数据四舍五入产生的误差。例如，π、$\sqrt{2}$ 这些数位很多或无穷小数，在计算机存储时会产生舍入误差。另外，十进制数据输入计算机后需变成二进制数据，这个转换过程产生的误差也归为舍入误差。例如，$(0.999\ 9)_{10} \approx (0.111\ 111\ 111\ 1)_2$，而 $(0.111\ 111\ 111\ 1)_2 = (0.999\ 023\ 437\ 5)_{10}$，这就说明 $0.999\ 9$ 这样的普通数字在计算机表示中也存在舍入误差。

上述四种误差中，前两种属于应用数学范畴，是不可避免的，有时会超出我们的控制范围。后两种属于计算数学范畴，在计算过程中往往可以控制，采用不同的算法和编

程实现技巧对其影响很大。虽然上述四种误差都会影响计算结果的准确性，但计算方法不讨论前两种误差，只研究用数值计算求解数学模型产生的误差，即截断误差和舍入误差。

例 1.1 用球表面积公式计算地球表面积，分析计算过程中产生的误差及误差类型。

解 计算过程包含如下几种近似：
（1）将地球近似成球体，存在模型误差；
（2）取半径 $r \approx 6\,370\mathrm{km}$，引入了观测误差；
（3）将 π 的值取到有限位（如 3.14），引入了舍入误差；
（4）计算 $4\pi r^2$，用到浮点数乘法，也会带来舍入误差等。

1.2.2 误差的基本概念

定义 1.1 (绝对误差) 设 x^* 是准确值 x 的一个近似值，称

$$e(x^*) = x^* - x \tag{1.1}$$

为近似值 x^* 的**绝对误差**（**absolute error**），简称**误差**（**error**），简记为 e^*。

通常情况下，我们无法得到准确值 x，因而也无法计算出误差 e^*，只能估计出误差绝对值的一个上界 ε^*，即

$$|e(x^*)| = |x^* - x| \leqslant \varepsilon^*, \tag{1.2}$$

称 ε^* 为 x^* 的**绝对误差限**。由式 (1.2) 可得准确值 x 的范围

$$x^* - \varepsilon^* \leqslant x \leqslant x^* + \varepsilon^*. \tag{1.3}$$

工程上常用

$$x = x^* \pm \varepsilon^*$$

表示不等式 (1.3)。

绝对误差可以反映近似值接近准确值的程度，但它不能完全反映近似值的准确程度。如 $x_1^* = 10 \pm 1$，$x_2^* = 10\,000 \pm 1$，尽管其绝对误差限相同，但 x_2^* 的准确程度明显要比 x_1^* 大得多。因此分析数值准确性时，除了误差的绝对大小外，还要结合数值本身的大小。下面引入相对误差和相对误差限的概念。

定义 1.2 (相对误差) 设 x^* 是准确值 x 的一个近似值，称绝对误差与准确值之比

$$e_{\mathrm{r}}(x^*) = \frac{e^*}{x} = \frac{x^* - x}{x}\,(x \neq 0)$$

为近似值 x^* 的**相对误差**（**relative error**），简记为 e_{r}^*。

实际计算相对误差时，一般无法得到准确值 x，常用近似值 x^* 代替准确值 x，将相对误差取为

$$e_{\mathrm{r}}^* = \frac{e^*}{x^*} = \frac{x^* - x}{x^*}\,(x^* \neq 0)。 \tag{1.4}$$

同绝对误差一样，计算实际问题时，很难得到相对误差的准确值，只能估计相对误差绝对值的一个上界 ε_r^*，即

$$|e_r^*| = \left|\frac{x^* - x}{x^*}\right| \leqslant \varepsilon_r^* \ (x^* \neq 0), \tag{1.5}$$

称 ε_r^* 为近似值 x^* 的**相对误差限**。

对于绝对误差、绝对误差限、相对误差和相对误差限，我们给出下面注解。

注： （1）绝对误差和相对误差都可正可负；

（2）如果准确值 x 为零，则相对误差没有定义；

（3）相对误差通常用百分数的形式表示。如果相对误差大于 100%，一般认为计算结果完全错误；

（4）绝对误差限和相对误差限都不唯一，只有较小的绝对误差限和相对误差限才有实际意义；

（5）绝对误差和绝对误差限有量纲，相对误差和相对误差限没有量纲。

在表示准确值的一个近似值时，常会用到有效数字的概念。下面引入有效数字相关知识。

定义 1.3（精确到小数点后第 n 位）设 x^* 是准确值 x 的一个近似值，若 $|x^* - x| \leqslant \frac{1}{2} \times 10^{-n}$，则称用 x^* 近似表示 x 时**精确到小数点后第 n 位**。从小数点后第 n 位到最左边非零数字之间的一切数字称为**有效数字**（**significant digits**）。

例如，$x = 0.000\,460\,817\,2$，$x^* = 0.000\,460\,829\,5$，

$$|x^* - x| = 0.000\,000\,012\,3 \leqslant 0.000\,000\,05 = \frac{1}{2} \times 10^{-7},$$

则用 x^* 近似表示 x 时精确到小数点后第 7 位，有效数字分别为 4、6、0、8。

定义 1.4（n 位有效数字）设 x^* 是准确值 x 的一个近似值，将其写成如下形式

$$x^* = \pm 0.x_1 x_2 \cdots x_n \times 10^m,$$

其中 $x_1, x_2, \cdots, x_n$ 是 $0 \sim 9$ 的数字且 $x_1 \neq 0$，m 为整数。若 x^* 的绝对误差满足

$$|e^*| = |x^* - x| \leqslant \frac{1}{2} \times 10^{m-n},$$

则称用 x^* 近似表示 x 时具有 n **位有效数字**，且 $x_1, x_2, \cdots, x_n$ 是 x^* 的有效数字。

例 1.2 试问用 3.14 近似表示 π 时，有几位有效数字？各是什么？

解 由 $3.14 = 0.314 \times 10^1$，对照 $x^* = \pm 0.x_1 x_2 \cdots x_n \times 10^m$ 知，$m = 1$。又因为

$$|\pi - 3.14| = |3.141\,592\,653\,5 \cdots - 3.14| = 0.001\,592\,653\,5 \cdots$$

$$\leqslant 0.005 = \frac{1}{2} \times 10^{-2} = \frac{1}{2} \times 10^{1-3} = \frac{1}{2} \times 10^{m-n}.$$

由 $m=1$ 知，$n=3$。根据定义 1.4，近似值 3.14 有三位有效数字，分别是 3、1、4。

例 1.3 准确值 $x=0.986\,32$，求近似值 $x_1^*=0.98, x_2^*=0.99$ 的有效数字。

解 （1）由 $x_1^*=0.98=0.98\times10^0$ 知，$m=0$。又因为

$$|x-x_1^*|=|0.98-0.986\,32|=0.006\,32$$

$$\leqslant 0.05=\frac{1}{2}\times10^{-1}=\frac{1}{2}\times10^{0-1}=\frac{1}{2}\times10^{m-n}。$$

由 $m=0$ 知，$n=1$。故近似值 $x_1^*=0.98$ 有一位有效数字 9。

（2）由 $x_2^*=0.99=0.99\times10^0$ 知，$m=0$。又因为

$$|x-x_2^*|=|0.99-0.986\,32|=0.003\,68$$

$$\leqslant 0.005=\frac{1}{2}\times10^{-2}=\frac{1}{2}\times10^{0-2}=\frac{1}{2}\times10^{m-n}。$$

由 $m=0$ 知，$n=2$。故近似值 $x_2^*=0.99$ 有两位有效数字，分别为 9、9。

注：近似值 x^* 所有数位上的数不一定都是有效数字。但凡是经过四舍五入得到的数字都是有效数字，如 $\pi=3.141\,592\,6\cdots$，则近似值 3.14、3.142、3.141\,6、3.141\,59 中，所有数字均为有效数字。

例 1.4 函数 $g(x)=10^7\times(1-\cos x)$。试用四位数学表计算 $g(2°)$ 的近似值。

解法 1 查表得 $\cos 2°\approx0.999\,4$，则

$$g(2°)=10^7\times(1-\cos 2°)\approx10^7\times(1-0.999\,4)=6000。$$

解法 2 因为

$$g(x)=10^7\times(1-\cos x)=10^7\times2\times\sin^2\frac{x}{2}。$$

查表得 $\sin\frac{2°}{2}=\sin 1°\approx0.017\,5$，所以

$$g(2°)=10^7\times2\times\sin^2 1°\approx10^7\times2\times0.017\,5^2=6125。$$

下面分析解法 1 和解法 2 的相对误差。令

$$t_1=10^7\times(1-A), t_2=10^7\times2\times B^2,$$

其中 $A=\cos x, B=\sin\frac{x}{2}$。设 A^*、B^* 分别是 A、B 的近似值且 A^*、B^* 都是查三角函数表得到的四位数字，准确到小数点后第三位，第四位经过四舍五入得到，所以

$$|A-A^*|\leqslant\frac{1}{2}\times10^{-4}, |B-B^*|\leqslant\frac{1}{2}\times10^{-4}。$$

又 $t_1^*=10^7\times(1-A^*), t_2^*=10^7\times2\times B^{*2}$，所以 t_1^*、t_2^* 的绝对误差分别为

$$e(t_1^*)=t_1^*-t_1=10^7\times(A-A^*),$$

$$e(t_2^*)=t_2^*-t_2=10^7\times2\times(B^{*2}-B^2)。$$

因此

$$|e_{\mathrm{r}}(t_1^*)| = \left|\frac{e(t_1^*)}{t_1^*}\right| = \left|\frac{10^7 \times (A - A^*)}{10^7 \times (1 - A^*)}\right| = \left|\frac{A - A^*}{1 - A^*}\right| \leqslant \frac{\frac{1}{2} \times 10^{-4}}{1 - 0.999\,4} \approx 8.33\%,$$

$$|e_{\mathrm{r}}(t_2^*)| = \left|\frac{e(t_2^*)}{t_2^*}\right| = \left|\frac{10^7 \times 2 \times (B^{*2} - B^2)}{10^7 \times 2 \times B^{*2}}\right| = \left|\frac{(B^* + B)(B^* - B)}{B^{*2}}\right|$$

$$\approx \left|\frac{2B^*(B^* - B)}{B^{*2}}\right| = \left|\frac{2(B^* - B)}{B^*}\right| \leqslant \frac{2 \times \frac{1}{2} \times 10^{-4}}{0.017\,5} \approx 0.57\%.$$

从上述结果可以看出，解法 2 的相对误差要比解法 1 小得多，因此其计算结果更为准确。

绝对误差、相对误差、相对误差限和有效数字的关系如定理 1.1 所述。

定理 1.1　设 $x^* = \pm 0.x_1 x_2 \cdots x_n \times 10^m$ 是准确值 x 的一个具有 n 位有效数字的近似值，其中 $x_1, x_2, \cdots, x_n$ 是 $0 \sim 9$ 的数字且 $x_1 \neq 0$，m 为整数，则其绝对误差满足 $|e^*| \leqslant \frac{1}{2} \times 10^{m-n}$，相对误差满足 $|e_{\mathrm{r}}^*| \leqslant \frac{1}{2x_1} \times 10^{-(n-1)}$。反之，若 x^* 的相对误差限 $\varepsilon_{\mathrm{r}}^* \leqslant \frac{1}{2(x_1 + 1)} \times 10^{-(n-1)}$，则 x^* 具有 n 位有效数字。

证明　（1）由定义 1.4 可知，用 x^* 近似表示 x 时有 n **位有效数字**，则其绝对误差满足

$$|e^*| = |x^* - x| \leqslant \frac{1}{2} \times 10^{m-n}.$$

（2）由 $x^* = \pm 0.x_1 x_2 \cdots x_n \times 10^m$ 可知，

$$x_1 \times 10^{m-1} = 0.x_1 \times 10^m \leqslant |x^*| = 0.x_1 x_2 \cdots x_n \times 10^m$$
$$\leqslant 0.(x_1 + 1) \times 10^m = (x_1 + 1) \times 10^{m-1}. \tag{1.6}$$

又因为 x^* 的绝对误差满足

$$|e^*| = |x^* - x| \leqslant \frac{1}{2} \times 10^{m-n},$$

所以 x^* 的相对误差满足

$$|e_{\mathrm{r}}^*| = \left|\frac{e^*}{x^*}\right| \leqslant \frac{\frac{1}{2} \times 10^{m-n}}{x_1 \times 10^{m-1}} = \frac{1}{2x_1} \times 10^{-(n-1)}.$$

（3）由

$$|e_{\mathrm{r}}^*| = \left|\frac{e^*}{x^*}\right| = \frac{|x^* - x|}{|x^*|}$$

得

$$|x^* - x| = |e_{\mathrm{r}}^*| \cdot |x^*|.$$

由式 (1.6) 知

$$|x^*| \leqslant (x_1 + 1) \times 10^{m-1}。$$

结合已知条件

$$|e_{\mathrm{r}}^*| \leqslant \varepsilon_{\mathrm{r}}^* \leqslant \frac{1}{2(x_1+1)} \times 10^{-(n-1)}$$

得

$$|x^* - x| = |e_{\mathrm{r}}^*| \cdot |x^*| \leqslant \frac{1}{2(x_1+1)} \times 10^{-(n-1)} \times (x_1+1) \times 10^{m-1} = \frac{1}{2} \times 10^{m-n}。$$

根据定义 1.4 知，x^* 具有 n 位有效数字。　■

1.2.3　数值运算的误差估计

1. 四则运算误差

设两个近似值 x_1^* 和 x_2^*，其绝对误差分别为 $e(x_1^*)$ 和 $e(x_2^*)$，则它们加、减、乘、除四则运算后绝对误差分别为

$$e(x_1^* \pm x_2^*) = e(x_1^*) \pm e(x_2^*),$$

$$e(x_1^* x_2^*) \approx x_1^* e(x_2^*) + x_2^* e(x_1^*),$$

$$e\left(\frac{x_1^*}{x_2^*}\right) \approx \frac{1}{x_2^*} e(x_1^*) - \frac{x_1^*}{(x_2^*)^2} e(x_2^*) \ (x_2^* \neq 0)。$$

事实上，

$$
\begin{aligned}
e(x_1^* + x_2^*) &= (x_1^* + x_2^*) - (x_1 + x_2) \\
&= (x_1^* - x_1) + (x_2^* - x_2) \\
&= e(x_1^*) + e(x_2^*) \\
e(x_1^* - x_2^*) &= (x_1^* - x_2^*) - (x_1 - x_2) \\
&= (x_1^* - x_1) - (x_2^* - x_2) \\
&= e(x_1^*) - e(x_2^*) \\
e(x_1^* x_2^*) &= x_1^* x_2^* - x_1 x_2 \\
&= x_1^* x_2^* - x_1^* x_2 + x_1^* x_2 - x_1 x_2 \\
&= x_1^*(x_2^* - x_2) + x_2(x_1^* - x_1) \\
&\approx x_1^* e(x_2^*) + x_2^* e(x_1^*)
\end{aligned}
\tag{1.7}
$$

$$e\left(\frac{x_1^*}{x_2^*}\right) = \frac{x_1^*}{x_2^*} - \frac{x_1}{x_2}$$

$$= \frac{x_1^* x_2 - x_1 x_2^*}{x_2^* x_2}$$

$$= \frac{x_1^* x_2 - x_1 x_2 + x_1 x_2 - x_1 x_2^*}{x_2^* x_2} \tag{1.8}$$

$$= \frac{x_2(x_1^* - x_1) - x_1(x_2^* - x_2)}{x_2^* x_2}$$

$$\approx \frac{e(x_1^*)}{x_2^*} - \frac{x_1^* e(x_2^*)}{(x_2^*)^2}。$$

由式 (1.7) 和式 (1.8) 知，当式 (1.7) 中乘数 x_1^* 或 x_2^* 的绝对值 $|x_1^*|$ 或 $|x_2^*|$ 很大或者式 (1.8) 中的除数 x_2^* 接近零时，计算结果的绝对误差可能很大。因此，实际计算时要避免大乘数和小除数。

2. 一元函数误差

设 $y = f(x)$ 是一元函数，x^* 是准确值 x 的一个近似值，$y^* = f(x^*)$，则函数近似值 y^* 的绝对误差

$$e(y^*) = e(f(x^*)) \approx f'(x^*) e(x^*)。$$

注意到 $f(x)$ 在 x^* 处的泰勒（Taylor）公式

$$f(x) = f(x^*) + f'(x^*)(x - x^*) + \frac{f''(x^*)}{2!}(x - x^*)^2 + \cdots + \frac{f^{(n)}(\xi)}{n!}(x - x^*)^n,$$

其中 ξ 介于 x 和 x^* 之间。

当 $n = 2$ 时，有

$$f(x) = f(x^*) + f'(x^*)(x - x^*) + \frac{f''(\xi)}{2!}(x - x^*)^2。$$

则函数值 y^* 的绝对误差

$$e(y^*) = y^* - y = f(x^*) - f(x) = f'(x^*)(x^* - x) - \frac{f''(\xi)}{2!}(x - x^*)^2, \tag{1.9}$$

式 (1.9) 中 $\frac{f''(\xi)}{2!}(x - x^*)^2$ 是 $x^* - x$ 的高阶无穷小量，舍去高阶无穷小量，只取线性部分得近似值 $y^* = f(x^*)$ 的绝对误差

$$e(y^*) \approx f'(x^*)(x^* - x) = f'(x^*) e(x^*)。$$

3. 多元函数误差

设多元函数 $A = f(x_1, x_2, \cdots, x_n)$，$x_1^*, x_2^*, \cdots, x_n^*$ 分别是准确值 $x_1, x_2, \cdots, x_n$ 的近似值，则函数近似值 $A^* = f(x_1^*, x_2^*, \cdots, x_n^*)$ 的绝对误差

$$e\left(A^*\right) = A^* - A$$

$$= f\left(x_1^*, x_2^*, \cdots, x_n^*\right) - f\left(x_1, x_2, \cdots, x_n\right)$$

$$\approx \sum_{k=1}^{n} \left(\frac{\partial f\left(x_1^* \, x_2^* \, \cdots \, x_n^*\right)}{\partial x_k}\right)\left(x_k^* - x_k\right)$$

$$= \sum_{k=1}^{n} \left(\frac{\partial f}{\partial x_k}\right)^* e(x_k^*),$$

A^* 的绝对误差限

$$\varepsilon\left(A^*\right) \approx \sum_{k=1}^{n} \left|\left(\frac{\partial f}{\partial x_k}\right)^*\right| \varepsilon(x_k^*), \tag{1.10}$$

相对误差限

$$\varepsilon_{\mathrm{r}}\left(A^*\right) = \frac{\varepsilon\left(A^*\right)}{|A^*|} \approx \sum_{k=1}^{n} \left|\left(\frac{\partial f}{\partial x_k}\right)^*\right| \frac{\varepsilon(x_k^*)}{|A^*|}。 \tag{1.11}$$

例 1.5 已测得某场地长 l 的值 $l^* = 110\mathrm{m}$，宽 d 的值 $d^* = 80\mathrm{m}$。已知 $\varepsilon\left(l^*\right) \leqslant 0.2\mathrm{m}$，$\varepsilon\left(d^*\right) \leqslant 0.1\mathrm{m}$。试求面积 S 的绝对误差限和相对误差限。

解 已知 $S = ld$，则 $\dfrac{\partial S}{\partial l} = d$，$\dfrac{\partial S}{\partial d} = l$。由多元函数绝对误差限公式 (1.10) 得

$$\varepsilon\left(S^*\right) \approx \left|\left(\frac{\partial S}{\partial l}\right)^*\right| \varepsilon\left(l^*\right) + \left|\left(\frac{\partial S}{\partial d}\right)^*\right| \varepsilon\left(d^*\right)$$

$$\approx 80 \times 0.2 + 110 \times 0.1 = 27\mathrm{m}^2。$$

由相对误差限公式 (1.11) 得

$$\varepsilon_{\mathrm{r}}\left(S^*\right) = \frac{\varepsilon\left(S^*\right)}{|S^*|} \approx \frac{27}{110 \times 80} = 0.31\%。$$

1.3 数值计算中应注意的几个问题

1. 避免除数绝对值远远小于被除数的除法

用绝对值很小的数作除数会增大运算过程中的舍入误差。例如，计算 $\dfrac{x}{y}$，若 $0 < |y| << |x|$，则可能对计算结果的准确性带来很大影响，应尽量避免。

例 1.6 线性方程组

$$\begin{cases} 0.000\ 01\,x_1 + x_2 = 1 \\ \qquad\quad 2\,x_1 + x_2 = 2 \end{cases}$$

的准确解为

$$x_1 = \frac{200\,000}{399\,999} = 0.500\,001\,25, \quad x_2 = \frac{199\,998}{199\,999} = 0.999\,995。$$

解 仿机器实际计算,在四位浮点十进制数下用消去法求解。先将方程组写成

$$\begin{cases} 10^{-4} \times 0.100\,0x_1 + 10^1 \times 0.100\,0x_2 = 10^1 \times 0.100\,0 & ① \\ 10^1 \times 0.200\,0x_1 + 10^1 \times 0.100\,0x_2 = 10^1 \times 0.200\,0 & ② \end{cases}$$

用 ① 消去 ② 中的 x_1,计算乘数

$$m = \frac{10^1 \times 0.200\,0}{10^{-4} \times 0.100\,0} = 10^6 \times 0.200\,0。$$

再用 ②–① $\times m$ 得到解 $x_1 = 1, x_2 = 0$。显然结果严重失真。

若交换两方程的顺序,将原方程组写成

$$\begin{cases} 10^1 \times 0.200\,0x_1 + 10^1 \times 0.100\,0x_2 = 10^1 \times 0.200\,0 & ③ \\ 10^{-4} \times 0.100\,0x_1 + 10^1 \times 0.100\,0x_2 = 10^1 \times 0.100\,0 & ④ \end{cases}$$

用 ③ 消去 ④ 中的 x_1,计算乘数

$$m' = \frac{10^{-4} \times 0.100\,0}{10^1 \times 0.200\,0} = 10^{-5} \times 0.500\,0,$$

避免了小数除大数的现象。再用 ④–③ $\times m'$ 得到较好的近似解 $x_1 = 0.500\,0, x_2 = 10^1 \times 0.100\,0$。

2. 避免两相近数相减,损失有效数字

在数值计算中,两相近数相减会损失有效数字。例如,$x = 532.65, y = 532.52$ 都具有五位有效数字,但 $x - y = 0.13$ 却只有两位有效数字。减法计算未发生舍入,结果有效数字位数的减少,意味着相对误差的放大,将给后续计算带来较大误差。抵消现象是发生信息丢失、误差变大的信号。必须尽量避免这类运算,最好是改变计算方法。

例 1.7 对于充分大的数 x 和小正数 ε,计算

$$\sqrt{x+1} - \sqrt{x}, \quad \sqrt{x+\varepsilon} - \sqrt{x}, \quad \ln(x+\varepsilon) - \ln x, \quad \sin(x+\varepsilon) - \sin x。$$

解

$$\sqrt{x+1} - \sqrt{x} = \frac{1}{\sqrt{x+1} + \sqrt{x}},$$

$$\sqrt{x+\varepsilon} - \sqrt{x} = \frac{\varepsilon}{\sqrt{x+\varepsilon} + \sqrt{x}},$$

$$\ln(x+\varepsilon) - \ln x = \ln\left(\frac{x+\varepsilon}{x}\right) = \ln\left(1 + \frac{\varepsilon}{x}\right),$$

$$\sin\left(x + \varepsilon\right) - \sin x = 2\cos\left(x + \frac{\varepsilon}{2}\right)\sin\frac{\varepsilon}{2}。$$

例 1.8 对于绝对值很小的数 x，计算 $\mathrm{e}^x - 1$。

解 因为

$$\mathrm{e}^x = 1 + x + \frac{1}{2}x^2 + \frac{1}{6}x^3 + \cdots,$$

所以

$$\mathrm{e}^x - 1 = x + \frac{1}{2}x^2 + \frac{1}{6}x^3 + \cdots。$$

3. 避免"大数吃掉小数"

"大数吃掉小数"是一种形象的说法，它是指在计算机上做加法、减法运算时，若两个操作数大小相差悬殊，较小数的信息将被较大数"淹没"而不能发挥其作用，这样会严重影响计算结果的准确性。

例 1.9 在五位十进制计算机上，计算 $A = 51\,234 + 0.9 + 0.9 + 0.9 + \cdots + 0.9$（假设有 1000 个 0.9 相加）。

实际计算时，先将其写成规范化形式，然后对阶

$$A = 0.512\,34 \times 10^5 + 0.000\,009 \times 10^5 + \cdots + 0.000\,009 \times 10^5 = 0.512\,34 \times 10^5。$$

结果显然不可靠。这是因为计算机运算时要先对阶，这样 $0.000\,009 \times 10^5$ 在五位计算机中表示为机器数 0。因此在运算中出现大数 51 234"吃掉"小数 0.9 的现象。如果计算时先把后面小数加起来，再加到大数上，即

$$0.9 + \cdots + 0.9 = 9 \times 10^2 = 0.009\,00 \times 10^5。$$

这时

$$A = 0.512\,34 \times 10^5 + 0.009\,00 \times 10^5 = 52\,134。$$

4. 简化运算步骤，减少运算次数，减小舍入误差

求解一个数学问题通常会有多种方法和算法，如果所用算法能减少运算次数，不但可以节省计算机运算时间，而且还能减少舍入误差，这是数值计算必须遵循的原则，也是数值分析研究的重要内容。

例 1.10 计算多项式 $P_n(x) = a_n x^n + a_{n-1} x^{n-1} + \cdots + a_1 x + a_0$ 的值。

解 若直接计算 $a_i x^i, i = 1, 2, \cdots, n$，再逐项相加，一共需要

$$\sum_{i=1}^{n} i = \frac{n(n+1)}{2}$$

次乘法和 n 次加法。若将多项式转换为

$$P_n(x) = ((\cdots (a_n x + a_{n-1}) x + a_{n-2}) x + \cdots + a_1) x + a_0,$$

则只需 n 次乘法和 n 次加法即可算出 $P_n(x)$ 的值。此算法称为**秦九韶算法**，最早由我国宋代数学家秦九韶于 1247 年提出。国外把秦九韶算法称为**霍纳（Horner）算法**，其实霍纳是 1819 年提出的这个算法，比秦九韶晚了近六个世纪。

5. 使用数值稳定的算法

在数值计算过程中，初始数据的误差和计算中产生的舍入误差对数值解的最终计算结果都会有一定的影响。要保证一个数值计算问题结果的准确性，除了遵循减少舍入误差的四条原则来控制舍入误差外，还需要考虑问题的病态性和所用算法的稳定性。

定义 1.5 (病态问题) 对于问题本身，如果输入数据有微小扰动（即误差）就会引起输出数据（即问题真解）的很大扰动，则称这个问题为**病态问题（ill-posed problem）**。

病态性是待求解数学问题的性质，与求解过程所用算法无关。

定义 1.6 (数值稳定性) 对于一个算法，如果输入数据有扰动，而计算过程中舍入误差不增长，则称此算法**数值稳定（numerical stable）**，否则称其**数值不稳定（numerical unstable）**。

稳定性是数值算法的性质，在计算过程中应选择稳定性好的算法，减少计算中误差的扩大。

例 1.11 计算积分 $I_n = \displaystyle\int_0^1 x^n \mathrm{e}^{x-1}\, \mathrm{d}x, n = 0, 1, 2, \cdots, 9$。

解法 1 当 $n = 0$ 时，

$$I_0 = \int_0^1 x^0 \mathrm{e}^{x-1}\, \mathrm{d}x = \int_0^1 \mathrm{e}^{x-1}\, \mathrm{d}x = 1 - \mathrm{e}^{-1} \approx 0.632\,1 = I_0^*。$$

当 $n = 1, 2, \cdots, 9$ 时，利用分部积分得递推公式

$$I_n = \int_0^1 x^n \mathrm{e}^{x-1}\, \mathrm{d}x = x^n \mathrm{e}^{x-1}\big|_0^1 - n \int_0^1 x^{n-1} \mathrm{e}^{x-1}\, \mathrm{d}x = 1 - n I_{n-1}。 \tag{1.12}$$

利用式 (1.12) 从前向后计算得表 1.1。从表 1.1 可以看出，迭代 9 次得到的近似值 $I_9^* = 7.552\,0$，与准确值 $0.091\,6$ 相差很大，计算结果严重失真。

表 1.1　例 1.11 利用式 (1.12) 从前向后计算的结果

n	I_n	n	I_n
1	0.367 9	6	0.112 0
2	0.264 2	7	0.216 0
3	0.207 4	8	−0.728 0
4	0.170 4	9	7.552 0
5	0.148 0		

　　下面分析上述结果的计算误差。先计算 I_0^* 的舍入误差。准确解 $I_0 = 0.632\,120\,558\cdots$，所以 $I_0^* = 0.632\,1$ 的误差

$$e\left(I_0^*\right) \approx 0.205\,6 \times 10^{-4}。$$

由式 (1.12) 可得误差

$$
\begin{aligned}
e\left(I_n^*\right) &= I_n^* - I_n \\
&= -n\left(I_{n-1}^* - I_{n-1}\right) \\
&= (-1)^2\, n\,(n-1)\left(I_{n-2}^* - I_{n-2}\right) \\
&= \cdots \\
&= (-1)^n\, n!\left(I_0^* - I_0\right) \\
&= (-1)^n\, n!\, e\left(I_0^*\right)。
\end{aligned}
\tag{1.13}
$$

因此在计算 I_9^* 时，误差为 $-9!\left(I_0^* - I_0\right) \approx 9! \times 0.205\,6 \times 10^{-4}$。

　　解法 2　将递推公式改为

$$I_{n-1} = \frac{1 - I_n}{n}, \quad n = 9, 8, \cdots, 2, \tag{1.14}$$

即从后向前计算，则 I_{n-1} 中误差下降为 I_n 的 $\dfrac{1}{n}$。因此若取 n 足够大时，误差逐步减小，其影响越来越小。初始值 I_n 近似计算如下：

$$I_n = \int_0^1 x^n \mathrm{e}^{x-1}\, \mathrm{d}x \leqslant \int_0^1 x^n\, \mathrm{d}x = \frac{1}{n+1}。$$

利用式 (1.14) 从后向前计算，结果如表 1.2 所示。

表 1.2　例 1.11 利用式 (1.14) 从后向前计算的结果

n	I_n	n	I_n
20	0.000 0	13	0.066 9
19	0.050 0	12	0.071 8
18	0.050 0	11	0.077 4
17	0.052 8	10	0.083 9
16	0.055 7	9	0.091 6
15	0.059 0	8	0.100 9
14	0.062 7	7	0.112 4

　　从数学的角度来看，上述两种解法都正确，但为什么两者的计算误差会相差很大？为什么解法 2 的计算结果精度要比解法 1 明显高很多？究其原因，解法 1 数值不稳定，解法 2 数值稳定。在解法 1 中，假设只有计算 I_0^* 有舍入误差 $e(I_0^*)$，后面各步计算准确，这样，$e(I_0^*)$ 经过式 (1.13) 计算带给 $I_1^*, I_2^*, \cdots, I_n^*$ 的误差依次为

$-e(I_0^*), 2!e(I_0^*), \cdots, (-1)^n n!e(I_0^*)$。很明显，仅计算 I_0^* 的误差在传递过程中就会迅速增长，再加上计算 $I_1^*, I_2^*, \cdots, I_n^*$ 的误差，很快计算结果就会失真。而解法 2 中，I_n^* 的误差 $e(I_n^*)$ 经过式 (1.14) 计算后传递给 $I_{n-1}^*, I_{n-2}^*, \cdots, I_1^*$ 的误差依次为

$$-\frac{1}{n}e(I_n^*), \frac{1}{n(n-1)}e(I_n^*), \cdots, (-1)^{n-1}\frac{1}{n!}e(I_n^*),$$

误差随着计算过程明显越来越小，因此解法 2 数值稳定。

综上所述，在数值计算过程中，应建立误差思维，设计算法和实现程序时，要时刻考虑浮点数等机器数的特点及其可能产生的误差。

习题一

1. 请举例说明模型误差、数据误差、截断误差和舍入误差。

2. 下列数据中，x^* 是准确值 x 的一个近似值。请说明近似值的绝对误差和相对误差并用 $\frac{1}{2} \times 10^n$ 形式估计误差限。

（1）$x = \frac{\pi}{2}$, $x^* = 1.570\ 8$；

（2）$x = \frac{1}{6}$, $x^* = 0.166\ 7$；

（3）$x = \frac{e}{3}$, $x^* = 0.906\ 1$；

（4）$x = \sqrt{2}$, $x^* = 1.414\ 2$。

3. 设 $x_1 = 826.963\ 8$, $x_2 = 6.000\ 25$, $x_3 = 16.281\ 90$, $x_4 = 0.160\ 0$ 是按照四舍五入得到的近似值，请分析它们的有效数字位数。

4. 设 $x_1 = 0.963\ 8$, $x_2 = 0.100\ 6$, $x_3 = 626.36$, $x_4 = 36.98$ 是经过四舍五入后得到的近似值。请计算 $x_1 + x_2 + x_3$, $x_2 \times x_3 \times x_4$, $\frac{x_1}{x_4}$ 并估计误差。

5. 设 x_1^*, x_2^* 是准确值 x 的两个近似值。已知两近似值的相对误差 $e_r(x_1^*)$ 和 $e_r(x_2^*)$。试计算两近似值加、减、乘、除四则运算后的相对误差。

6. 直角三角形的两个直角边分别为 $a^* = 60.06$m, $b^* = 26.26$m。已知其测量误差为 0.1m，请计算该三角形周长的绝对误差和相对误差。

7. 计算圆的面积时，为了使其相对误差限为 1%，在测量其半径 r 时，允许的相对误差限是多少？

8. 序列 $\{y_n\}$ 满足递推公式

$$y_n = 10y_{n-1} - 1, \ n = 1, 2, \cdots。$$

如果 $y_0 = \sqrt{2} \approx 1.41$ 保留了三位有效数字，试问计算到 y_{10} 时，误差有多大？这个过程稳定吗？

第2章 非线性方程的数值解法

2.1 引言

我们非常熟悉求解一元一次方程、一元二次方程以及某些特殊类型的高次代数方程或非线性方程的方法。这些方法都是代数解法，求出的根是方程的准确根。但是在科学研究、工程设计和数学物理等问题中常常会遇到比较复杂难解的方程，例如，代数方程

$$x^3 - x - 1 = 0$$

或超越方程

$$e^{-x} - \cos\frac{\pi x}{3} = 0$$

等，看上去形式简单，但却不易求其准确根。因此，只能用数值解法求方程达到一定精度的近似根。事实上，实际应用中也不一定必须求得方程的准确根，只需得到达到一定精度的近似根即可。

方程的形式有很多，本章主要讨论一元非线性方程，即

$$f(x) = 0 \tag{2.1}$$

的数值解法。方程可以有实根，也可以有重根或复根。

本章介绍的非线性方程数值解法主要有两类：搜索法和迭代法。搜索法主要有逐步搜索法和二分法；迭代法主要有简单迭代法、牛顿法和割线法。这些方法大都会考虑下面四个问题。

（1）根的存在唯一性，即 $f(x) = 0$ 有没有根？若有，唯一吗？

（2）哪儿有根？即确定有根区间或隔根区间。

（3）根的精确化，即已知一个近似根后，能否将它精确到足够精度？

（4）求根方法的收敛性分析。

在介绍非线性方程求根方法之前，先引入一些基本概念。

设 $f(x) = 0$ 是一个一元非线性方程。若对 x^* 有 $f(x^*) = 0$，但 $f'(x^*) \neq 0$，则称 x^* 为方程 $f(x) = 0$ 的**单根**（simple root）。若 $f(x^*) = f'(x^*) = \cdots = f^{(k-1)}(x^*) = 0$，而 $f^{(k)}(x^*) \neq 0$，则称 x^* 为 $f(x) = 0$ 的 k **重根**（multiple root）。

若函数 $f(x)$ 在区间 $[a,b]$ 上连续，且 $f(a)f(b) < 0$，根据连续函数的性质，$f(x)$ 在 $[a,b]$ 上一定有实根，则称 $[a,b]$ 为 $f(x) = 0$ 的**有根区间**（root interval）（如图 2.1 所示）。若再有 $f(x)$ 在 $[a,b]$ 上严格单调，则 $f(x)$ 在 $[a,b]$ 上仅有一实根，称 $[a,b]$ 为 $f(x) = 0$ 的**隔根区间**（septum root interval）（如图 2.2 所示）。

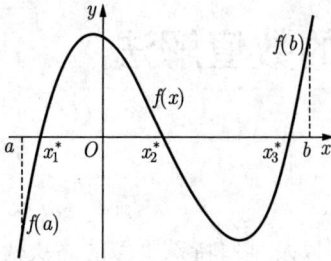

图 2.1 有根区间

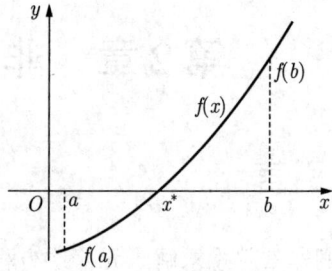

图 2.2 隔根区间

2.2 逐步搜索法

设 $[a,b]$ 是方程 $f(x)=0$ 的一个有根区间。为方便叙述，不妨设 $f(a)<0$，$f(b)>0$，从有根区间 $[a,b]$ 左端点 $x_0=a$ 出发，按照预先设定的步长 h 一步一步向右搜索。即令 $x_k=a+kh$，若 $f(x_k)=0$，则 $x^*=x_k$ 是方程 $f(x)=0$ 的根。若 $f(a)f(x_k)<0$，则将有根区间缩短至 $[a,x_k]$；否则，$[x_k,b]$ 为新的有根区间。显然每向右搜索一步，就得到一个新的长度缩短的有根区间。上述在有根区间上逐步搜索方程根的方法称为**逐步搜索法**（**stepwise search method**）。

在逐步搜索法中，选取合适的步长 h 非常关键。如果 h 取得足够小，若干次搜索后，就可得到具有任意精度的近似根。但步长 h 过小时，搜索次数就会增多，导致计算量增大。我们可以采用二分法选取合适的步长。

2.3 二分法

二分法又叫对分法，是最简洁的一种非线性方程求根方法。它采用对分隔根区间的思想，即通过计算隔根区间 $[a,b]$ 的中点，逐步缩小隔根区间，从而得到满足预定精度的方程近似根。

2.3.1 基本思想

设 $[a,b]$ 是方程 (2.1) 的一个隔根区间。取 $a_0=a$，$b_0=b$，$x_0=\dfrac{1}{2}(a_0+b_0)$。计算 $f(a_0)$ 与 $f(x_0)$，若 $f(x_0)=0$，则根 $x^*=x_0$ 即为方程的根。若 $f(a_0)f(x_0)<0$，则根 $x^*\in(a_0,x_0)$，令 $a_1=a_0$，$b_1=x_0$。否则 $x^*\in(x_0,b_0)$，令 $a_1=x_0$，$b_1=b_0$。依次类推，即可得到一系列有根区间

$$(a_0,b_0)\supseteq(a_1,b_1)\supseteq\cdots\supseteq(a_k,b_k)\supseteq\cdots,$$

其中 $b_k-a_k=\dfrac{1}{2}\big(b_{k-1}-a_{k-1}\big)$，$a_0=a,b_0=b$。

显然有

$$b_k-a_k=\frac{1}{2^k}(b-a)。 \tag{2.2}$$

当 $k \to \infty$ 时，区间 (a_k, b_k) 最终必收敛于一点，该点就是方程 (2.1) 的根 x^*（如图 2.3 所示）。把每次对分后的有根区间 (a_k, b_k) 的中点

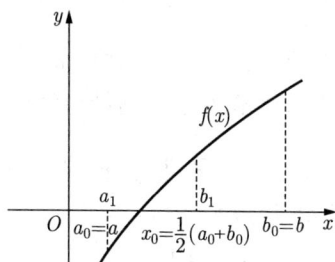

图 2.3　二分法

$$x_k = \frac{1}{2}(a_k + b_k), \ k = 0, 1, \cdots$$

作为所求根 x^* 的近似值，这就得到一个近似根序列

$$x_0, x_1, \cdots, x_k, \cdots,$$

该序列必以根 x^* 为极限，即 $\lim\limits_{k \to \infty} x_k = x^*$。显然有

$$|x^* - x_k| \leqslant \frac{1}{2}(b_k - a_k) = b_{k+1} - a_{k+1}. \tag{2.3}$$

对于预先给定的精度 ε，若 $b_{k+1} - a_{k+1} < \varepsilon$，则 x_k 就是方程 (2.1) 的满足精度 ε 的近似根，即

$$x^* \approx x_k.$$

这种通过对分隔根区间来搜索方程近似根的方法称为**二分法（bisection method）**。

二分法是计算机上一种常用算法，其计算步骤如下。

步 1　输入隔根区间 $[a, b]$ 及预先给定的精度 ε。令 $a_0 = a, b_0 = b$，对分次数 $k = 0$。

步 2　令

$$x_k = \frac{1}{2}(a_k + b_k),$$

若 $b_k - a_k < \varepsilon$，输出满足精度 ε 的根 x_k。否则，计算 $f(a_k), f(x_k)$ 的值。

步 3　若 $f(x_k) = 0$，则根 $x^* = x_k$，计算过程停止。若 $f(a_k)f(x_k) < 0$，令 $a_{k+1} = a_k, b_{k+1} = x_k$。若 $f(a_k)f(x_k) > 0$，令 $a_{k+1} = x_k, b_{k+1} = b_k, k = k + 1$，转步 2。

2.3.2　误差估计

由式 (2.2) 和式 (2.3) 可得误差

$$|x^* - x_k| \leqslant \frac{1}{2^{k+1}}(b - a). \tag{2.4}$$

对于给定的精度 ε，由式 (2.4) 易得需要对分的次数

$$k \geqslant \frac{\ln(b-a) - \ln\varepsilon}{\ln 2} - 1。 \tag{2.5}$$

例 2.1　利用二分法求方程 $x^3 - x - 1 = 0$ 在区间 $[1.0, 1.5]$ 上的一个实根，要求绝对误差不超过 10^{-2}，至少需要对分多少次才能满足精度要求？

解　设函数 $f(x) = x^3 - x - 1$。易证 $f(x)$ 在区间 $[1.0, 1.5]$ 上连续单调，且 $f(1.0)f(1.5) < 0$，所以 $[1.0, 1.5]$ 是方程 $f(x) = 0$ 的一个隔根区间，可将其作为二分法的初始区间。取 $a = 1.0, b = 1.5, \varepsilon = 10^{-2}$。由式 (2.5) 可得

$$k \geqslant \frac{\ln(1.5 - 1) + 2\ln 10}{\ln 2} - 1 \approx 4.64。$$

取对分次数 $k = 5$ 即可达到精度要求，计算结果如表 2.1 所示。取方程的根

$$x^* \approx x_5 = \frac{1.312\ 5 + 1.328\ 1}{2} = 1.320\ 3。$$

表 2.1　利用二分法求解方程 $x^3 - x - 1 = 0$ 的计算结果

k	a_k	b_k	x_k	$f(x_k)$ 的符号
0	1.0	1.5	1.25	−
1	1.25	1.5	1.375	+
2	1.25	1.375	1.312 5	−
3	1.312 5	1.375	1.343 8	+
4	1.312 5	1.343 8	1.328 1	+
5	1.312 5	1.328 1	1.320 3	−

例 2.2　利用二分法求方程 $f(x) = x^3 + 1.8x^2 + 0.15x - 0.9 = 0$ 在区间 $[0.5, 1.25]$ 上的一个实根并估计其误差。

解　由 $f(0.5) = -0.25 < 0, f(1.25) = 4.05 > 0$ 得，$f(0.5)f(1.25) < 0$。又 $f'(x) = 3x^2 + 3.6x + 0.15 > 0$，所以 $f(x)$ 在区间 $[0.5, 1.25]$ 上严格单调，故 $[0.5, 1.25]$ 是方程 $f(x) = 0$ 的一个隔根区间，即 $f(x) = 0$ 在区间 $[0.5, 1.25]$ 上仅有一个实根 x^*。利用二分法求解方程 $f(x) = 0$ 的计算结果如表 2.2 所示。故方程的根

$$x^* \approx x_6 = \frac{0.582\ 031\ 25 + 0.593\ 75}{2} = 0.587\ 890\ 625,$$

所产生的误差

$$|e(x_6)| = |x^* - x_6| \leqslant \frac{1}{2^7} \times (1.25 - 0.5) = 0.005\ 859。$$

最后给出二分法的优缺点。

（1）优点：简单易用，方法可靠，对 $f(x)$ 的光滑性要求不高。

表 2.2   利用二分法求解方程 $x^3 + 1.8x^2 + 0.15x - 0.9 = 0$ 的计算结果

k	x_k	$f(x_k)$ 的符号	隔根区间
0	0.875	+	(0.5, 1.25)
1	0.687 5	+	(0.5, 0.875)
2	0.593 75	+	(0.5, 0.687 5)
3	0.546 875	−	(0.5, 0.593 75)
4	0.570 312 5	−	(0.546 875, 0.593 75)
5	0.582 031 25	−	(0.570 312 5, 0.593 75)
6	0.587 890 625	−	(0.582 031 25, 0.593 75)

（2）缺点：收敛速度较慢，无法求重根和复根；初始有根区间的位置（含两个初始根）有时难以确定；如果搜索区间是有根区间，而不是隔根区间，则可能从多个根中随机得到一个根。因此，在求方程近似根时，一般不单独使用二分法，常用来为其他方法提供好的初始根。对于非线性方程求根，最常用的方法是迭代法。

2.4   不动点迭代法

2.4.1   引例

迭代法是一种逐步逼近的方法，在数值计算和分析中应用非常广泛。其基本思想是：首先给定一个粗糙的初始近似根；然后用一个迭代式反复校正这个根，直到满足预先给定的精度为止。

例如，求方程 $x^3 - x - 1 = 0$ 在 $x = 1.5$ 附近的一个根（用六位有效数字计算）。

首先将原方程改写成等价形式

$$x = \sqrt[3]{x+1}。$$

将初始近似根 $x_0 = 1.5$ 代入上式右端得

$$x_1 = \sqrt[3]{x_0 + 1} \approx 1.357\ 21,$$

显然 x_1 与 x_0 相差较大。若改用 x_1 作为近似根代入右端得

$$x_2 = \sqrt[3]{x_1 + 1} \approx 1.330\ 86,$$

反复迭代计算得表 2.3。表 2.3 表明，迭代式 $x_{k+1} = \sqrt[3]{x_k + 1}$ 得到的根序列 $\{x_k\}$ 会收敛到近似根 $x_8 = 1.324\ 72$。

表 2.3   迭代式 $x_{k+1} = \sqrt[3]{x_k + 1}$ 反复校正初始根 $x_0 = 1.5$ 的计算过程

k	0	1	2	3	4	5	6	7	8
x_k	1.5	1.357 21	1.330 86	1.325 88	1.324 94	1.324 76	1.324 73	1.324 72	1.324 72

2.4.2   基本思想

若函数 $\varphi(x)$ 的定义域包含值域，则存在一个点 x^*，使得 $\varphi(x^*) = x^*$，称 x^* 为函数

$\varphi(x)$ 的**不动点**（**fixed point**）。**不动点迭代法**（**fixed-point iterative method**）是采用不动点理论构造迭代式的一种迭代法，又称**简单迭代法**。

将方程 $f(x)=0$ 作等价变换改写成 $x=\varphi(x)$ 的形式，由此构造迭代式

$$x_{k+1}=\varphi(x_k), \tag{2.6}$$

称 $\varphi(x)$ 为**迭代函数**（**iterative function**），$x_{k+1}=\varphi(x_k)$ 为**迭代式**（**iterative formula**）。

例如，将方程 $f(x)=x^2+x-16=0$ 作等价变换写成 $x=16-x^2$ 的形式，则迭代函数

$$\varphi(x)=16-x^2,$$

迭代式为

$$x_{k+1}=16-x_k^2。$$

在式 (2.6) 中，给定一个初始近似根 x_0，反复迭代可得到一个根数列 $\{x_k\}$，即

$$x_0,x_1,\cdots,x_k,\cdots。$$

若数列 $\{x_k\}$ 有极限 x^*，则式 (2.6) 一定收敛于 x^*，即

$$x^*=\lim_{k\to\infty}x_{k+1}=\lim_{k\to\infty}\varphi(x_k)=\varphi(x^*)。$$

显然 x^* 是方程 $x=\varphi(x)$ 的一个根。因为方程 $x=\varphi(x)$ 与 $f(x)=0$ 等价，所以 x^* 也是方程 $f(x)=0$ 的一个根，且 x^* 是 $\varphi(x)$ 的一个不动点。

不动点迭代法的基本思想是先将方程 $f(x)=0$ 作等价变换改写成同解方程 $x=\varphi(x)$，其中 $\varphi(x)$ 是连续函数。这时，

$$x是f(x)的零点 \quad 当且仅当 \quad x是\varphi(x)的不动点。$$

根据同解方程建立迭代式 $x_{k+1}=\varphi(x_k)$。给定一个初始近似根 x_0 并将其代入迭代式 $x_{k+1}=\varphi(x_k)$，依次计算

$$x_1=\varphi(x_0),x_2=\varphi(x_1),\cdots,x_{k+1}=\varphi(x_k),\cdots,$$

得到一个根迭代序列 $\{x_k\}$。若 $\{x_k\}_{k=0}^{\infty}$ 收敛，则必然收敛于 $f(x)=0$ 的根 x^*，即

$$\lim_{k\to\infty}x_k=x^* \quad 当且仅当 \quad x^*=\varphi(x^*) \quad 当且仅当 \quad f(x^*)=0。$$

从几何图形上看，求方程 $x=\varphi(x)$ 的根等价于求曲线 $y=\varphi(x)$ 与直线 $y=x$ 的交点，交点的 x 坐标就是 $x=\varphi(x)$ 的根 x^*（如图 2.4～图 2.7 所示）。给定一个初始近似根 x_0，作过 x_0 垂直于 x 轴的直线，与曲线 $y=\varphi(x)$ 交于点 P_0，过 P_0 作该直线垂线与直线 $y=x$ 交于 Q_1，过 Q_1 作 x 轴垂线，与曲线 $y=\varphi(x)$ 交于 P_1，与 x 轴交于 x_1，过 P_1 作该直线垂线，与直线 $y=x$ 交于 Q_2，过 Q_2 作 x 轴垂线，与曲线 $y=\varphi(x)$ 交于 P_2，与 x 轴交于 x_2，依次类推，得到根序列 $\{x_k\}$。若 $\{x_k\}$ 收敛，则极限 x^* 即为方程 $x=\varphi(x)$ 的根。

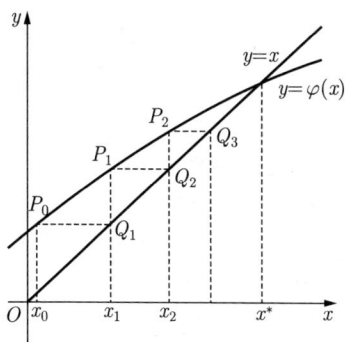

图 2.4　不动点迭代法的几何含义（情形 1）

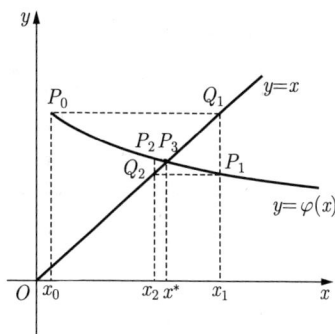

图 2.5　不动点迭代法的几何含义（情形 2）

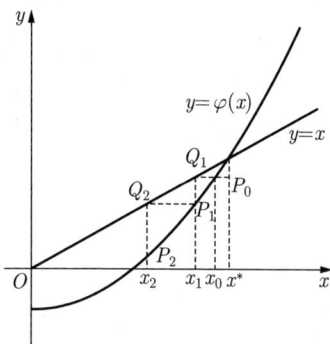

图 2.6　不动点迭代法的几何含义（情形 3）

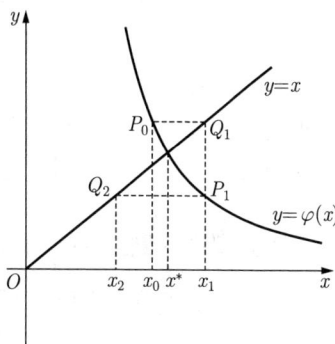

图 2.7　不动点迭代法的几何含义（情形 4）

不动点迭代法的突出优点是算法的逻辑结构简单，即使计算中间结果稍有扰动，也不会影响其最终结果且舍入误差不会放大。缺点是对迭代式的收敛性有要求，即需要对构造的迭代式分析其收敛性。不动点迭代法的计算步骤如下。

步 1　准备　确定方程 $f(x) = 0$ 的等价形式 $x = \varphi(x)$。选取初始根 x_0，给定事先指定的精度 ε 和最大迭代次数 N。令迭代次数 $k = 0$。

步 2　迭代　按迭代式 $x_{k+1} = \varphi(x_k)$ 进行迭代。

步 3　判别　若 $|x_{k+1} - x_k| < \varepsilon$，则停止计算，$x^* \approx x_{k+1}$。若 $k > N$，迭代停止，方法发散。否则令 $k = k + 1$，转步 2。

例 2.3　用不动点迭代法求方程 $f(x) = x^2 - 2x - 3 = 0$ 在 $[0, 4]$ 的一个实根。

解　将方程 $f(x) = 0$ 等价变换成三种形式。

（1）$x = \sqrt{2x + 3}$，则迭代函数 $\varphi(x) = \sqrt{2x + 3}$，迭代式 $x_{k+1} = \sqrt{2x_k + 3}$。取初始根 $x_0 = 4$，根迭代值如表 2.4 所示。显然根序列 $\{x_k\}$ 收敛。$x^* \approx x_5 = 3.004$ 是方程 $f(x) = 0$ 的一个实根。

表 2.4　迭代式 $x_{k+1} = \sqrt{2x_k + 3}$ 在初始根 $x_0 = 4$ 时的迭代结果

k	0	1	2	3	4	5
x_k	4	3.316	3.014	3.034	3.011	3.004

（2）$x = \dfrac{x^2 - 3}{2}$，则迭代函数 $\varphi(x) = \dfrac{x^2 - 3}{2}$，迭代式 $x_{k+1} = \dfrac{x_k^2 - 3}{2}$。取初始根 $x_0 = 4$，根迭代值如表 2.5 所示。显然根序列 $\{x_k\}$ 发散。

表 2.5   迭代式 $x_{k+1} = \dfrac{x_k^2 - 3}{2}$ 在初始根 $x_0 = 4$ 时的迭代结果

k	0	1	2	3
x_k	4	6.5	19.626	191.0

（3）还可以构造 $x = x^2 - x - 3$ 等。迭代结果及其收敛性不再赘述。

例 2.3 表明，对于同一个方程，可以取不同的迭代式或迭代函数。但对于同一个方程得到的不同迭代式，即使初始近似根相同，相应迭代序列 $\{x_k\}$ 的收敛情况也可能不同。对于发散的迭代序列，无论迭代多少次，得到的结果都没有意义。对于同是收敛的迭代序列，我们还要考虑其收敛快慢即收敛速度的问题。可见，对方程 $f(x) = 0$ 可构造出不同的迭代式，关键在于迭代函数 $\varphi(x)$ 取成什么格式时，迭代根序列 $\{x_k\}$ 收敛，如何衡量收敛的快慢。下面继续讨论这些问题。

2.4.3　迭代法的收敛性及收敛速度

定理 2.1 给出了函数存在唯一不动点的充分条件。

定理 2.1　设函数 $\varphi(x) \in C[a,b]$，

（1）$\forall x \in [a,b]$，有 $\varphi(x) \in [a,b]$，则 $\varphi(x)$ 在 $[a,b]$ 上存在不动点 x^*，使得

$$x^* = \varphi(x^*).$$

（2）若存在常数 $L \in (0,1)$，对 $\forall x, y \in [a,b]$，有

$$|\varphi(x) - \varphi(y)| \leqslant L|x - y|, \tag{2.7}$$

则 $\varphi(x)$ 在 $[a,b]$ 上的不动点唯一，称不等式 (2.7) 为利普希茨（**Lipschitz**）条件。

证明　（1）构造函数 $f(x) = x - \varphi(x)$。因为对 $\forall x \in [a,b]$，$\varphi(x) \in [a,b]$，所以

（i）$f(a) = a - \varphi(a) \leqslant 0$，

（ii）$f(b) = b - \varphi(b) \geqslant 0$。

若（i）和（ii）中有一个等号成立，则 $\varphi(x)$ 在 $[a,b]$ 上存在不动点 a 或 b。

若（i）和（ii）中不等号都严格成立，即 $f(a) < 0, f(b) > 0$，则由 $\varphi(x)$ 的连续性和 $f(a)f(b) < 0$ 知，一定存在 $x^* \in [a,b]$，使得 $f(x^*) = x^* - \varphi(x^*) = 0$，即 $x^* = \varphi(x^*)$。因而 x^* 是 $\varphi(x)$ 的不动点。

（2）（反证法）

假设 $\varphi(x)$ 在 $[a,b]$ 上有两个不动点 $x_1^*, x_2^* \in [a,b]$ 且 $x_1^* \neq x_2^*$，则

$$|x_1^* - x_2^*| = |\varphi(x_1^*) - \varphi(x_2^*)| \leqslant L|x_1^* - x_2^*| < |x_1^* - x_2^*|,$$

矛盾，所以 $\varphi(x)$ 在 $[a,b]$ 上的不动点唯一。∎

定理 2.2 给出了不动点迭代法收敛的充分条件。

定理 2.2 (全局收敛性)　设函数 $\varphi(x) \in C[a,b]$，且 $\varphi'(x) \in C[a,b]$。若

（1）对 $\forall x \in [a,b]$，有 $\varphi(x) \in [a,b]$。

（2）存在常数 $L \in (0,1)$，对 $\forall x \in [a,b]$，$|\varphi'(x)| \leqslant L < 1$。

则

（i）$\varphi(x)$ 在 $[a,b]$ 上一定存在唯一的不动点 x^*。

（ii）对任意初始根 x_0，迭代式 $x_{k+1} = \varphi(x_k)\,(k=0,1,\cdots)$ 均收敛于 x^*。

（iii）$|x^* - x_k| \leqslant \dfrac{L}{1-L}|x_k - x_{k-1}|,\ k = 1,2,\cdots$。

（iv）$|x^* - x_k| \leqslant \dfrac{L^k}{1-L}|x_1 - x_0|,\ k = 1,2,\cdots$。

证明　（i）由定理 2.1(1) 可得 $\varphi(x)$ 在 $[a,b]$ 上不动点的存在性。假设 $\varphi(x)$ 在 $[a,b]$ 上存在两个互异的不动点 x_1^*, x_2^*，则

$$|x_1^* - x_2^*| = |\varphi(x_1^*) - \varphi(x_2^*)|。$$

由拉格朗日（Lagrange）中值定理可得

$$|\varphi(x_1^*) - \varphi(x_2^*)| = |\varphi'(\xi)||x_1^* - x_2^*|$$
$$\leqslant L|x_1^* - x_2^*| < |x_1^* - x_2^*|,\ \text{其中}\xi\text{介于}x_1^*\text{和}x_2^*\text{之间},$$

矛盾，所以 $\varphi(x)$ 在 $[a,b]$ 上的不动点唯一，设为 x^*。

（ii）由 $|x_{k+1} - x^*| = |\varphi(x_k) - \varphi(x^*)|$

$$= |\varphi'(\xi_k)(x_k - x^*)|$$
$$\leqslant L|x_k - x^*| \leqslant L^2|x_{k-1} - x^*|$$
$$\leqslant \cdots \leqslant L^{k+1}|x_0 - x^*|,\ \text{其中 } \xi_k \text{ 介于 } x_k \text{ 和 } x^* \text{ 之间}。$$

当 $k \to \infty$ 时，$L^{k+1} \to 0$，即 $\lim\limits_{k\to\infty} x_{k+1} = x^*$。

（iii）由于

$$|x_k - x^*| = |\varphi(x_{k-1}) - \varphi(x_k) + \varphi(x_k) - \varphi(x^*)|$$
$$\leqslant L|x_k - x_{k-1}| + L|x_k - x^*|,$$

移项、合并同类项得

$$|x^* - x_k| \leqslant \frac{L}{1-L}|x_k - x_{k-1}|。 \tag{2.8}$$

（iv）将

$$|x_k - x_{k-1}| = |\varphi(x_{k-1}) - \varphi(x_{k-2})| \leqslant L|x_{k-1} - x_{k-2}|$$

代入式 (2.8) 得

$$|x^* - x_k| \leqslant \frac{L}{1-L}|x_k - x_{k-1}| \leqslant \frac{L^2}{1-L}|x_{k-1} - x_{k-2}| \leqslant \cdots \leqslant \frac{L^k}{1-L}|x_1 - x_0|。 \tag{2.9}$$

∎

下面利用定理 2.2 考查例 2.3 中两种迭代式的收敛性。

（1）取迭代函数 $\varphi(x) = \sqrt{2x+3}$，则 $\varphi'(x) = \dfrac{1}{\sqrt{2x+3}}$。对于 $x \in [0,4]$，有 $0 < \varphi'(x) < 1$，所以迭代式 $x_{k+1} = \sqrt{2x_k+3}$ 收敛。

（2）取 $\varphi(x) = \dfrac{x^2-3}{2}$，则 $\varphi'(x) = x$，只在 $(0,1)$ 内满足 $\varphi'(x) < 1$，而方程 $f(x) = 0$ 在 $[0,1]$ 内无根，所以迭代式 $x_{k+1} = \dfrac{x_k^2-3}{2}$ 发散。

由定理 2.1 和定理 2.2 可得下述结论。

（1）若常数 L 存在，则迭代过程收敛且 L 越小，收敛越快。

（2）迭代过程是一个求极限的过程，而实际计算却不能无限次进行。在实际计算中，对于事先给定的精度 ε，当相邻两次迭代值 $|x_{k+1} - x_k| \leqslant \varepsilon$ 时，迭代过程停止，取 x_{k+1} 作为根的近似值。

（3）可根据事先给定的精度 ε 求出迭代次数 k。由式 (2.9)

$$|x^* - x_k| \leqslant \frac{L^k}{1-L}|x_1 - x_0|$$

可知

$$\frac{L^k}{1-L}|x_1 - x_0| \leqslant \varepsilon,$$

解得迭代次数

$$k \geqslant \ln \frac{\varepsilon(1-L)}{x_1 - x_0} \Big/ \ln L \,.$$

定理 2.2 给出了迭代式 $x_{k+1} = \varphi(x_k)$ 在固定区间 $[a,b]$ 上收敛的判定依据。这种收敛不依赖初始根 x_0 的选取，称为**全局收敛**（global convergence）。但在许多情况下，预先指定一个区间往往是不可能的，因此常常需要考虑迭代法在不动点 x^* 附近的收敛性，即不动点迭代法的局部收敛性。

定义 2.1 (局部收敛) 设 x^* 是函数 $\varphi(x)$ 的一个不动点。若存在 x^* 的一个闭邻域

$$N(x^*) = [x^* - \delta, x^* + \delta]\,(\delta > 0),$$

使得对 $\forall x_0 \in N(x^*)$，迭代式 $x_{k+1} = \varphi(x_k)$ 产生的根序列 $\{x_k\}$ 均收敛于 x^*，则称迭代式 $x_{k+1} = \varphi(x_k)$ 在 $N(x^*)$ 内**局部收敛**（local convergence）。

定理 2.3 (局部收敛性) 设 x^* 是 $\varphi(x)$ 的一个不动点，$\varphi'(x)$ 在 x^* 的某个邻域内连续且 $|\varphi'(x^*)| < 1$，则迭代式 $x_{k+1} = \varphi(x_k)$ 局部收敛。

证明 因为 $\varphi'(x)$ 在 x^* 附近连续且 $|\varphi'(x^*)| < 1$，则存在 x^* 的某个邻域 $N(x^*)$，使得对 $\forall x \in N(x^*)$，有 $|\varphi'(x)| \leqslant L$，其中 L 是介于 $|\varphi'(x^*)|$ 和 1 之间的某个数。显然 $L < 1$，即满足定理 2.2 中的条件 (2)。

再者，对 $\forall x \in N(x^*)$，有

$$|\varphi(x) - x^*| = |\varphi(x) - \varphi(x^*)| = |\varphi'(\xi)(x - x^*)| \leqslant L|x - x^*| < |x - x^*|, \ \xi \in N(x^*),$$

即 $\varphi(x) \in N(x^*)$，满足定理 2.2 中的条件 (1)。

根据定理 2.2，迭代式 $x_{k+1} = \varphi(x_k)$ 对区间 $N(x^*)$ 内的任意初始根都收敛。由定义 2.1 知，迭代式局部收敛。■

一个有效的迭代式，我们不仅要考虑其收敛性，还需讨论其收敛的快慢，即收敛速度。所谓迭代式的**收敛速度**（**convergence speed**），是指迭代过程在接近收敛时迭代误差的下降速度。为了衡量迭代式的收敛速度，下面引入收敛阶的概念。

定义 2.2 (收敛阶)　设迭代式 $x_{k+1} = \varphi(x_k)$ 产生的序列 $\{x_k\}$ 收敛于方程 $f(x) = 0$ 的根 x^*，即 $x^* = \lim\limits_{k \to \infty} x_k$。记**第 k 次迭代误差** (iterative error) $e_k = x^* - x_k$。若存在实数 $p \geqslant 1$ 及常数 C，使得

$$\lim_{k \to \infty} \frac{|e_{k+1}|}{|e_k|^p} = C \ (\neq 0),$$

则称序列 $\{x_k\}$ 为 p **阶收敛** 或称其收敛阶（**convergence order**）为 p。为方便起见，有时也称迭代式或迭代过程 p **阶收敛** 或收敛阶为 p。称常数 C 为**渐进误差常数**（**progressive error constant**）。特别地，当 $p = 1$，2 时，分别称 $\{x_k\}$ 为**线性收敛**（**linear convergence**）和**平方收敛**（**quadratic convergence**）。当 $p > 1$ 时，称 $\{x_k\}$ 为**超线性收敛**（**super linear convergence**）。

显然对于一个收敛的迭代过程，收敛阶 p 唯一并且 p 值越大，绝对迭代误差衰减得越快，该迭代过程的收敛速度就越快。

定理 2.4　设迭代过程 $x_{k+1} = \varphi(x_k)$，x^* 为 $\varphi(x)$ 的不动点。整数 $p \geqslant 2$，$\varphi^{(p)}(x)$ 在 x^* 某邻域内存在且连续，则迭代过程 $x_{k+1} = \varphi(x_k)$ 在 x^* 的邻域内 p 阶收敛的充要条件是

$$\varphi^{(k)}(x^*) = 0 \ (k = 1, 2, \cdots, p-1), \quad \varphi^{(p)}(x^*) \neq 0 \text{。} \tag{2.10}$$

证明　（1）**充分性**　（"$\Leftarrow$"）

将 $\varphi(x_k)$ 在 x^* 处作泰勒展开，

$$\varphi(x_k) = \varphi(x^*) + \varphi'(x^*)(x_k - x^*) + \frac{\varphi''(x^*)}{2!}(x_k - x^*)^2 + \cdots + \frac{\varphi^{(p)}(\xi)}{p!}(x_k - x^*)^p,$$

其中 ξ 介于 x_k 和 x^* 之间。

结合已知条件 (2.10) 得

$$\varphi(x_k) = \varphi(x^*) + \frac{\varphi^{(p)}(\xi)}{p!}(x_k - x^*)^p,$$

注意 $\varphi(x_k) = x_{k+1}$，$\varphi(x^*) = x^*$。所以上式可写成

$$x_{k+1} - x^* = \frac{\varphi^{(p)}(\xi)}{p!}(x_k - x^*)^p.$$

因而

$$\frac{|e_{k+1}|}{|e_k|^p} = \frac{|x^* - x_{k+1}|}{|x^* - x_k|^p} = \left|\frac{\varphi^{(p)}(\xi)}{p!}\right| \longrightarrow \left|\frac{\varphi^{(p)}(x^*)}{p!}\right| \quad (k \to \infty).$$

显然，$\left|\dfrac{\varphi^{(p)}(x^*)}{p!}\right|$ 是一个不为零的常数。由定义 2.2 知，迭代过程 $x_{k+1} = \varphi(x_k)$ p 阶收敛。

（2）**必要性**（"$\Rightarrow$"）

采用反证法来证。假设 $\varphi'(x^*), \varphi''(x^*), \cdots, \varphi^{(p)}(x^*)$ 的值与定理条件不符，即从 $\varphi'(x^*)$ 开始的各阶导数中有连续 q 个为零（$q \neq p-1$），而第 $q+1$ 个不为零。根据前面充分条件证明可知，迭代过程 $x_{k+1} = \varphi(x_k)$ $q+1$ 阶收敛，而 $q+1 \neq p$，这与已知条件中迭代过程 p 阶收敛矛盾，所以假设错误，即

$$\varphi'(x^*) = \varphi''(x^*) = \cdots = \varphi^{(p-1)}(x^*) = 0, \quad \text{而} \quad \varphi^{(p)}(x^*) \neq 0. \qquad \blacksquare$$

由定理 2.4 可知，迭代过程 $x_{k+1} = \varphi(x_k)$ 的收敛速度依赖迭代函数 $\varphi(x)$ 的选取。若对于 $x \in [a, b]$，$\varphi'(x) \neq 0$，则该迭代过程只可能是线性收敛。特别地，

（1）当 $\varphi'(x^*) \neq 0$ 时，迭代过程为线性收敛。

（2）当 $\varphi'(x^*) = 0, \varphi''(x^*) \neq 0$ 时，迭代过程为平方收敛。

2.4.4 迭代法的加速收敛

对于收敛的迭代过程，只要迭代次数不受限制，理论上就可以使结果达到任意精度。但如果迭代过程收敛缓慢，计算量就会很大，从而使迭代法不实用。下面讨论迭代法加速收敛的方法。

设 x^* 是方程 $x = \varphi(x)$ 的根，$\overline{x}_{k+1}$ 是近似根 x_k 迭代后的值，即 $\overline{x}_{k+1} = \varphi(x_k)$。由拉格朗日中值定理得

$$\begin{aligned} x^* - \overline{x}_{k+1} &= \varphi(x^*) - \varphi(x_k) \\ &= \varphi'(\xi)(x^* - x_k), \quad \text{其中 } \xi \text{ 介于 } x^* \text{ 和 } x_k \text{ 之间.} \end{aligned}$$

假定 $\varphi'(x)$ 在求根范围内变化不大，即 $\varphi'(x) \approx L$。为保证迭代过程收敛，要求 $|L| < 1$，则

$$x^* - \overline{x}_{k+1} \approx L(x^* - x_k).$$

两边同时加上 $L\overline{x}_{k+1}$，移项得

$$x^* - Lx^* - \overline{x}_{k+1} + L\overline{x}_{k+1} \approx L\overline{x}_{k+1} - Lx_k,$$

整理得

$$(1-L)x^* - (1-L)\overline{x}_{k+1} \approx L(\overline{x}_{k+1} - x_k),$$

两边同除以 $1 - L$ 得

$$x^* - \overline{x}_{k+1} \approx \frac{L}{1-L}(\overline{x}_{k+1} - x_k).$$

将 $\dfrac{L}{1-L}(\overline{x}_{k+1} - x_k)$ 看成迭代值 $\overline{x}_{k+1}$ 的误差。若用误差值 $\dfrac{L}{1-L}(\overline{x}_{k+1} - x_k)$ 来改进 $\overline{x}_{k+1}$,得到的结果 x_{k+1} 相对 $\overline{x}_{k+1}$ 会更接近 x^*,即

$$x_{k+1} = \overline{x}_{k+1} + \frac{L}{1-L}(\overline{x}_{k+1} - x_k) = \frac{1}{1-L}\overline{x}_{k+1} - \frac{L}{1-L}x_k。$$

综上所述,用 $\overline{x}_{k+1}$ 和 x_{k+1} 分别表示第 $k+1$ 步校正值和改进值,则加速收敛法的**迭代-加速公式**如下:

(1)**校正** $\overline{x}_{k+1} = \varphi(x_k)$。

(2)**改进** $x_{k+1} = \overline{x}_{k+1} + \dfrac{L}{1-L}(\overline{x}_{k+1} - x_k)$。

例 2.4 用加速收敛法求解方程 $x = e^{-x}$ 在 $x = 0.5$ 附近的根,要求精度 $\varepsilon = 10^{-5}$。

解 取 $\varphi(x) = e^{-x}$。在 $x = 0.5$ 附近,$|\varphi'(x)| = |(e^{-x})'| \approx |-0.6| < 1$。所以取 $L \approx (e^{-x})' \approx -0.6$。故得迭代 -加速计算公式如下:

$$\begin{cases} \overline{x}_{k+1} = e^{-x_k} \\ x_{k+1} = \overline{x}_{k+1} - \dfrac{0.6}{1.6}(\overline{x}_{k+1} - x_k) \end{cases} \tag{2.11}$$

取 $x_0 = 0.5$,代入迭代-加速公式 (2.11),计算结果见表 2.6。表 2.7 是普通迭代法的计算结果。比较表 2.6 和表 2.7,加速收敛法迭代 3 次就得到了普通迭代法迭代 18 次具有相同精度 10^{-5} 的结果,加速效果显著。

表 2.6 迭代-加速公式 (2.11) 在 $x_0 = 0.5$ 时的计算结果

k	$\overline{x}_k$	x_k
0		0.5
1	0.605 3	0.566 58
2	0.567 46	0.567 13
3	0.567 15	0.567 14

表 2.7 迭代式 $x_{k+1} = e^{-x_k}$ 在 $x_0 = 0.5$ 时的计算结果

k	x_k	k	x_k	k	x_k
0	0.5	7	0.568 438 0	14	0.567 118 8
1	0.606 530 6	8	0.566 409 4	15	0.567 157 1
2	0.545 239 2	9	0.567 559 6	16	0.567 135 4
3	0.579 703 1	10	0.566 907 2	17	0.567 147 7
4	0.560 064 6	11	0.567 277 2	18	0.567 140 7
5	0.571 172 1	12	0.567 067 3		
6	0.564 862 9	13	0.567 186 3		

上述加速收敛法在确定 L 时要用到导数 $\varphi'(x)$ 的有关信息,这在实际使用时不方便。下面我们考虑替换掉 L 的信息。

已知 x^* 的某个近似值 x_0，经过两次迭代有 $x_1 = \varphi(x_0), x_2 = \varphi(x_1)$。由微分中值定理得

$$x_1 - x^* = \varphi(x_0) - \varphi(x^*) = \varphi'(\xi_1)(x_0 - x^*), \quad \xi_1 介于 x_0 和 x^* 之间,$$

$$x_2 - x^* = \varphi(x_1) - \varphi(x^*) = \varphi'(\xi_2)(x_1 - x^*), \quad \xi_2 介于 x_0 和 x^* 之间.$$

由于 $\varphi'(x)$ 在求根范围内变化不大，近似地取某个值 L，则

$$x_1 - x^* \approx L(x_0 - x^*), \; x_2 - x^* \approx L(x_1 - x^*).$$

两式联立消去未知的 L

$$\frac{x_1 - x^*}{x_2 - x^*} \approx \frac{x_0 - x^*}{x_1 - x^*},$$

解得

$$x^* \approx \frac{x_0 x_2 - x_1^2}{x_0 - 2x_1 + x_2} = x_2 - \frac{(x_2 - x_1)^2}{x_0 - 2x_1 + x_2}.$$

这样构造的迭代式确实不再含有关于导数的信息，但是每步需要校正两次才能完成，这种方法被称为**埃特肯（Aitkon）加速法**，其计算步骤如下：

（1）**校正** $\widetilde{x}_{k+1} = \varphi(x_k)$。

（2）**再校正** $\overline{x}_{k+1} = \varphi(\widetilde{x}_{k+1})$。

（3）**改进** $x_{k+1} = \overline{x}_{k+1} - \dfrac{(\overline{x}_{k+1} - \widetilde{x}_{k+1})^2}{\overline{x}_{k+1} - 2\widetilde{x}_{k+1} + x_k}$。

例 2.5 用埃特肯加速法求解方程 $f(x) = x^3 - x - 1$ 在 $x = 1.5$ 附近的根 x^*。

解

$$x_{k+1} = x_k^3 - 1 \tag{2.12}$$

是求解方程 $f(x) = 0$ 的一个迭代式，其迭代结果如表 2.8 所示，很明显式 (2.12) 发散。

表 2.8 埃特肯加速法和普通迭代法的计算结果比较

k	$\widetilde{x}_k$	$\overline{x}_k$	埃特肯加速法 x_k	普通迭代法 x_k
0	—	—	1.5	1.5
1	2.375 00	12.396 5	1.416 29	2.375
2	1.840 92	5.238 88	1.355 65	12.396 5
3	1.491 40	2.317 28	1.328 95	—
4	1.347 10	1.444 35	1.324 80	—
5	1.325 18	1.327 14	1.324 72	—

下面以式 (2.12) 为基础形成埃特肯加速法，即

$$\widetilde{x}_{k+1} = x_k^3 - 1, \quad \overline{x}_{k+1} = \widetilde{x}_{k+1}^3 - 1,$$

$$x_{k+1} = \overline{x}_{k+1} - \frac{(\overline{x}_{k+1} - \widetilde{x}_{k+1})^2}{\overline{x}_{k+1} - 2\widetilde{x}_{k+1} + x_k},$$

取 $x_0 = 1.5$，计算结果如表 2.8 所示。取 $x^* \approx x_5 = 1.324\,72$。

从表 2.8 的计算结果可以看出，将发散的迭代式通过埃特肯加速法处理后，获得了相当好的收敛性。

2.5　牛顿（Newton）法

2.5.1　牛顿法的构造

设 $f(x) = 0$ 是一个非线性方程。$f(x) \in C[a,b]$ 且 $f(a)f(b) < 0$。对 $\forall x \in [a,b]$，有 $f'(x) \neq 0$。设 x_k 是 $f(x) = 0$ 的一个近似根。将 $f(x)$ 在 x_k 处作泰勒展开

$$f(x) = f(x_k) + f'(x_k)(x - x_k) + f''(x_k)\frac{(x - x_k)^2}{2!} + \cdots 。$$

取其线性部分 $f(x_k) + f'(x_k)(x - x_k)$ 作为 $f(x)$ 的近似，即

$$f(x) \approx f(x_k) + f'(x_k)(x - x_k) = 0,$$

解得

$$x = x_k - \frac{f(x_k)}{f'(x_k)} 。$$

用 x_{k+1} 替代 x 得牛顿迭代式

$$x_{k+1} = x_k - \frac{f(x_k)}{f'(x_k)}, \tag{2.13}$$

其相应的迭代函数

$$\varphi(x) = x - \frac{f(x)}{f'(x)} 。$$

上述构造迭代式或迭代函数的方法称为**牛顿法**（Newton method）。牛顿法是一种将非线性方程线性化的方法，也称为**逐步线性法**（stepwise linear method）。其计算步骤如下：

步 1　准备　给出初始近似根 x_0 及精度 ε，迭代次数 $k = 0$。

步 2　迭代　计算 $x_{k+1} = x_k - \dfrac{f(x_k)}{f'(x_k)}$。

步 3　判别　若 $|x_{k+1} - x_k| < \varepsilon$，则迭代停止，输出满足精度 ε 的根 x_{k+1}；否则，令 $k = k + 1$，转步 2。

2.5.2　牛顿法的几何意义

以 $f'(x_0)$ 为斜率作过点 $(x_0, f(x_0))$ 的直线，即过点 $(x_0, f(x_0))$ 作 $f(x)$ 的切线

$$y - f(x_0) = f'(x_0)(x - x_0)。$$

令 $y = 0$，得到切线与 x 轴的交点，记为 x_1。解得

$$x_1 = x_0 - \frac{f(x_0)}{f'(x_0)}。$$

同理，以 $f'(x_1)$ 为斜率作过点 $(x_1, f(x_1))$ 的直线，切线方程为

$$y - f(x_1) = f'(x_1)(x - x_1)。$$

设其与 x 轴交于 x_2，则

$$x_2 = x_1 - \frac{f(x_1)}{f'(x_1)}。$$

依次类推，以 $f'(x_k)$ 为斜率作过点 $(x_k, f(x_k))$ 的直线，切线方程为

$$y - f(x_k) = f'(x_k)(x - x_k)。$$

令 $y = 0$，得切线方程与 x 轴的交点

$$x_{k+1} = x_k - \frac{f(x_k)}{f'(x_k)}。$$

其过程如图 2.8 所示。显然，牛顿法是一个反复作切线的过程，因此牛顿法又称**切线法**（**tangent method**）。

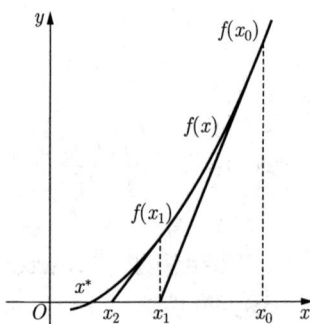

图 2.8　牛顿法的几何意义

2.5.3　牛顿法的局部收敛性

牛顿本人在提出迭代法时并没有系统地给出其收敛性证明。柯西（Cauchy）在 1829 年首先研究了牛顿法的局部收敛性。

定理 2.5 (局部收敛定理) 设 x^* 是方程 $f(x) = 0$ 的单根，且 $f(x)$ 在 x^* 附近有连续的 2 阶导数，则牛顿迭代式 (2.13) 局部平方收敛。

证明 牛顿法的迭代函数 $\varphi(x) = x - \dfrac{f(x)}{f'(x)}$，其导数 $\varphi'(x) = \dfrac{f(x)f''(x)}{\left[f'(x)\right]^2}$。因为 x^* 是方程 $f(x) = 0$ 的单根，所以 $f(x^*) = 0, f'(x^*) \neq 0$。因此

$$\varphi'(x^*) = \frac{f(x^*)f''(x^*)}{\left[f'(x^*)\right]^2} = 0。$$

由定理 2.3 知，牛顿迭代式 (2.13) 局部收敛。

考查 $f(x^*)$ 在 x_k 处的泰勒公式

$$f(x^*) = f(x_k) + f'(x_k)(x^* - x_k) + \frac{f''(\xi)}{2!}(x^* - x_k)^2 = 0，其中\xi介于x^*和x_k之间。$$

整理得

$$\frac{f(x_k)}{f'(x_k)} = -(x^* - x_k) - \frac{f''(\xi)}{2f'(x_k)}(x^* - x_k)^2。 \tag{2.14}$$

将牛顿迭代式 (2.13) 和式 (2.14) 代入 $x^* - x_{k+1}$ 得

$$x^* - x_{k+1} = x^* - \left(x_k - \frac{f(x_k)}{f'(x_k)}\right)$$
$$= x^* - x_k + \frac{f(x_k)}{f'(x_k)}$$
$$= -\frac{f''(\xi)}{2f'(x_k)}(x^* - x_k)^2。$$

两边同时除以 $(x^* - x_k)^2$ 得

$$\frac{x^* - x_{k+1}}{(x^* - x_k)^2} = -\frac{f''(\xi)}{2f'(x_k)} \to -\frac{f''(x^*)}{2f'(x^*)} \ (k \to \infty)。$$

由定义 2.2 知，牛顿迭代式 (2.13) 平方收敛或 2 阶收敛。∎

定理 2.5 要求初始根 x_0 充分接近 x^* 时才能保证收敛，即牛顿法的收敛依赖初始根 x_0 的选取，属于局部收敛性。

例 2.6 利用牛顿法求方程 $f(x) = x^3 - x - 1 = 0$ 在 $x = 1.5$ 附近的一个根，要求精确到小数点后三位。

解 由牛顿迭代式 (2.13) 得

$$x_{k+1} = x_k - \frac{x_k^3 - x_k - 1}{3x_k^2 - 1}。$$

取初始根 $x_0 = 1.5$，迭代计算结果如表 2.9 所示。取方程根 $x^* \approx x_5 = 1.324\,7 \approx 1.325$。从表 2.9 中的数据可以看出，迭代到第 5 步时，近似根的前五位有效数字已经不再发生

变化，这说明牛顿法的迭代过程收敛很快。若取初始根 $x_0 = 0.6$，迭代 11 次才能达到相同精度的结果。可见在迭代过程中，若初始根 x_0 靠近根 x^*，牛顿法收敛且收敛速度很快；若初始根 x_0 不靠近根 x^*，牛顿法收敛缓慢甚至会发散。

表 2.9 利用牛顿法求解方程 $f(x) = x^3 - x - 1 = 0$ 的计算结果

k	0	1	2	3	4	5
x_k	1.5	1.347 8	1.325 4	1.330 72	1.324 7	1.324 7

下面给出一个牛顿法应用的例子。

例 2.7 用牛顿法建立求 $a(a > 0)$ 的平方根 $\sqrt{a}$ 的近似公式，并求 $\sqrt{3}$ 的近似值。

解 $\sqrt{a}$ 可以看成方程 $f(x) = x^2 - a = 0$ 的根，这时 $f'(x) = 2x \neq 0$。于是求 $\sqrt{a}$ 的牛顿迭代式

$$x_{k+1} = x_k - \frac{f(x_k)}{f'(x_k)}$$
$$= x_k - \frac{x_k^2 - a}{2x_k}$$
$$= \frac{1}{2}\left(x_k + \frac{a}{x_k}\right)。 \tag{2.15}$$

下面利用式 (2.15) 求 $\sqrt{a} = \sqrt{3}$ 的近似值，要求精确到小数点后四位。取 $a = 3, x_0 = 2$ 进行迭代，所得结果如表 2.10 所示。迭代 3 次后得到 $\sqrt{3}$ 的满足精度要求的近似根 $x_3 \approx 1.732\ 1$。

表 2.10 利用迭代式 $x_{k+1} = \frac{1}{2}\left(x_k + \frac{a}{x_k}\right)$ 求解 $\sqrt{a} = \sqrt{3}$ 的计算结果

k	0	1	2	3
x_k	2	1.75	1.732 14	1.732 050 8

牛顿法也是一种不动点迭代法，其优点是收敛速度较快，缺点如下。

（1）无法保证全局收敛性，即选定的初始根 x_0 要接近方程的根 x^*，否则迭代过程可能收敛缓慢或根本不收敛。

（2）对函数的连续性要求很高，需要 $f(x)$ 在 x^* 附近有连续的 2 阶导数。

（3）每次迭代既要计算函数值 $f(x)$，还要计算导数值 $f'(x)$，其计算量可能很大或根本无法计算。

2.6 割线法

牛顿法中，每步都需要计算两个函数值 f 和 f'，比较费时；而且如果 f 的表达式复杂，求其导数 f' 往往也比较困难。如果能设法利用 f 的一些数值来近似估计导数值 f'，那么很多困难将会迎刃而解。

将牛顿迭代式 (2.13) 中的导数 $f'(x_k)$ 用差商近似代替，即

$$f'(x_k) \approx \frac{f(x_k) - f(x_{k-1})}{x_k - x_{k-1}},$$

则牛顿迭代式 (2.13) 可改写为

$$x_{k+1} = x_k - \frac{f(x_k)(x_k - x_{k-1})}{f(x_k) - f(x_{k-1})}. \tag{2.16}$$

从几何图形上来看，通过式 (2.16) 求 x_{k+1}，实际上是求两点弦线（割线）$\overline{P_{k-1}P_k}$ 与 x 轴交点的横坐标（如图 2.9 所示），因此这个算法也形象地被称为 **双点割线法**（**two-point secant method**）。如果把式 (2.16) 中的 x_{k-1} 改为 x_0，则迭代式改为

$$x_{k+1} = x_k - \frac{f(x_k)(x_k - x_0)}{f(x_k) - f(x_0)}. \tag{2.17}$$

每步只需用到一个新点 x_k 的值，此方法称为 **单点割线法**（**single point secant method**）。

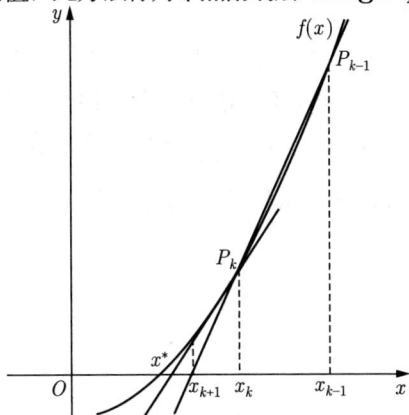

图 2.9　割线法的几何意义

例 2.8　用割线法求方程 $x^3 - x - 1 = 0$ 在 $x = 1.5$ 附近的根，保留五位有效数字。

解　由题意得迭代式

$$x_{k+1} = x_k - \frac{(x_k^3 - x_k - 1)(x_k - x_{k-1})}{(x_k^3 - x_k - 1) - (x_{k-1}^3 - x_{k-1} - 1)}.$$

取初始根 $x_0 = 1.5, x_1 = 1.4$ 进行迭代，所得结果如表 2.11 所示。取 $x_5 \approx 1.324\,7$ 作为方程近似根。

表 2.11　利用割线法求解方程 $x^3 - x - 1 = 0$ 的计算结果

k	0	1	2	3	4	5
x_k	1.5	1.4	1.335 22	1.325 41	1.324 72	1.324 72

割线法可以看成一种广义的不动点迭代法，它将牛顿法中的导数换成近似导数，因

此也被称为**拟牛顿法**（**quasi-Newton method**）。迭代过程避免了导数计算，但又需要两个初始根。

习题二

1. 用二分法求方程 $f(x) = x^3 - 2x - 5 = 0$ 在区间 $[2,3]$ 上的对分次数 $k = 2$ 的近似根，并指出其误差。

2. 用二分法求方程 $\sin x = x - 6$ 在区间 $[-1,6]$ 上的根，误差不超过 10^{-2}。若要求误差不超过 10^{-3}，需对分多少次？

3. 用简单迭代法求方程 $3x^3 - 6x^2 + 5 = 0$ 在区间 $[-1,6]$ 上的根，误差不超过 10^{-2}。

4. 迭代函数 $\varphi(x) = x + \alpha(x^2 - 5)$，若使迭代式 $x_{k+1} = \varphi(x_k)$ 收敛到 $x^* = \sqrt{5}$，则 α 的取值范围是多少？

5. 分别用牛顿法和割线法求方程 $f(x) = x^3 - 3x - 2 = 0$ 在 $x = 1.5$ 附近的根，要求结果精确到四位有效数字。

6. 用牛顿法求方程 $x^2 - 2x + 1 = 0$ 的根，并讨论其收敛阶。

7. 将牛顿法应用于方程 $x^3 - a = 0$，导出求立方根 $\sqrt[3]{a}$ 的迭代式，并讨论其收敛性。

8. 将牛顿法应用于方程 $f(x) = 1 - \dfrac{a}{x^2} = 0$，导出求 $\sqrt{a}$ 的迭代式，并用此式求 $\sqrt{115}$ 的值，要求结果精确到三位有效数字。

第3章 线性方程组的数值解法

3.1 引言

在科学研究和工程技术中，很多问题可归结为求解线性方程组（linear equation system）(3.1)，例如，电学中的网络问题、船体数学放样中建立的三次样条函数问题、最小二乘法求解实验数据的曲线拟合问题、动力学分析中常微分方程和偏微分方程的边值问题、石油工业中油气资源勘探和油田开采问题、半导体研究中新的半导体激光体的设计问题、航空工业中飞机和导弹的设计问题等。

$$\begin{cases} a_{11}x_1 + a_{12}x_2 + \cdots + a_{1n}x_n = b_1 \\ a_{21}x_1 + a_{22}x_2 + \cdots + a_{2n}x_n = b_2 \\ \quad\vdots \qquad \vdots \qquad \ddots \qquad \vdots \qquad \vdots \\ a_{m1}x_1 + a_{m2}x_2 + \cdots + a_{mn}x_n = b_m \end{cases} \tag{3.1}$$

其矩阵形式为

$$\boldsymbol{Ax} = \boldsymbol{b},$$

其中

$$\boldsymbol{A} = (a_{ij})_{m \times n} = \begin{pmatrix} a_{11} & a_{12} & \cdots & a_{1n} \\ a_{21} & a_{22} & \cdots & a_{2n} \\ \vdots & \vdots & \ddots & \vdots \\ a_{m1} & a_{m2} & \cdots & a_{mn} \end{pmatrix}$$

为系数矩阵，$\boldsymbol{x} = (x_1, x_2, \cdots, x_n)^{\mathrm{T}}$ 为解向量，$\boldsymbol{b} = (b_1, b_2, \cdots, b_n)^{\mathrm{T}}$ 为右端向量或右端项。方程组 (3.1) 中包含 m 个方程，n 个未知量。若 $m > n$，则称方程组 (3.1) 为**超定方程组**（overdetermined equation system），一般没有解，但可求其最小二乘解。若 $m < n$，则方程组 (3.1) 一般有无穷多个解。本章主要考虑方程组 (3.1) 中 $m = n$，即 n 阶方程组 (3.2) 的数值解法。

$$\begin{cases} a_{11}x_1 + a_{12}x_2 + \cdots + a_{1n}x_n = b_1 \\ a_{21}x_1 + a_{22}x_2 + \cdots + a_{2n}x_n = b_2 \\ \quad\vdots \qquad \vdots \qquad \ddots \qquad \vdots \qquad \vdots \\ a_{n1}x_1 + a_{n2}x_2 + \cdots + a_{nn}x_n = b_n \end{cases} \tag{3.2}$$

由线性代数或高等代数相关知识知

$$\det(\boldsymbol{A}) \neq 0 \text{ 当且仅当方程组 (3.2) 有唯一解。}$$

根据克莱姆（Cramer）法则，$x_i = \dfrac{D_i}{D}$，$i = 1, 2, \cdots, n$，其中，D 是系数行列式 $\det(\boldsymbol{A})$，D_i 是将行列式 D 的第 i 列用右端项 b 替代后得到的行列式。

下面估计一下用克莱姆法则求解 n 阶方程组的计算量。首先要计算 $n+1$ 个 n 阶行列式 D 和 D_i，$i = 1, 2, \cdots, n$，而每个 n 阶行列式又有 $n!$ 项，每一项含 n 个因子，因此计算一个 n 阶行列式需要做 $n!(n-1)$ 次乘法，$n+1$ 个 n 阶行列式需要 $(n+1)n!(n-1)$，即 $(n+1)!(n-1)$ 次乘法。除此之外，还要做 n 次除法。所以，求解一个 n 阶方程组所需乘除法的运算量大约为 $(n+1)!(n-1)+n$。取 $n = 20$ 时，每秒 1 亿次运算速度的计算机要算三十多万年。因此，克莱姆法则虽然在理论上有着重大意义，但在实际应用中却存在着很大困难。为解决这一困难，必须寻找行之有效的数值解法。

目前，线性方程组的常用数值解法大致分为两类：直接法和迭代法。**直接法（direct method）**是经过有限步算术运算即可求得方程组精确解的方法。但实际计算中，由于舍入误差的存在和影响，它最终也只能求得方程组的近似解。直接法适用于中等规模的线性方程组。本章介绍的直接法主要包括高斯（Gauss）消去法及其变形以及矩阵分解法。**迭代法（iterative method）**是用某种极限过程去逐步逼近线性方程组精确解的方法。它适用于高阶线性方程组。本章介绍的迭代法主要包括雅克比（Jacobi）迭代法、高斯-赛德尔（Gauss-Seidel）迭代法和逐次超松弛迭代法。

3.2 解线性方程组的直接法

3.2.1 高斯消去法

高斯是德国著名的数学家、物理学家、天文学家、几何学家、大地测量学家。1818 — 1826 年，他在主持汉诺威公国的大地测量工作期间，提出了求解线性方程组的方法和以最小二乘法为基础的测量平差方法，显著地提高了测量的精度。事实上，在此之前约 1500 年，我国第一部数学专著《九章算术》中就提出了求解线性方程组的直除术，它是使用初等变换完成方程组的求解，所以高斯消去法是一个古老但常用的求解线性方程组的方法。

高斯消去法（Gauss elimination method）求解 n 阶方程组 (3.2) 的基本思路是，通过逐次消元计算，把系数矩阵 $\boldsymbol{A}$ 转换为等价（同解）的上三角阵，然后回代求解，从后向前依次求出解向量的各个元素。

为了方便叙述算法步骤，先引入记号 $\boldsymbol{A}^{(1)} = \boldsymbol{A}$，$a_{ij}^{(1)} = a_{ij}$，$i,j = 1, 2, \cdots, n$，$\boldsymbol{b}^{(1)} = \boldsymbol{b}$，增广矩阵 $(\boldsymbol{A}^{(1)}, \boldsymbol{b}^{(1)})$ 中右端项元素 $b_i^{(1)}$ 用 $a_{i,n+1}^{(1)}$ 替代，即 $a_{i,n+1}^{(1)} = b_i^{(1)} = b_i$，$i = 1, 2, \cdots, n$。于是增广矩阵可记为

$$\left(\boldsymbol{A}^{(1)}, \boldsymbol{b}^{(1)}\right) = \begin{pmatrix} a_{11}^{(1)} & a_{12}^{(1)} & \cdots & a_{1n}^{(1)} & \vdots & a_{1,n+1}^{(1)} \\ a_{21}^{(1)} & a_{22}^{(1)} & \cdots & a_{2n}^{(1)} & \vdots & a_{2,n+1}^{(1)} \\ \vdots & \vdots & \ddots & \vdots & \vdots & \vdots \\ a_{n1}^{(1)} & a_{n2}^{(1)} & \cdots & a_{nn}^{(1)} & \vdots & a_{n,n+1}^{(1)} \end{pmatrix},$$

方程组 (3.2) 记为

$$\boldsymbol{A}^{(1)}\boldsymbol{x} = \boldsymbol{b}^{(1)}。$$

高斯消去法的计算过程如下。

步 1（第 1 次消元）

设主元 $a_{11}^{(1)} \neq 0$，为使 $a_{i1}^{(2)} = 0$ $(i = 2, 3, \cdots, n)$，即

$$a_{i1}^{(1)} - m_{i1} a_{11}^{(1)} = 0,$$

取消元因子 $m_{i1} = \dfrac{a_{i1}^{(1)}}{a_{11}^{(1)}}$，则第 i 个方程其他系数变为

$$a_{ij}^{(2)} = a_{ij}^{(1)} - m_{i1} a_{1j}^{(1)}, \quad j = 2, 3, \cdots, n+1,$$

增广矩阵变为

$$\left(\boldsymbol{A}^{(2)}, \boldsymbol{b}^{(2)}\right) = \left(\begin{array}{cccc:c} a_{11}^{(1)} & a_{12}^{(1)} & \cdots & a_{1n}^{(1)} & a_{1,n+1}^{(1)} \\ 0 & a_{22}^{(2)} & \cdots & a_{2n}^{(2)} & a_{2,n+1}^{(2)} \\ \vdots & \vdots & \ddots & \vdots & \vdots \\ 0 & a_{n2}^{(2)} & \cdots & a_{nn}^{(2)} & a_{n,n+1}^{(2)} \end{array}\right)。$$

第 1 次消元后除第 1 个方程不变外，第 2 ～ 第 n 个方程都消去了变量 x_1，系数矩阵和右端项全部更新，得到等价的同解方程组

$$\begin{cases} a_{11}^{(1)} x_1 + a_{12}^{(1)} x_2 + a_{13}^{(1)} x_3 + \cdots + a_{1n}^{(1)} x_n = b_1^{(1)} \\ \qquad\quad a_{22}^{(2)} x_2 + a_{23}^{(2)} x_3 + \cdots + a_{2n}^{(2)} x_n = b_2^{(2)} \\ \qquad\quad a_{32}^{(2)} x_2 + a_{33}^{(2)} x_3 + \cdots + a_{3n}^{(2)} x_n = b_3^{(2)} \\ \qquad\quad \vdots \qquad\quad \vdots \qquad\quad \ddots \qquad\quad \vdots \qquad\quad \vdots \\ \qquad\quad a_{n2}^{(2)} x_2 + a_{n3}^{(2)} x_3 + \cdots + a_{nn}^{(2)} x_n = b_n^{(2)} \end{cases}$$

其矩阵形式为

$$\boldsymbol{A}^{(2)} \boldsymbol{x} = \boldsymbol{b}^{(2)},$$

其中，$\boldsymbol{A}^{(2)} = \begin{pmatrix} a_{11}^{(1)} & a_{12}^{(1)} & \cdots & a_{1n}^{(1)} \\ 0 & a_{22}^{(2)} & \cdots & a_{2n}^{(2)} \\ \vdots & \vdots & \ddots & \vdots \\ 0 & a_{n2}^{(2)} & \cdots & a_{nn}^{(2)} \end{pmatrix}$，$\quad \boldsymbol{b}^{(2)} = \begin{pmatrix} b_1^{(1)} \\ b_2^{(2)} \\ \vdots \\ b_n^{(2)} \end{pmatrix}。$

步 2（第 2 次消元）

设主元 $a_{22}^{(2)} \neq 0$，为使 $a_{i2}^{(3)} = 0$ $(i = 3, 4, \cdots, n)$，即

$$a_{i2}^{(2)} - m_{i2} a_{22}^{(2)} = 0,$$

取消元因子 $m_{i2} = \dfrac{a_{i2}^{(2)}}{a_{22}^{(2)}}$，则第 i 个方程其他系数变为

$$a_{ij}^{(3)} = a_{ij}^{(2)} - m_{i2}a_{2j}^{(2)}, j = 3, 4, \cdots, n+1,$$

增广矩阵变为

$$\left(\boldsymbol{A}^{(3)}, \boldsymbol{b}^{(3)} \right) = \begin{pmatrix} a_{11}^{(1)} & a_{12}^{(1)} & a_{13}^{(1)} & \cdots & a_{1n}^{(1)} & \vdots & a_{1,n+1}^{(1)} \\ 0 & a_{22}^{(2)} & a_{23}^{(2)} & \cdots & a_{2n}^{(2)} & \vdots & a_{2,n+1}^{(2)} \\ 0 & 0 & a_{33}^{(3)} & \cdots & a_{3n}^{(3)} & \vdots & a_{3,n+1}^{(3)} \\ \vdots & \vdots & \vdots & \ddots & \vdots & \vdots & \vdots \\ 0 & 0 & a_{n3}^{(3)} & \cdots & a_{nn}^{(3)} & \vdots & a_{n,n+1}^{(3)} \end{pmatrix} \circ$$

第 2 次消元后除第 1、第 2 个方程不变, 第 3 ~ 第 n 个方程都消去了变量 x_2, 系数矩阵和右端项全部更新, 得到等价的同解方程组

$$\begin{cases} a_{11}^{(1)} x_1 + a_{12}^{(1)} x_2 + a_{13}^{(1)} x_3 + \cdots + a_{1n}^{(1)} x_n = b_1^{(1)} \\ a_{22}^{(2)} x_2 + a_{23}^{(2)} x_3 + \cdots + a_{2n}^{(2)} x_n = b_2^{(2)} \\ a_{33}^{(3)} x_3 + \cdots + a_{3n}^{(3)} x_n = b_3^{(3)} \\ \vdots \quad \ddots \quad \vdots \quad \vdots \\ a_{n3}^{(3)} x_3 + \cdots + a_{nn}^{(3)} x_n = b_n^{(3)} \end{cases}$$

其矩阵形式为

$$\boldsymbol{A}^{(3)} \boldsymbol{x} = \boldsymbol{b}^{(3)},$$

其中, $\boldsymbol{A}^{(3)} = \begin{pmatrix} a_{11}^{(1)} & a_{12}^{(1)} & a_{13}^{(1)} & \cdots & a_{1n}^{(1)} \\ 0 & a_{22}^{(2)} & a_{23}^{(2)} & \cdots & a_{2n}^{(2)} \\ 0 & 0 & a_{33}^{(3)} & \cdots & a_{3n}^{(3)} \\ \vdots & \vdots & \vdots & \ddots & \vdots \\ 0 & 0 & a_{n3}^{(3)} & \cdots & a_{nn}^{(3)} \end{pmatrix}$, $\boldsymbol{b}^{(3)} = \begin{pmatrix} b_1^{(1)} \\ b_2^{(2)} \\ b_3^{(3)} \\ \vdots \\ b_n^{(3)} \end{pmatrix} \circ$

为推导出一般公式, 假设已进行了 $k-1$ 次消元, 这时增广矩阵为

$$\left(\boldsymbol{A}^{(k)}, \boldsymbol{b}^{(k)} \right) = \begin{pmatrix} a_{11}^{(1)} & a_{12}^{(1)} & \cdots & \cdots & \cdots & a_{1n}^{(1)} & \vdots & a_{1,n+1}^{(1)} \\ 0 & a_{22}^{(2)} & \cdots & \cdots & \cdots & a_{2n}^{(2)} & \vdots & a_{2,n+1}^{(2)} \\ \vdots & \vdots & \ddots & \cdots & \cdots & \vdots & \vdots & \vdots \\ 0 & 0 & 0 & a_{kk}^{(k)} & \cdots & a_{kn}^{(k)} & \vdots & a_{k,n+1}^{(k)} \\ \vdots & \vdots & \vdots & \vdots & \ddots & \vdots & \vdots & \vdots \\ 0 & 0 & 0 & a_{ik}^{(k)} & \cdots & a_{in}^{(k)} & \vdots & a_{i,n+1}^{(k)} \\ \vdots & \vdots & \vdots & \vdots & \ddots & \vdots & \vdots & \vdots \\ 0 & 0 & 0 & a_{nk}^{(k)} & \cdots & a_{nn}^{(k)} & \vdots & a_{n,n+1}^{(k)} \end{pmatrix},$$

第 k 次消元只考虑其中子阵

$$\begin{pmatrix} a_{kk}^{(k)} & \cdots & a_{kj}^{(k)} & \cdots & a_{kn}^{(k)} & \vdots & a_{k,n+1}^{(k)} \\ \vdots & \ddots & \vdots & \ddots & \vdots & \vdots & \vdots \\ a_{ik}^{(k)} & \cdots & a_{ij}^{(k)} & \cdots & a_{in}^{(k)} & \vdots & a_{i,n+1}^{(k)} \\ \vdots & \ddots & \vdots & \ddots & \vdots & \vdots & \vdots \\ a_{nk}^{(k)} & \cdots & a_{nj}^{(k)} & \cdots & a_{nn}^{(k)} & \vdots & a_{n,n+1}^{(k)} \end{pmatrix},$$

增广矩阵 $\left(\boldsymbol{A}^{(k)}, \boldsymbol{b}^{(k)}\right)$ 中其他部分元素都不改变。下面进行第 k 次消元。

步 k（第 k 次消元）

设主元 $a_{kk}^{(k)} \neq 0$，为使 $a_{ik}^{(k+1)} = 0$ $(i = k+1, k+2, \cdots, n)$，即

$$a_{ik}^{(k)} - m_{ik} a_{kk}^{(k)} = 0。$$

取消元因子 $m_{ik} = \dfrac{a_{ik}^{(k)}}{a_{kk}^{(k)}}$，则第 i 个方程其他系数变为

$$a_{ij}^{(k+1)} = a_{ij}^{(k)} - m_{ik} a_{kj}^{(k)},\ j = k+1, k+2, \cdots, n+1。$$

因此，在第 k $(k = 1, 2, \cdots, n-1)$ 次消元中，

消元因子 $m_{ik} = \dfrac{a_{ik}^{(k)}}{a_{kk}^{(k)}}$, $i = k+1, k+2, \cdots, n$。

系数变化

① $a_{ij}^{(k+1)} = a_{ij}^{(k)}$, $j = 1, 2, \cdots, n+1$, $i = 1, 2, \cdots, k$,

② $a_{ij}^{(k+1)} = a_{ij}^{(k)} - m_{ik} a_{kj}^{(k)}$, $j = k+1, k+2, \cdots, n+1$, $i = k+1, k+2, \cdots, n$。

依次类推，直至第 $n-1$ 次消元。

步 $n-1$（第 $n-1$ 次消元）

设主元 $a_{n-1,n-1}^{(n-1)} \neq 0$，为使 $a_{n,n-1}^{(n)} = 0$，即

$$a_{n,n-1}^{(n-1)} - m_{n,n-1} a_{n-1,n-1}^{(n-1)} = 0。$$

取消元因子 $m_{n,n-1} = \dfrac{a_{n,n-1}^{(n-1)}}{a_{n-1,n-1}^{(n-1)}}$，则第 n 个方程其他系数变为

$$a_{nj}^{(n)} = a_{nj}^{(n-1)} - m_{n,n-1} a_{n-1,j}^{(n-1)},\ j = n, n+1。$$

第 $n-1$ 次消元后，得到等价的同解上三角方程组

$$\begin{cases} a_{11}^{(1)} x_1 + a_{12}^{(1)} x_2 + \cdots + a_{1k}^{(1)} x_k + \cdots + a_{1n}^{(1)} x_n = a_{1,n+1}^{(1)} & ① \\ \qquad a_{22}^{(2)} x_2 + \cdots + a_{2k}^{(2)} x_k + \cdots + a_{2n}^{(2)} x_n = a_{2,n+1}^{(2)} & ② \\ \qquad \ddots \quad \vdots \qquad \vdots \qquad \vdots \qquad \vdots \qquad \vdots \\ \qquad\qquad\qquad a_{kk}^{(k)} x_k + \cdots + a_{kn}^{(k)} x_n = a_{k,n+1}^{(k)} & ⓚ \\ \qquad\qquad\qquad\qquad \ddots \quad \vdots \qquad \vdots \qquad \vdots \\ \qquad\qquad\qquad\qquad\qquad a_{nn}^{(n)} x_n = a_{n,n+1}^{(n)} & ⓝ \end{cases} \qquad (3.3)$$

即方程组

$$
\begin{cases}
a_{11}^{(1)}x_1 + a_{12}^{(1)}x_2 + \cdots + a_{1k}^{(1)}x_k + \cdots + a_{1n}^{(1)}x_n = b_1^{(1)} \\
\qquad a_{22}^{(2)}x_2 + \cdots + a_{2k}^{(2)}x_k + \cdots + a_{2n}^{(2)}x_n = b_2^{(2)} \\
\qquad\qquad \ddots \quad\vdots \qquad\vdots \qquad\quad\vdots \qquad\quad\vdots \\
\qquad\qquad\qquad a_{kk}^{(k)}x_k + \cdots + a_{kn}^{(k)}x_n = b_k^{(k)} \\
\qquad\qquad\qquad\qquad\qquad \ddots \quad\vdots \qquad\quad\vdots \\
\qquad\qquad\qquad\qquad\qquad\qquad\quad a_{nn}^{(n)}x_n = b_n^{(n)}
\end{cases}
$$

系数矩阵与右端项分别为

$$
\boldsymbol{A}^{(n)} =
\begin{pmatrix}
a_{11}^{(1)} & a_{12}^{(1)} & \cdots & a_{1k}^{(1)} & \cdots & a_{1n}^{(1)} \\
0 & a_{22}^{(2)} & \cdots & a_{2k}^{(2)} & \cdots & a_{2n}^{(2)} \\
\vdots & \vdots & \ddots & \vdots & \ddots & \vdots \\
0 & 0 & \cdots & a_{kk}^{(k)} & \cdots & a_{kn}^{(k)} \\
\vdots & \vdots & \ddots & \vdots & \ddots & \vdots \\
0 & 0 & 0 & \cdots & \cdots & a_{n,n}^{(n)}
\end{pmatrix},
\quad
\boldsymbol{b}^{(n)} =
\begin{pmatrix}
b_1^{(1)} \\
b_2^{(2)} \\
\vdots \\
b_k^{(k)} \\
\vdots \\
b_n^{(n)}
\end{pmatrix},
$$

其矩阵形式为

$$
\boldsymbol{A}^{(n)}\boldsymbol{x} = \boldsymbol{b}^{(n)}。
$$

第 $n-1$ 次消元后增广矩阵为

$$
(\boldsymbol{A}^{(n)}, \boldsymbol{b}^{(n)}) =
\left(
\begin{array}{cccc:c}
a_{11}^{(1)} & a_{12}^{(1)} & \cdots & a_{1n}^{(1)} & a_{1,n+1}^{(1)} \\
 & a_{22}^{(2)} & \cdots & a_{2n}^{(2)} & a_{2,n+1}^{(2)} \\
 & & \ddots & \vdots & \vdots \\
 & & & a_{nn}^{(n)} & a_{n,n+1}^{(n)}
\end{array}
\right)。
$$

步 n（回代求解）

从最后一个方程逐次向上回代求出 $x_n, x_{n-1}, \cdots, x_1$。在方程组 (3.3) 中，先从第 n 个方程中求出

$$
x_n = \frac{a_{n,n+1}^{(n)}}{a_{nn}^{(n)}},
$$

再依次从第 k 个方程中求出

$$
x_k = \frac{1}{a_{kk}^{(k)}}\left(a_{k,n+1}^{(k)} - \sum_{j=k+1}^{n} a_{kj}^{(k)}x_j\right), \ k = n-1, n-2, \cdots, 1,
$$

其中，元素 $a_{kk}^{(k)}$ 称为**约化的主元**（**reduced master element**）。

高斯消去法包括**消元**和**回代**两个过程，**消元过程**（elimination process）是将方程组约化为上三角方程组的过程。第 k 步消元保留的第 k 个方程称为**第 k 步主方程**（the k-th master equation），其首项系数 $a_{kk}^{(k)}$ 为**第 k 步主元**（the k-th master element）。**回代过程**（back substitution process）是对上三角方程组逐次向上回代求解的过程。显然高斯消去法的顺利进行必须满足 $a_{kk}^{(k)} \neq 0$ $(k = 1, 2, \cdots, n)$。若出现 $a_{kk}^{(k)} = 0$，则可交换行列后再进行消元。高斯消去法的优点是公式简明，容易程序化，缺点是第 k 次消元时，必须满足 $a_{kk}^{(k)} \neq 0$，且当 $a_{kk}^{(k)} \to 0$ 时，误差很大，数值不稳定。

下面分析高斯消去法的计算量。在消元过程中，每步需要的计算量如表 3.1 所示。

表 3.1　消元过程需要的计算量

第 k 步	除法次数	乘法次数（消元）	乘法次数（$b^{(k)}$）	加减法次数
1	$n-1$	$(n-1)^2$	$n-1$	$(n-1)^2$
2	$n-2$	$(n-2)^2$	$n-2$	$(n-2)^2$
$\vdots$	$\vdots$	$\vdots$	$\vdots$	$\vdots$
$n-1$	1	1	1	1
合计	$\dfrac{n(n-1)}{2}$	$\dfrac{n(n-1)(2n-1)}{6}$	$\dfrac{n(n-1)}{2}$	$\dfrac{n(n-1)(n-2)}{6}$

这样，消元过程所需计算量（乘除法）为

$$\sum_{k=1}^{n-1}(n-k) + \sum_{k=1}^{n-1}(n-k)^2 + \sum_{k=1}^{n-1}(n-k)$$

$$= \frac{n(n-1)}{2} + \frac{n(n-1)(2n-1)}{6} + \frac{n(n-1)}{2}$$

$$= \frac{n^3}{3} + \frac{n^2}{2} - \frac{5n}{6}。$$

回代过程所需计算量（乘法）为

$$\sum_{k=1}^{n}(n-k) = \frac{n(n+1)}{2}。$$

于是，高斯消去法解线性方程组 $\boldsymbol{Ax} = \boldsymbol{b}$ 的总计算量为

$$\left(\frac{n^3}{3} + \frac{n^2}{2} - \frac{5n}{6}\right) + \frac{n(n+1)}{2} = \frac{n^3}{3} + n^2 - \frac{n}{3} = O(n^3)。$$

乘除法耗时大大多于加减法，故高斯消去法的计算量为 $O(n^3)$。当 $n = 30$ 时，高斯消去法只需 9890 次乘除法运算，远小于克莱姆法则的 2.38×10^{35} 次乘除法运算。

例 3.1　用高斯消去法解方程组

$$\begin{cases} x_1 + 2x_2 - x_3 = 1 & ① \\ x_1 - 3x_2 - 3x_3 = -1 & ② \\ 4x_1 + 2x_2 + 2x_3 = 3 & ③ \end{cases} \tag{3.4}$$

解 （1）第 1 次消元

令 $m_{21} = \dfrac{a_{21}}{a_{11}} = 1, m_{31} = \dfrac{a_{31}}{a_{11}} = 4$。在方程组 (3.4) 中，② $-$ ① $\times m_{21}$，③ $-$ ① $\times m_{31}$，消去方程 ② 和方程 ③ 中的 x_1，得到等价的同解方程组

$$\begin{cases} x_1 + 2x_2 - x_3 = 1 & ④ \\ -5x_2 - 2x_3 = -2 & ⑤ \\ -6x_2 + 6x_3 = -1 & ⑥ \end{cases} \tag{3.5}$$

（2）第 2 次消元

令 $m_{32} = \dfrac{a_{32}}{a_{22}} = \dfrac{6}{5}$。在方程组 (3.5) 中，⑥ $-$ ⑤ $\times m_{32}$，消去方程 ⑥ 中的 x_2，得到等价的同解上三角方程组

$$\begin{cases} x_1 + 2x_2 - x_3 = 1 & ⑦ \\ -5x_2 - 2x_3 = -2 & ⑧ \\ \dfrac{42}{5}x_3 = \dfrac{7}{5} & ⑨ \end{cases} \tag{3.6}$$

（3）回代求解

在方程组 (3.6) 中，解方程 ⑨ 得 $x_3 = \dfrac{1}{6}$。将 x_3 代入方程 ⑧ 中，解得 $x_2 = \dfrac{1}{3}$。将 x_2、x_3 代入方程 ⑦ 中，解得 $x_1 = \dfrac{1}{2}$。故经回代过程解得方程组的解

$$x_1 = \frac{1}{2},\ x_2 = \frac{1}{3},\ x_3 = \frac{1}{6}。$$

上述消元过程也可用增广矩阵 $(\boldsymbol{A}, \boldsymbol{b})$ 的初等行变换来表示

$$(\boldsymbol{A}, \boldsymbol{b}) = \begin{pmatrix} 1 & 2 & -1 & \vdots & 1 \\ 1 & -3 & -3 & \vdots & -1 \\ 4 & 2 & 2 & \vdots & 3 \end{pmatrix} \xrightarrow[r_3 - 4r_1]{r_2 - r_1} \begin{pmatrix} 1 & 2 & -1 & \vdots & 1 \\ 0 & -5 & -2 & \vdots & -2 \\ 0 & -6 & 6 & \vdots & -1 \end{pmatrix}$$

$$\xrightarrow{r_3 - \frac{6}{5}r_2} \begin{pmatrix} 1 & 2 & -1 & \vdots & 1 \\ 0 & -5 & -2 & \vdots & -2 \\ 0 & 0 & \dfrac{42}{5} & \vdots & \dfrac{7}{5} \end{pmatrix}$$

例 3.2 用高斯消去法解方程组

$$\begin{cases} 0.3 \times 10^{-11}x_1 + x_2 = 0.7 \\ x_1 + x_2 = 0.9 \end{cases}$$

要求用具有四舍五入的十位浮点数进行计算。

解法 1（高斯消去法）

$$(\boldsymbol{A},\boldsymbol{b}) = \begin{pmatrix} 0.3\times10^{-11} & 1 & \vdots & 0.7 \\ 1 & 1 & \vdots & 0.9 \end{pmatrix} \qquad \begin{aligned} m_{21} &= \frac{1}{0.3\times10^{-11}} \\ &= 0.333\,333\,333\,3\times10^{12} \end{aligned}$$

$$\xrightarrow{r_2-m_{21}\times r_1} \begin{pmatrix} 0.3\times10^{-11} & 1 & \vdots & 0.7 \\ 0 & -0.333\,333\,333\,3\times10^{12} & \vdots & -0.233\,333\,333\,3\times10^{12} \end{pmatrix}$$

解得

$$\begin{cases} x_2 = 0.700\,000\,000\,0 \\ x_1 = 0.000\,000\,000\,0 \end{cases}$$

已知精确到十位浮点数的解 $x^* = (0.200\,000\,000\,0, 0.700\,000\,000\,0)^{\mathrm{T}}$。显然，计算解与精确解相差太大，原因是用很小的数 $a_{11}^{(1)} = 0.3\times10^{-11}$ 作除数，消元时系数矩阵元素 $a_{22}^{(2)} = 1 - 1\times0.333\,333\,333\,3\times10^{12}$ 中的 1 和右端项中 $b_2^{(2)} = 0.9 - 0.7\times0.333\,333\,333\,3\times10^{12}$ 中的 0.9 舍去或者被"吃"，使得舍入误差太大，导致计算结果不可靠。

解法 2（带行变换的高斯消去法）

$$(\boldsymbol{A},\boldsymbol{b}) = \begin{pmatrix} 0.3\times10^{-11} & 1 & \vdots & 0.7 \\ 1 & 1 & \vdots & 0.9 \end{pmatrix} \xrightarrow{r_1\leftrightarrow r_2} \begin{pmatrix} 1 & 1 & \vdots & 0.9 \\ 0.3\times10^{-11} & 1 & \vdots & 0.7 \end{pmatrix}$$

$$\xrightarrow{r_2-m_{21}\times r_1} \begin{pmatrix} 1 & 1 & \vdots & 0.9 \\ 0 & 1 & \vdots & 0.7 \end{pmatrix} \qquad \left(m_{21} = \frac{0.3\times10^{-11}}{1} = 0.3\times10^{-11}\right)$$

解得

$$\begin{cases} x_2 = 0.700\,000\,000\,0 \\ x_1 = 0.200\,000\,000\,0 \end{cases}$$

比较解法 1 和解法 2，后者结果较好，这说明在用高斯消去法解方程组时，应避免采用绝对值很小的主元 $a_{kk}^{(k)}$。对一般系数矩阵，需要在高斯消去法中引入选主元技巧，以确保乘数 $|m_{ik}| \leqslant 1$。

3.2.2　高斯主元消去法

为了避免绝对值很小的主元作为除数而引起其他元素数量级严重增长和舍入误差的扩散，我们通过交换方程或未知量的次序，选取绝对值大的元素作为主元。基于这种思想进行消元的方法称为**主元消去法（master element elimination method）**。本节介绍三种主元消去法：全主元消去法、列主元消去法和高斯-约当 (Gauss-Jordan) 消去法。

设 $\boldsymbol{Ax} = \boldsymbol{b}$, $\boldsymbol{A} \in \boldsymbol{R}^{n \times n}$ 为非奇异矩阵，$(\boldsymbol{A}, \boldsymbol{b})$ 为增广矩阵。

1. 全主元消去法

全主元消去法（complete master element elimination method），又称**完全主元素消去法**，是指在每步消元前，都要从当前步系数矩阵的所有元素中选取绝对值最大的元素作为主元，交换行列使得主元所在的方程为当前步主方程，其中列交换改变了未知量 x_i 的顺序，需要记录交换次序。在回代过程求出解后，再将列交换的未知量 x_i 反向交换，得到原方程组的解。其算法步骤如下。

步 1

步 1.1（选主元）

在系数矩阵 $\boldsymbol{A}$ 中选取绝对值最大的元素作为主元，即确定行 i_1 和列 j_1，使得 $|a_{i_1,j_1}| = \max\limits_{1 \leqslant i, j \leqslant n} |a_{ij}| \neq 0$。

步 1.2（交换行列）

交换 $(\boldsymbol{A}, \boldsymbol{b})$ 中第 1 行和第 i_1 行元素，第 1 列和第 j_1 列元素。注意调换两未知量 x_1, x_{j_1} 并做记录。交换后 $(\boldsymbol{A}, \boldsymbol{b})$ 中的元素仍记为 a_{ij}, b_i。

步 1.3（第 1 次消元）

对 $i = 2, 3, \cdots, n$，令
$$m_{i1} = \frac{a_{i1}}{a_{11}},$$
$$a_{i1} \leftarrow 0, \; a_{ij} \leftarrow a_{ij} - m_{i1}a_{1j}, \; j = 2, 3, \cdots, n,$$
$$b_i \leftarrow b_i - m_{i1}b_1.$$

重复进行上述过程。设已完成第 $1 \sim k-1$ 步的选主元、交换行列和消元过程，这时增广矩阵变为

$$(\boldsymbol{A}, \boldsymbol{b}) = \left(\begin{array}{ccccccc|c} a_{11} & a_{12} & \cdots & a_{1k} & \cdots & a_{1n} & & b_1 \\ & a_{22} & \cdots & a_{2k} & \cdots & a_{2n} & & b_2 \\ & & \ddots & \vdots & \ddots & \vdots & & \vdots \\ & & & a_{kk} & \cdots & a_{kn} & & b_k \\ & & & \vdots & \ddots & \vdots & & \vdots \\ & & & a_{nk} & \cdots & a_{nn} & & b_n \end{array} \right).$$

步 k（虚线方框内的子阵为第 k 步选主元区域）

步 k.1（选主元）

选取行 i_k 和列 j_k，使得 $|a_{i_k,j_k}| = \max\limits_{k \leqslant i, j \leqslant n} |a_{ij}| \neq 0$。

步 k.2（交换行列）

交换 $(\boldsymbol{A}, \boldsymbol{b})$ 中第 k 行和第 i_k 行元素，第 k 列和第 j_k 列元素。注意调换两未知量 x_k, x_{j_k} 并做记录。交换后 $(\boldsymbol{A}, \boldsymbol{b})$ 中的元素仍记为 a_{ij}, b_i。

步 $k.3$（第 k 次消元）

对 $i = k+1, k+2, \cdots, n$，令

$$m_{ik} = \frac{a_{ik}}{a_{kk}},$$

$$a_{ik} \leftarrow 0, a_{ij} \leftarrow a_{ij} - m_{ik} a_{kj}, \ j = k+1, k+2, \cdots, n,$$

$$b_i \leftarrow b_i - m_{ik} b_k。$$

依次类推，直至完成第 $n-1$ 步选主元、交换行列和消元计算，这时消元过程结束，得到与方程组 (3.2) 等价的上三角方程组

$$\begin{cases} a_{11} y_1 + a_{12} y_2 + a_{13} y_3 + \cdots + a_{1n} y_n = b_1 \\ \qquad\quad a_{22} y_2 + a_{23} y_3 + \cdots + a_{2n} y_n = b_2 \\ \qquad\qquad\qquad\quad a_{33} y_3 + \cdots + a_{3n} y_n = b_3 \\ \qquad\qquad\qquad\qquad\quad \ddots \qquad \vdots \qquad\quad \vdots \\ \qquad\qquad\qquad\qquad\qquad\qquad\qquad\quad a_{nn} y_n = b_n \end{cases} \tag{3.7}$$

其中，$y_1, y_2, \cdots, y_n$ 是未知量 $x_1, x_2, \cdots, x_n$ 调换后的顺序。

步 n（回代求解）

在方程组 (3.7) 中，从最后一个方程逐次向上回代求得

$$\begin{cases} y_n = \dfrac{b_n}{a_{nn}}, \\ y_k = \dfrac{1}{a_{kk}} \Big(b_k - \displaystyle\sum_{j=k+1}^{n} a_{kj} y_j \Big), \ \ k = n-1, n-2, \cdots, 1。 \end{cases}$$

由 $x_1, x_2, \cdots, x_n$ 与 $y_1, y_2, \cdots, y_n$ 的对应关系可得原方程组 (3.2) 的解。

全主元消去法具有很好的稳定性，即满足 $|m_{ik}| \leqslant 1$，但在选全主元时却比较费时，故在实际计算中很少使用。为了省时省力，我们考虑缩小主元的搜索范围，只在列中选主元，这时也能确保 $|m_{ik}| \leqslant 1$，即列主元消去法也具有很好的数值稳定性。

2. 列主元消去法

列主元消去法（**column master element elimination method**），又称**列主元素消去法**，是指按列选主元，然后换行，再进行消元计算。其算法思想如下。

设已完成第 $1 \sim k-1$ 步消元计算，得到与原方程组 (3.2) 等价的方程组

$$\boldsymbol{A}^{(k)} \boldsymbol{x} = \boldsymbol{b}^{(k)},$$

其中增广矩阵

$$(\boldsymbol{A}^{(k)}, \boldsymbol{b}^{(k)}) = \begin{pmatrix} a_{11}^{(1)} & a_{12}^{(1)} & \cdots & a_{1k}^{(1)} & \cdots & a_{1n}^{(1)} & \vline & b_1^{(1)} \\ & a_{22}^{(2)} & \cdots & a_{2k}^{(2)} & \cdots & a_{2n}^{(2)} & \vline & b_2^{(2)} \\ & & \ddots & \vdots & \ddots & \vdots & \vline & \vdots \\ & & & a_{kk}^{(k)} & \cdots & a_{kn}^{(k)} & \vline & b_k^{(k)} \\ & & & \vdots & \ddots & \vdots & \vline & \vdots \\ & & & a_{nk}^{(k)} & \cdots & a_{nn}^{(k)} & \vline & b_n^{(k)} \end{pmatrix}。$$

算法中将消元后的增广矩阵仍记为 $(\boldsymbol{A}, \boldsymbol{b})$，即第 $k-1$ 步消元后增广矩阵

$$(\boldsymbol{A}, \boldsymbol{b}) = \begin{pmatrix} a_{11} & a_{12} & \cdots & a_{1k} & \cdots & a_{1n} & \vdots & a_{1,n+1} \\ & a_{22} & \cdots & a_{2k} & \cdots & a_{2n} & \vdots & a_{2,n+1} \\ & & \ddots & \vdots & \ddots & \vdots & \vdots & \vdots \\ & & & a_{kk} & \cdots & a_{kn} & \vdots & a_{k,n+1} \\ & & & \vdots & \ddots & \vdots & \vdots & \vdots \\ & & & a_{nk} & \cdots & a_{nn} & \vdots & a_{n,n+1} \end{pmatrix} = (\boldsymbol{A}^{(k)}, \boldsymbol{b}^{(k)}),$$

矩阵中空白部分元素均为零元素，虚线方框内的子阵为第 k 步选主元区域。

(1) **输入** 增广矩阵 $(\boldsymbol{A}, \boldsymbol{b})$ 和系数矩阵 $\boldsymbol{A}$ 的阶数 n。

(2) 对 $k = 1, 2, \cdots, n-1$，

(2.1) **选列主元**，即选取行 l，使得 $|a_{lk}| = \max\limits_{k \leqslant i \leqslant n} |a_{ik}| \neq 0$；

(2.2) 若 $l \neq k$，**交换**$(\boldsymbol{A}, \boldsymbol{b})$ 中的第 k 行与第 l 行元素；

(2.3) **消元计算**

对 $i = k+1, k+2, \cdots, n$，令

$$m_{ik} \leftarrow \frac{a_{ik}}{a_{kk}},$$

$$a_{ik} \leftarrow 0, \ a_{ij} \leftarrow a_{ij} - m_{ik}a_{kj}, \ j = k+1, k+2, \cdots, n+1。$$

(3) **回代计算**

$$x_k \leftarrow \frac{1}{a_{kk}} \left(a_{k,n+1} - \sum_{j=k+1}^{n} a_{kj}x_j \right), \ k = n, n-1, \cdots, 1。$$

列主元消去法详细算法描述如下。

(1) **输入** a_{ij}, b_i, $i, j = 1, 2, \cdots, n$。

(2) 对 $k = 1, 2, \cdots, n-1$，循环做

(2.1) **选列主元** $|a_{i_k k}| = \max\limits_{k \leqslant i \leqslant n} |a_{ik}|$，即

$l = k$, $a_{\max} = |a_{kk}|$; $\Longleftarrow$ 记录最大值及最大值所在行

对 $i = k+1, k+2, \cdots, n$，做

if $|a_{ik}| > a_{\max}$ then $a_{\max} = a_{ik}, l = i$;

(2.2) if $a_{\max} = 0$ then 输出奇异标志，停机;

(2.3) if $l \neq k$ then **交换**第 k 行与第 l 行所有对应的元素，即

(2.3.1) 对 $j = k, k+1, \cdots, n$，做

$T = a_{kj}, \ a_{kj} = a_{lj}, \ a_{lj} = T$;

(2.3.2) $T = b_k, \ b_k = b_i, \ b_i = T$。

(2.4) 对 $i = k+1, k+2, \cdots, n$，做**消元计算**

(2.4.1) $m_{ik} = \dfrac{a_{ik}}{a_{kk}}$;

（2.4.2）$b_i = b_i - m_{ik}b_k$；

（2.4.3）对 $j = k+1, k+2, \cdots, n$，做
$$a_{ij} = a_{ij} - m_{ik}a_{kj}。$$

（3）**回代求解**

if $a_{nn} = 0$ then 输出奇异标志，并停机；else

（3.1）$b_n \leftarrow x_n = \dfrac{b_n}{a_{nn}}$；

（3.2）对 $k = n-1, n-2, \cdots, 1$，做
$$b_k \leftarrow x_k = \frac{1}{a_{kk}}\left(b_k - \sum_{j=k+1}^{n} a_{kj}x_j\right)。$$

（4）**输出**　方程组的解 b_k，$k = 1, 2, \cdots, n$。

例 3.3　用列主元消去法解线性方程组
$$\begin{cases} 10\,x_1 \;-\; 19\,x_2 \;-\; 2\,x_3 \;=3 & ① \\ -20\,x_1 \;+\; 40\,x_2 \;+\; x_3 \;=4 & ② \\ x_1 \;+\; 4\,x_2 \;+\; 5\,x_3 \;=5 & ③ \end{cases} \tag{3.8}$$

解　**（1）第 1 列中选主元**

在方程组 (3.8) 中，选取 -20 作为第 1 列的主元，交换 ① 和 ②，得同解方程组
$$\begin{cases} -20\,x_1 \;+\; 40\,x_2 \;+\; x_3 \;=4 & ④ \\ 10\,x_1 \;-\; 19\,x_2 \;-\; 2\,x_3 \;=3 & ⑤ \\ x_1 \;+\; 4\,x_2 \;+\; 5\,x_3 \;=5 & ⑥ \end{cases} \tag{3.9}$$

（2）第 1 次消元

在方程组 (3.9) 中，令 $m_{21} = \dfrac{10}{-20} = -0.5$，$m_{31} = \dfrac{1}{-20} = -0.05$，⑤ $- m_{21} \times$ ④，⑥ $- m_{31} \times$ ④，得等价方程组
$$\begin{cases} -20\,x_1 \;+\; 40\,x_2 \;+\; x_3 =4 & ⑦ \\ x_2 \;-\; 1.5\,x_3 =5 & ⑧ \\ 6\,x_2 \;+\; 5.05\,x_3 =5.2 & ⑨ \end{cases} \tag{3.10}$$

（3）第 2 列中选主元

在方程组 (3.10) 中，选取 6 为第 2 列的主元，交换 ⑧ 和 ⑨，得同解方程组
$$\begin{cases} -20\,x_1 \;+\; 40\,x_2 \;+\; x_3 =4 & ⑩ \\ 6\,x_2 \;+\; 5.05\,x_3 =5.2 & ⑪ \\ x_2 \;-\; 1.5\,x_3 =5 & ⑫ \end{cases} \tag{3.11}$$

（4）**第 2 次消元**

在方程组 (3.11) 中，令 $m_{32} = \dfrac{1}{6} = 0.166\,67$，⑫ $- m_{32} \times$ ⑪，得上三角方程组

$$\begin{cases} -20x_1 + 40x_2 + \quad\quad x_3 = 4 \\ \quad\quad\quad 6x_2 + \quad 5.05x_3 = 5.2 \\ \quad\quad\quad\quad\quad - 2.341\,68x_3 = 4.133\,32 \end{cases} \tag{3.12}$$

（5）**回代求解** 得

$$\begin{cases} x_3 = -1.765\,11 \\ x_2 = 2.352\,30 \\ x_1 = 4.416\,34 \end{cases}$$

由上可知，列主元消去法和全主元消去法的计算方法与高斯消去法基本一致，不同的是在每步消元之前要选出主元，以确保 $|m_{ik}| \leqslant 1$。列主元消去法是取第 k 步主元 $a_{kk}^{(k)}$ 需满足 $|a_{kk}^{(k)}| = \max\limits_{k \leqslant i \leqslant n} |a_{ik}^{(k)}|$ $(k = 1, 2, \cdots, n-1)$，而全主元消去法则要求 $|a_{kk}^{(k)}| = \max\limits_{k \leqslant i, j \leqslant n} |a_{ij}^{(k)}|$ $(k = 1, 2, \cdots, n-1)$。

例 3.4 用列主元消去法解方程组

$$\begin{cases} 6\,x_1 + 2\,x_2 + 2\,x_3 = -2 \\ 2\,x_1 + \dfrac{2}{3}\,x_2 + \dfrac{1}{3}\,x_3 = 1 \\ x_1 + 2\,x_2 - \quad x_3 = 0 \end{cases}$$

已知准确解 $x_1 = 2.6, x_2 = -3.8, x_3 = -5.0$。用四位浮点数进行计算。

解 增广矩阵

$$(\boldsymbol{A}, \boldsymbol{b}) = \begin{pmatrix} 6 & 2 & 2 & \vdots & -2 \\ 2 & 0.666\,7 & 0.333\,3 & \vdots & 1 \\ 1 & 2 & -1 & \vdots & 0 \end{pmatrix} \left(m_{21} = \dfrac{1}{3} \approx 0.333\,3,\ m_{31} = \dfrac{1}{6} \approx 0.166\,7 \right)$$

$$\xrightarrow[\substack{r_3 - r_1 \times m_{31}}]{r_2 - r_1 \times m_{21}} \begin{pmatrix} 6 & 2 & 2 & \vdots & -2 \\ 0 & 0.000\,1 & -0.333\,3 & \vdots & 1.667 \\ 0 & 1.667 & -1.333 & \vdots & 0.333\,4 \end{pmatrix}$$

$$\xrightarrow{r_2 \leftrightarrow r_3} \begin{pmatrix} 6 & 2 & 2 & \vdots & -2 \\ 0 & 1.667 & -1.333 & \vdots & 0.333\,4 \\ 0 & 0.000\,1 & -0.333\,3 & \vdots & 1.667 \end{pmatrix} \left(m_{32} = \dfrac{0.000\,1}{1.666\,7} \approx 0.000\,059\,99 \right)$$

$$\xrightarrow{r_3 - r_2 \times m_{32}} \begin{pmatrix} 6 & 2 & 2 & \vdots & -2 \\ 0 & 1.666\ 7 & -1.333 & \vdots & 0.333\ 4 \\ 0 & 0 & -0.333\ 3 & \vdots & 1.667 \end{pmatrix}$$

$$\uparrow$$

$$1.667 - \mathbf{0.000\ 059\ 99} \times \mathbf{0.333\ 4}$$

$$\uparrow$$

舍去或者被 "吃"

回代求解得

$$\begin{cases} x_3 = -5.003 \\ x_2 = -3.801 \\ x_1 = 2.602 \end{cases}$$

与准确解 $x_1 = 2.6, x_2 = -3.8, x_3 = -5.0$ 相比,若取两位有效数字,则该解与准确解完全相同。

在高斯主元消去法中,计算过程一般都是数值稳定的,但整个求解过程既要消元,又要回代。下面引入一种只需消元的方法——高斯-约当消去法。

3. 高斯-约当消去法

在高斯消去法中,无论是选主元还是不选主元,消元过程始终是针对对角线下方元素,即第 $k\ (k = 1, 2, \cdots, n-1)$ 次消元时,只需将 $a_{ik}^{(k)}, i = k+1, k+2, \cdots, n$ 化为 0。消元过程完成后得到的系数矩阵是一个上三角阵。而高斯-约当消去法却要消去对角线下方和上方元素,即第 $k\ (k = 1, 2, \cdots, n-1)$ 次消元时,不但需将 $a_{ik}^{(k)}, i = k+1, k+2, \cdots, n$ 化为 0,而且要将 $a_{ik}^{(k)}, i = 1, 2, \cdots, k-1$ 也化为 0,$a_{kk}^{(k)}$ 化为 1。消元过程完成后得到的系数矩阵是一个单位矩阵,无需回代过程就可得到方程组的解。下面给出高斯-约当消去法的基本思想。

设高斯-约当消去法已完成第 $1 \sim k-1$ 步消元计算,得到与原方程组等价的方程组 $\boldsymbol{A}^{(k)}\boldsymbol{x} = \boldsymbol{b}^{(k)}$,其中

$$\boldsymbol{A}^{(k)} = \begin{pmatrix} 1 & & & a_{1k}^{(1)} & \cdots & a_{1n}^{(1)} \\ & \ddots & & \vdots & \ddots & \vdots \\ & & 1 & a_{k-1,k}^{(k)} & \cdots & a_{k-1,n}^{(k)} \\ & & & a_{kk}^{(k)} & \cdots & a_{kn}^{(k)} \\ & & & \vdots & \ddots & \vdots \\ & & & a_{nk}^{(k)} & \cdots & a_{nn}^{(k)} \end{pmatrix}, \quad \boldsymbol{b}^{(k)} = \begin{pmatrix} b_1^{(1)} \\ \vdots \\ b_k^{(k)} \\ \vdots \\ b_n^{(k)} \end{pmatrix}.$$

算法步骤中将消元后的系数矩阵和右端项仍分别记为 $\boldsymbol{A}$ 和 $\boldsymbol{b}$,即第 $k-1$ 步消元后,系数矩阵

$$\boldsymbol{A} = \begin{pmatrix} 1 & & & a_{1k} & \cdots & a_{1n} \\ & \ddots & & \vdots & & \vdots \\ & & 1 & a_{k-1,k} & \cdots & a_{k-1,n} \\ & & & a_{kk} & \cdots & a_{kn} \\ & & & \vdots & & \vdots \\ & & & a_{nk} & \cdots & a_{nn} \end{pmatrix} = \begin{pmatrix} 1 & & & a_{1k}^{(1)} & \cdots & a_{1n}^{(1)} \\ & \ddots & & \vdots & & \vdots \\ & & 1 & a_{k-1,k}^{(k)} & \cdots & a_{k-1,n}^{(k)} \\ & & & a_{kk}^{(k)} & \cdots & a_{kn}^{(k)} \\ & & & \vdots & & \vdots \\ & & & a_{nk}^{(k)} & \cdots & a_{nn}^{(k)} \end{pmatrix},$$

$$\boldsymbol{b} = \begin{pmatrix} b_1 \\ \vdots \\ b_k \\ \vdots \\ b_n \end{pmatrix} = \begin{pmatrix} b_1^{(1)} \\ \vdots \\ b_k^{(k)} \\ \vdots \\ b_n^{(k)} \end{pmatrix}。$$

系数矩阵中空白部分元素均为零元素，虚线方框内的子阵为第 k 步选主元区域。下面进行第 k 步消元。

第 k 步消元

(k.1) **按列选主元**，即确定行 i_k，使得 $|a_{i_k,k}| = \max\limits_{k \leqslant i \leqslant n} |a_{ik}|$；

(k.2) **换行**，交换 $(\boldsymbol{A}, \boldsymbol{b})$ 的第 k 行和第 i_k 行元素；

(k.3) **计算主行**（主元所在的第 k 行）**元素**

$$m_{kk} = \frac{1}{a_{kk}},$$
$$a_{kj} \leftarrow a_{kj}\, m_{kk}, \ \ j = k, k+1, \cdots, n,$$
$$b_k \leftarrow b_k\, m_{kk}。$$

(k.4) **消元计算**

对 $i = 1, 2, \cdots, n$ 且 $i \neq k$，令
$$m_{ik} = \frac{a_{ik}}{a_{kk}},$$
$$a_{ij} \leftarrow a_{ij} - m_{ik}a_{kj}, \ \ j = k+1, k+2, \cdots, n,$$
$$b_i \leftarrow b_i - m_{ik}b_k。$$

注：(k.3) 和 (k.4) 可交换顺序。

消元过程结束后，得到与原方程组等价的方程组，增广矩阵

$$(\boldsymbol{A}, \boldsymbol{b}) \rightarrow \left(\boldsymbol{A}^{(n+1)}, \boldsymbol{b}^{(n+1)}\right) = \begin{pmatrix} 1 & & & & \vdots & b_1^{(n+1)} \\ & 1 & & & \vdots & b_2^{(n+1)} \\ & & \ddots & & \vdots & \vdots \\ & & & 1 & \vdots & b_n^{(n+1)} \end{pmatrix}$$

则方程组的解 $x_k = b_k^{(n+1)}$, $k = 1, 2, \cdots, n$。上述这种只消元不回代的消去法称为**高斯-约当消去法**（**Gauss-Jordan elimination method**）。

例 3.5　用高斯-约当消去法求解线性方程组

$$\begin{cases} x_1 + x_2 - x_3 = 1 \\ x_1 + 2x_2 - 2x_3 = 0 \\ -2x_1 + x_2 + x_3 = 1 \end{cases}$$

解　消元过程用方程组增广矩阵 $(\boldsymbol{A}, \boldsymbol{b})$ 的初等行变换来表示。

$$(\boldsymbol{A}, \boldsymbol{b}) = \begin{pmatrix} 1 & 1 & -1 & \vdots & 1 \\ 1 & 2 & -2 & \vdots & 0 \\ -2 & 1 & 1 & \vdots & 1 \end{pmatrix} \xrightarrow{r_1 \leftrightarrow r_3} \begin{pmatrix} -2 & 1 & 1 & \vdots & 1 \\ 1 & 2 & -2 & \vdots & 0 \\ 1 & 1 & -1 & \vdots & 1 \end{pmatrix}$$

$$\xrightarrow{\frac{r_1}{a_{11}} = \frac{r_1}{-2}} \begin{pmatrix} 1 & -0.5 & -0.5 & \vdots & -0.5 \\ 1 & 2 & -2 & \vdots & 0 \\ 1 & 1 & -1 & \vdots & 1 \end{pmatrix} \xrightarrow{\substack{r_2 - r_1 \\ r_3 - r_1}} \begin{pmatrix} 1 & -0.5 & -0.5 & \vdots & -0.5 \\ 0 & 2.5 & -1.5 & \vdots & 0.5 \\ 0 & 1.5 & -0.5 & \vdots & 1.5 \end{pmatrix}$$

$$\xrightarrow{\frac{r_2}{a_{22}} = \frac{r_2}{2.5}} \begin{pmatrix} 1 & -0.5 & -0.5 & \vdots & -0.5 \\ 0 & 1 & -0.6 & \vdots & 0.2 \\ 0 & 1.5 & -0.5 & \vdots & 1.5 \end{pmatrix} \xrightarrow{\substack{r_1 + r_2 \times 0.5 \\ r_3 - r_2 \times 1.5}} \begin{pmatrix} 1 & 0 & -0.8 & \vdots & -0.4 \\ 0 & 1 & -0.6 & \vdots & 0.2 \\ 0 & 0 & 0.4 & \vdots & 1.2 \end{pmatrix}$$

$$\xrightarrow{\frac{r_3}{a_{33}} = \frac{r_3}{0.4}} \begin{pmatrix} 1 & 0 & 0 & \vdots & 2 \\ 0 & 1 & 0 & \vdots & 2 \\ 0 & 0 & 1 & \vdots & 3 \end{pmatrix}.$$

故得 $x_1 = 2$, $x_2 = 2$, $x_3 = 3$。

　　高斯-约当消去法的优点是通过消元过程将系数矩阵 $\boldsymbol{A}$ 化为单位矩阵，不需要回代过程，右端项即为方程组的解。但在实际解方程组 $\boldsymbol{A}\boldsymbol{x} = \boldsymbol{b}$ 时，由于计算量太大，一般不使用高斯-约当消去法。常用高斯-约当消去法求系数矩阵 $\boldsymbol{A}$ 的逆矩阵 $\boldsymbol{A}^{-1}$。

定理 3.1 (高斯-约当消去法求逆矩阵)　设 $\boldsymbol{A} \in \mathbf{R}^{n \times n}$ 为非奇异矩阵。若用列主元高斯-约当消去法将增广矩阵 $(\boldsymbol{A}, \boldsymbol{I})$ 化为 $(\boldsymbol{I}, \boldsymbol{T})$，则 $\boldsymbol{A}^{-1} = \boldsymbol{T}$。

　　证明略。

　　注：高斯-约当消去法求逆矩阵与高等代数或线性代数中求逆矩阵方法的不同之处是前者有选列主元。事实上，选列主元就是交换两行元素的位置，仍是初等变换，在一般求逆矩阵方法中也会有交换两行元素的操作。

例 3.6　用高斯-约当消去法求 $\boldsymbol{A} = \begin{pmatrix} 1 & 2 & 3 \\ 2 & 4 & 5 \\ 3 & 5 & 6 \end{pmatrix}$ 的逆矩阵 $\boldsymbol{A}^{-1}$。

解 $(\boldsymbol{A}, \boldsymbol{I}) = \begin{pmatrix} 1 & 2 & 3 & \vdots & 1 & 0 & 0 \\ 2 & 4 & 5 & \vdots & 0 & 1 & 0 \\ 3 & 5 & 6 & \vdots & 0 & 0 & 1 \end{pmatrix} \xrightarrow{r_1 \leftrightarrow r_3} \begin{pmatrix} 3 & 5 & 6 & \vdots & 0 & 0 & 1 \\ 2 & 4 & 5 & \vdots & 0 & 1 & 0 \\ 1 & 2 & 3 & \vdots & 1 & 0 & 0 \end{pmatrix}$

$\xrightarrow[r_2 - m_{21} \times r_1,\, r_3 - m_{31} \times r_1]{m_{21} = \frac{2}{3},\, m_{31} = \frac{1}{3}} \begin{pmatrix} 3 & 5 & 6 & \vdots & 0 & 0 & 1 \\ 0 & \dfrac{2}{3} & 1 & \vdots & 0 & 1 & -\dfrac{2}{3} \\ 0 & \dfrac{1}{3} & 1 & \vdots & 1 & 0 & -\dfrac{1}{3} \end{pmatrix} \xrightarrow{\frac{1}{3} \times r_1} \begin{pmatrix} 1 & \dfrac{5}{3} & 2 & \vdots & 0 & 0 & \dfrac{1}{3} \\ 0 & \dfrac{2}{3} & 1 & \vdots & 0 & 1 & -\dfrac{2}{3} \\ 0 & \dfrac{1}{3} & 1 & \vdots & 1 & 0 & -\dfrac{1}{3} \end{pmatrix}$

$\xrightarrow[r_3 - m_{32} \times r_2,\, r_1 - m_{12} \times r_2]{m_{12} = \frac{5}{2},\, m_{32} = \frac{1}{2}} \begin{pmatrix} 1 & 0 & -\dfrac{1}{2} & \vdots & 0 & -\dfrac{5}{2} & 2 \\ 0 & \dfrac{2}{3} & 1 & \vdots & 0 & 1 & -\dfrac{2}{3} \\ 0 & 0 & \dfrac{1}{2} & \vdots & 1 & -\dfrac{1}{2} & 0 \end{pmatrix}$

$\xrightarrow{\frac{3}{2} \times r_2} \begin{pmatrix} 1 & 0 & -\dfrac{1}{2} & \vdots & 0 & -\dfrac{5}{2} & 2 \\ 0 & 1 & \dfrac{3}{2} & \vdots & 0 & \dfrac{3}{2} & -1 \\ 0 & 0 & \dfrac{1}{2} & \vdots & 1 & -\dfrac{1}{2} & 0 \end{pmatrix}$

$\xrightarrow{r_1 + r_3,\, r_2 - 3 \times r_3,\, 2 \times r_3} \begin{pmatrix} 1 & 0 & 0 & \vdots & 1 & -3 & 2 \\ 0 & 1 & 0 & \vdots & -3 & 3 & -1 \\ 0 & 0 & 1 & \vdots & 2 & -1 & 0 \end{pmatrix} = (\boldsymbol{I}, \boldsymbol{A}^{-1})_\circ$

由定理 3.1 知, $\boldsymbol{A}^{-1} = \begin{pmatrix} 1 & -3 & 2 \\ -3 & 3 & -1 \\ 2 & -1 & 0 \end{pmatrix}_\circ$

3.2.3 矩阵分解法

前面介绍了全选主元、列选主元和不选主元的高斯消去法求解线性方程组, 即通过消元过程将其转换为等价的上三角方程组, 然后回代求出方程组的解。下面借助矩阵理论来分析高斯消去法, 建立高斯消去法和矩阵三角分解间的关系。

对于方程组 (3.2), 其矩阵形式为 $\boldsymbol{Ax} = \boldsymbol{b}$ 或 $\boldsymbol{A}^{(1)}\boldsymbol{x} = \boldsymbol{b}^{(1)}$, 其中

$$\boldsymbol{A}^{(1)} = \boldsymbol{A} = \begin{pmatrix} a_{11} & a_{12} & \dots & a_{1n} \\ a_{21} & a_{22} & \dots & a_{2n} \\ \vdots & \vdots & \ddots & \vdots \\ a_{n1} & a_{n2} & \dots & a_{nn} \end{pmatrix}, \quad \boldsymbol{x} = \begin{pmatrix} x_1 \\ x_2 \\ \vdots \\ x_n \end{pmatrix}, \quad \boldsymbol{b}^{(1)} = \boldsymbol{b} = \begin{pmatrix} b_1 \\ b_2 \\ \vdots \\ b_n \end{pmatrix}_\circ$$

在高斯消去法中, 第 k 步消元相当于左乘初等矩阵 $\boldsymbol{L}_k \ (k = 1, 2, \cdots, n-1)$。记 $\boldsymbol{A}^{(2)} = \boldsymbol{L}_1 \boldsymbol{A}^{(1)}, \boldsymbol{b}^{(2)} = \boldsymbol{L}_1 \boldsymbol{b}^{(1)}$, 其中

$$\boldsymbol{L}_1 = \begin{pmatrix} 1 \\ -m_{21} & 1 \\ -m_{31} & & 1 \\ \vdots & & & \ddots \\ -m_{n1} & & & & 1 \end{pmatrix}, \; m_{i1} = \frac{a_{i1}^{(1)}}{a_{11}^{(1)}}, \; i = 2, 3, \cdots, n。$$

记 $\boldsymbol{A}^{(3)} = \boldsymbol{L}_2 \boldsymbol{A}^{(2)}, \boldsymbol{b}^{(3)} = \boldsymbol{L}_2 \boldsymbol{b}^{(2)}$，其中

$$\boldsymbol{L}_2 = \begin{pmatrix} 1 \\ & 1 \\ & -m_{32} & 1 \\ & \vdots & & \ddots \\ & -m_{n2} & & & 1 \end{pmatrix}, \; m_{i2} = \frac{a_{i2}^{(2)}}{a_{22}^{(2)}}, \; i = 3, 4, \cdots, n,$$

则

$$\boldsymbol{A}^{(3)} = \boldsymbol{L}_2 \boldsymbol{L}_1 \boldsymbol{A}^{(1)}, \; \boldsymbol{b}^{(3)} = \boldsymbol{L}_2 \boldsymbol{L}_1 \boldsymbol{b}^{(1)}。$$

依次类推，

$$\boldsymbol{L}_i = \begin{pmatrix} 1 \\ & 1 \\ & & \ddots \\ & & & 1 \\ & & & -m_{i+1,i} & 1 \\ & & & \vdots & & \ddots \\ & & & -m_{ni} & & & 1 \end{pmatrix}, \; \boldsymbol{L}_i^{-1} = \begin{pmatrix} 1 \\ & 1 \\ & & \ddots \\ & & & 1 \\ & & & m_{i+1,i} & 1 \\ & & & \vdots & & \ddots \\ & & & m_{ni} & & & 1 \end{pmatrix}$$

$$\text{i 列} \qquad\qquad\qquad \text{i 列}$$

其中 $\boldsymbol{L}_i$ 和 $\boldsymbol{L}_i^{-1}$ 中空白部分元素均为零元素，则

$$\boldsymbol{A}^{(n)} = \boldsymbol{L}_{n-1} \boldsymbol{L}_{n-2} \cdots \boldsymbol{L}_1 \boldsymbol{A}^{(1)}, \; \boldsymbol{b}^{(n)} = \boldsymbol{L}_{n-1} \boldsymbol{L}_{n-2} \cdots \boldsymbol{L}_1 \boldsymbol{b}^{(1)}。$$

因此

$$\boldsymbol{A}^{(1)} = \boldsymbol{L}_1^{-1} \boldsymbol{L}_2^{-1} \cdots \boldsymbol{L}_{n-1}^{-1} \boldsymbol{A}^{(n)}。$$

令 $\boldsymbol{L} = \boldsymbol{L}_1^{-1} \boldsymbol{L}_2^{-1} \cdots \boldsymbol{L}_{n-1}^{-1}$，其中

$$\boldsymbol{L} = \begin{pmatrix} 1 \\ m_{21} & 1 \\ m_{31} & m_{32} & 1 \\ \vdots & \vdots & \ddots & \ddots \\ m_{n1} & m_{n2} & \cdots & m_{n,n-1} & 1 \end{pmatrix}$$

是一个单位下三角阵。令 $\boldsymbol{U} = \boldsymbol{A}^{(n)}$，显然这是一个上三角阵，则

$$A = A^{(1)} = LA^{(n)} = LU,$$

称为矩阵 A 的 LU 分解（LU decomposition）。

综上所述，可得定理 3.2，它在解线性方程组的直接法中起着重要作用。

定理 3.2 (矩阵的 LU 分解) 设 A 为 n 阶矩阵。若解 $Ax = b$ 用高斯消去法（限制不进行交换，即主元 $a_{kk}^{(k)} \neq 0$, $k = 1, 2, \cdots, n$）能够完成，则矩阵 A 可分解为单位下三角阵 L 与上三角阵 U 的乘积，即

$$A = LU,$$

且这种分解是唯一的。

证明略。

注：（1）L 为单位下三角阵而 U 为一般上三角阵的分解称为 **Doolittle 分解**；

（2）L 为一般下三角阵而 U 为单位上三角阵的分解称为 **Crout 分解**。

下面介绍矩阵 A 的 LU 分解中矩阵 L 和 U 的三种求解方法：直接三角分解法、平方根法和追赶法。

1. 直接三角分解法

直接三角分解法（direct triangular decomposition method）是指不需要任何中间步骤，通过比较直接从系数矩阵 A 的元素推导出 L 和 U 中元素递推计算公式的方法。

设 $L = (l_{ij})_{n \times n}$, $U = (u_{ij})_{n \times n}$，由 $A = LU$ 得

$$A = \begin{pmatrix} a_{11} & a_{12} & \cdots & a_{1n} \\ a_{21} & a_{22} & \cdots & a_{2n} \\ \vdots & \vdots & \ddots & \vdots \\ a_{n1} & a_{n2} & \cdots & a_{nn} \end{pmatrix} = \begin{pmatrix} 1 & & & \\ l_{21} & 1 & & \\ \vdots & \vdots & \ddots & \\ l_{n1} & l_{n2} & \cdots & 1 \end{pmatrix} \begin{pmatrix} u_{11} & u_{12} & \cdots & u_{1n} \\ & u_{22} & \cdots & u_{2n} \\ & & \ddots & \vdots \\ & & & u_{nn} \end{pmatrix} = LU_\circ$$

$$(3.13)$$

直接三角分解法通过 n 步可以直接计算出 L 和 U 中的元素，其中第 r 步确定 U 的第 r 行和 L 的第 r 列元素。

第 1 步 $a_{1i} = u_{1i}$, $i = 1, 2, \cdots, n$, $\Rightarrow$ $u_{1i} = a_{1i}$, $i = 1, 2, \cdots, n$,

$a_{i1} = l_{i1}u_{11}$, $i = 2, 3, \cdots, n$, $\Rightarrow$ $l_{i1} = \dfrac{a_{i1}}{u_{11}}$, $i = 2, 3, \cdots, n_\circ$

设第 $r - 1$ 步已确定 U 的第 $r - 1$ 行和 L 的第 $r - 1$ 列元素。下面进行第 r 步运算。

第 r 步 由式 (3.13) 的矩阵乘法得

$$a_{ri} = \sum_{k=1}^{n} l_{rk}u_{ki} = \sum_{k=1}^{r-1} l_{rk}u_{ki} + u_{ri}, \quad （当 r < k \text{ 时}, l_{rk} = 0）$$

$$\Rightarrow \quad u_{ri} = a_{ri} - \sum_{k=1}^{r-1} l_{rk}u_{ki}, \quad i = r, r+1, \cdots, n_\circ$$

$$a_{ir} = \sum_{k=1}^{n} l_{ik}u_{kr} = \sum_{k=1}^{r-1} l_{ik}u_{kr} + l_{ir}u_{rr}, \quad （当 k > r \text{ 时}, u_{kr} = 0）$$

$$\Rightarrow \quad l_{ir} = \frac{1}{u_{rr}}\left(a_{ir} - \sum_{k=1}^{r-1} l_{ik}u_{kr}\right), \quad i = r+1, r+2, \cdots, n_\circ$$

依次类推，直至完成第 n 步运算，求出矩阵 $\boldsymbol{L}$ 和 $\boldsymbol{U}$ 中的所有元素。

由 $\boldsymbol{Ax} = \boldsymbol{b}$ 和 $\boldsymbol{A} = \boldsymbol{LU}$ 可得

$$\boldsymbol{LUx} = \boldsymbol{b}。$$

令 $\boldsymbol{Ux} = \boldsymbol{y}$，则

$$\boldsymbol{Ly} = \boldsymbol{b},$$

即

$$\begin{pmatrix} 1 & & & \\ l_{21} & 1 & & \\ \vdots & \vdots & \ddots & \\ l_{n1} & l_{n2} & \cdots & 1 \end{pmatrix} \begin{pmatrix} y_1 \\ y_2 \\ \vdots \\ y_n \end{pmatrix} = \begin{pmatrix} b_1 \\ b_2 \\ \vdots \\ b_n \end{pmatrix},$$

解得

$$\begin{cases} y_1 = b_1 \\ y_i = b_i - \displaystyle\sum_{k=1}^{i-1} l_{ik} y_k, \ i = 2, 3, \cdots, n \end{cases}$$

再由 $\boldsymbol{Ux} = \boldsymbol{y}$，即

$$\begin{pmatrix} u_{11} & u_{12} & \cdots & u_{1n} \\ & u_{22} & \cdots & u_{2n} \\ & & \ddots & \vdots \\ & & & u_{nn} \end{pmatrix} \begin{pmatrix} x_1 \\ x_2 \\ \vdots \\ x_n \end{pmatrix} = \begin{pmatrix} y_1 \\ y_2 \\ \vdots \\ y_n \end{pmatrix},$$

解得

$$\begin{cases} x_n = \dfrac{y_n}{u_{nn}} \\ x_i = \dfrac{1}{u_{ii}} \Big(y_i - \displaystyle\sum_{k=i+1}^{n} u_{ik} x_k \Big), \ i = n-1, n-2, \cdots, 1 \end{cases}$$

综上可得，直接三角分解法解 $\boldsymbol{Ax} = \boldsymbol{b}$ 的递推计算公式

$$\begin{cases} (1) \ u_{1i} = a_{1i}, \ i = 1, 2, \cdots, n, \\ \quad l_{ir} = \dfrac{a_{i1}}{u_{11}}, \ i = 2, 3, \cdots, n。 \\ (2) \ \text{对于} r = 2, 3, \cdots, n, \text{计算} \boldsymbol{U} \text{的第} r \text{行元素和} \boldsymbol{L} \text{的第} r (r \neq n) \text{列元素} \\ \quad u_{ri} = a_{ri} - \displaystyle\sum_{k=1}^{r-1} l_{rk} u_{ki}, \ i = r, r+1, \cdots, n, \\ \quad l_{ir} = \dfrac{1}{u_{rr}} \Big(a_{ir} - \displaystyle\sum_{k=1}^{r-1} l_{ik} u_{kr} \Big), \ i = r+1, r+2, \cdots, n。 \end{cases} \tag{3.14}$$

$$（3）\begin{cases} y_1 = b_1 \\ y_i = b_i - \sum_{k=1}^{i-1} l_{ik} y_k, \ i = 2, 3, \cdots, n。 \end{cases}$$

$$（4）\begin{cases} x_n = \dfrac{y_n}{u_{nn}} \\ x_i = \dfrac{1}{u_{ii}} \Big(y_i - \sum_{k=i+1}^{n} u_{ik} x_k \Big), \ i = n-1, n-2, \cdots, 1。 \end{cases}$$

例 3.7　用直接三角分解法解线性方程组

$$\begin{pmatrix} 1 & 2 & 3 \\ 2 & 5 & 2 \\ 3 & 1 & 5 \end{pmatrix} \begin{pmatrix} x_1 \\ x_2 \\ x_3 \end{pmatrix} = \begin{pmatrix} 14 \\ 18 \\ 20 \end{pmatrix}$$

解　利用直接三角分解法计算公式 (3.14) 可得

$$\boldsymbol{A} = \begin{pmatrix} 1 & 2 & 3 \\ 2 & 5 & 2 \\ 3 & 1 & 5 \end{pmatrix} = \begin{pmatrix} 1 & 0 & 0 \\ 2 & 1 & 0 \\ 3 & -5 & 1 \end{pmatrix} \begin{pmatrix} 1 & 2 & 3 \\ 0 & 1 & -4 \\ 0 & 0 & -24 \end{pmatrix} = \boldsymbol{LU}。$$

由 $\boldsymbol{Ly} = \boldsymbol{b} = (14, 18, 20)^{\mathrm{T}}$ 得

$$\boldsymbol{y} = (14, -10, -72)^{\mathrm{T}}。$$

再由 $\boldsymbol{Ux} = \boldsymbol{y}$ 得

$$\boldsymbol{x} = (1, 2, 3)^{\mathrm{T}}。$$

2. 平方根法

在工程计算中，常常会遇到线性方程组的系数矩阵是对称正定矩阵的情况。如果能充分利用对称正定矩阵的性质，那么系数矩阵的三角分解就可以大大简化。所谓**平方根法（square root method）**，就是利用对称正定矩阵的三角分解来求解对称正定线性方程组的一种有效方法。

定理 3.3（对称正定矩阵的三角分解或 Cholesky 分解）　设 $\boldsymbol{A}$ 为 n 阶对称正定矩阵，则存在唯一的主对角线元素都是正数的下三角阵 $\boldsymbol{L}$，使得 $\boldsymbol{A} = \boldsymbol{LL}^{\mathrm{T}}$。

证明　设下三角阵 $\boldsymbol{L} = (l_{ij})_{n \times n}$。由于 $\boldsymbol{A}$ 是正定矩阵，则 $\boldsymbol{A}$ 的各阶顺序主子式都大于零。由定理 3.2 知，$\boldsymbol{A}$ 有唯一的 $\boldsymbol{LU}$ 分解。下面利用直接三角分解法确定 $\boldsymbol{L}$ 中的元素。

因为

$$\boldsymbol{A} = \boldsymbol{LL}^{\mathrm{T}} = \begin{pmatrix} l_{11} & & & \\ l_{21} & l_{22} & & \\ \vdots & \vdots & \ddots & \\ l_{n1} & l_{n2} & \cdots & l_{nn} \end{pmatrix} \begin{pmatrix} l_{11} & l_{21} & \cdots & l_{n1} \\ & l_{22} & \cdots & l_{n2} \\ & & \ddots & \vdots \\ & & & l_{nn} \end{pmatrix},$$

其中 $l_{jj} > 0$, $j = 1, 2, \cdots, n$。注意，当 $j < k$ 时，$l_{jk} = 0$。由矩阵乘法得

$$a_{ij} = \sum_{k=1}^{n} l_{ik}l_{jk} = \sum_{k=1}^{j} l_{ik}l_{jk} = \sum_{k=1}^{j-1} l_{ik}l_{jk} + l_{ij}l_{jj}\text{。}$$

因此

$$\begin{cases} l_{jj} = \left(a_{jj} - \sum_{k=1}^{j-1} l_{jk}^2\right)^{\frac{1}{2}}, \ j = 1, 2, \cdots, n, \\ l_{ij} = \dfrac{1}{l_{jj}}\left(a_{ij} - \sum_{k=1}^{j-1} l_{ik}l_{jk}\right), \ i = j+1, j+2, \cdots, n\text{。} \end{cases} \tag{3.15}$$

交替进行式 (3.15) 中的运算，即可得到矩阵 $\boldsymbol{L}$ 中的所有元素。　　　　■

用平方根法求解对称正定方程组的步骤如下：

步 1　对矩阵 $\boldsymbol{A}$ 进行三角分解（Cholesky 分解），即 $\boldsymbol{A} = \boldsymbol{L}\boldsymbol{L}^{\mathrm{T}}$。

对于 $j = 1, 2, \cdots, n$，依次计算

$$\begin{cases} l_{jj} = \left(a_{jj} - \sum_{k=1}^{j-1} l_{jk}^2\right)^{\frac{1}{2}}, \\ l_{ij} = \dfrac{1}{l_{jj}}\left(a_{ij} - \sum_{k=1}^{j-1} l_{ik}l_{jk}\right), \ i = j+1, j+2, \cdots, n\text{。} \end{cases} \tag{3.16}$$

下面求解方程组 $\boldsymbol{A}\boldsymbol{x} = \boldsymbol{b}$，相当于求解两个方程组

① $\boldsymbol{L}\boldsymbol{y} = \boldsymbol{b}$，求 $\boldsymbol{y}$；
② $\boldsymbol{L}^{\mathrm{T}}\boldsymbol{x} = \boldsymbol{y}$，求 $\boldsymbol{x}$。

步 2　求解 $\boldsymbol{L}\boldsymbol{y} = \boldsymbol{b}$，得

$$y_i = \frac{1}{l_{ii}}\left(b_i - \sum_{k=1}^{i-1} l_{ik}y_k\right), \ i = 1, 2, \cdots, n\text{。} \tag{3.17}$$

步 3　求解 $\boldsymbol{L}^{\mathrm{T}}\boldsymbol{x} = \boldsymbol{y}$，得

$$x_i = \frac{1}{l_{ii}}\left(y_i - \sum_{k=i+1}^{n} l_{ki}x_k\right), \ i = n, n-1, \cdots, 1\text{。} \tag{3.18}$$

例 3.8　用平方根法求解线性方程组

$$\begin{cases} 4x_1 + 2x_2 + 4x_3 = 4 \\ 2x_1 + 10x_2 + 5x_3 = 11 \\ 4x_1 + 5x_2 + 21x_3 = -9 \end{cases} \tag{3.19}$$

解　设系数矩阵

$$\boldsymbol{A} = \begin{pmatrix} 4 & 2 & 4 \\ 2 & 10 & 5 \\ 4 & 5 & 21 \end{pmatrix} = \begin{pmatrix} l_{11} & & \\ l_{21} & l_{22} & \\ l_{31} & l_{32} & l_{33} \end{pmatrix} \begin{pmatrix} l_{11} & l_{21} & l_{31} \\ & l_{22} & l_{32} \\ & & l_{33} \end{pmatrix} = \boldsymbol{L}\boldsymbol{L}^{\mathrm{T}},$$

其中 $L = (l_{ij})_{3\times3}$。由式 (3.16) 依次求出

$$l_{11} = \sqrt{a_{11}} = 2,\ l_{21} = \frac{a_{21}}{l_{11}} = 1,\ l_{31} = \frac{a_{31}}{l_{11}} = 2,$$

$$l_{22} = (a_{22} - l_{21}^2)^{\frac{1}{2}} = 3,\ l_{32} = \frac{1}{l_{22}}(a_{32} - l_{31}l_{21}) = 1,$$

$$l_{33} = (a_{33} - l_{31}^2 - l_{32}^2)^{\frac{1}{2}} = 4。$$

因此，系数矩阵

$$\boldsymbol{A} = \begin{pmatrix} 4 & 2 & 4 \\ 2 & 10 & 5 \\ 4 & 5 & 21 \end{pmatrix} = \begin{pmatrix} 2 & & \\ 1 & 3 & \\ 2 & 1 & 4 \end{pmatrix} \begin{pmatrix} 2 & 1 & 2 \\ & 3 & 1 \\ & & 4 \end{pmatrix} = \boldsymbol{L}\boldsymbol{L}^{\mathrm{T}}。$$

将其代入原方程组 (3.19)，即 $\boldsymbol{A}\boldsymbol{x}=\boldsymbol{b}$ 中，得

$$\boldsymbol{L}\boldsymbol{L}^{\mathrm{T}}\boldsymbol{x} = \boldsymbol{b}。$$

令 $\boldsymbol{L}^{\mathrm{T}}\boldsymbol{x} = \boldsymbol{y}$，则 $\boldsymbol{A}\boldsymbol{x}=\boldsymbol{b}$ 可转换为等价的两个线性方程组

$$\begin{cases} \boldsymbol{L}\boldsymbol{y} = \boldsymbol{b} \\ \boldsymbol{L}^{\mathrm{T}}\boldsymbol{x} = \boldsymbol{y} \end{cases}$$

由 $\boldsymbol{L}\boldsymbol{y} = \boldsymbol{b}$，即

$$\begin{pmatrix} 2 & & \\ 1 & 3 & \\ 2 & 1 & 4 \end{pmatrix} \begin{pmatrix} y_1 \\ y_2 \\ y_3 \end{pmatrix} = \begin{pmatrix} 4 \\ 11 \\ -9 \end{pmatrix}$$

得

$$\boldsymbol{y} = (2, 3, -4)^{\mathrm{T}}。$$

再由 $\boldsymbol{L}^{\mathrm{T}}\boldsymbol{x} = \boldsymbol{y}$，即

$$\begin{pmatrix} 2 & 1 & 2 \\ & 3 & 1 \\ & & 4 \end{pmatrix} \begin{pmatrix} x_1 \\ x_2 \\ x_3 \end{pmatrix} = \begin{pmatrix} 2 \\ 3 \\ -4 \end{pmatrix}$$

得

$$\boldsymbol{x} = \left(\frac{3}{4}, \frac{4}{3}, -1\right)^{\mathrm{T}}。$$

例 3.9　用平方根法求解线性方程组

$$\begin{cases} 5x_1 - 3x_2 + x_3 = 3 \\ -3x_1 + 2x_2 - x_3 = -2 \\ x_1 - x_2 + 4x_3 = 4 \end{cases}$$

取四位小数计算。

解　① 分解系数矩阵

$$\boldsymbol{A} = \begin{pmatrix} 5 & -3 & 1 \\ -3 & 2 & -1 \\ 1 & -1 & 4 \end{pmatrix} = \begin{pmatrix} l_{11} & & \\ l_{21} & l_{22} & \\ l_{31} & l_{32} & l_{33} \end{pmatrix} \begin{pmatrix} l_{11} & l_{21} & l_{31} \\ & l_{22} & l_{32} \\ & & l_{33} \end{pmatrix} = \boldsymbol{LL}^{\mathrm{T}},$$

其中 $L = (l_{ij})_{3\times3}$。 由式 (3.16) 依次求出

$$l_{11} = \sqrt{a_{11}} \approx 2.236\,1, \ l_{21} = \frac{a_{21}}{l_{11}} \approx -1.341\,6, \ l_{31} = \frac{a_{31}}{l_{11}} \approx 0.447\,2,$$

$$l_{22} = (a_{22} - l_{21}^2)^{\frac{1}{2}} \approx 0.447\,3, \ l_{32} = \frac{1}{l_{22}}(a_{32} - l_{31}l_{21}) \approx -0.894\,3,$$

$$l_{33} = (a_{33} - l_{31}^2 - l_{32}^2)^{\frac{1}{2}} \approx 1.732\,1。$$

② 解方程组 $\boldsymbol{Ly} = \boldsymbol{b}$。由式 (3.17) 可得

$$y_1 \approx 1.341\,6, \ y_2 \approx -0.447\,4, \ y_3 \approx 1.732\,0。$$

③ 解方程组 $\boldsymbol{L}^{\mathrm{T}}\boldsymbol{x} = \boldsymbol{y}$。由式 (3.18) 可得

$$x_1 \approx 0.999\,3, \ x_2 \approx 0.998\,9, \ x_3 \approx 0.999\,9。$$

3. 追赶法

在一些实际问题中，例如解二阶常微分方程边值问题、船体数学放样中的三次样条函数问题（参考第 4 章）等，最后都归结为求解三对角方程组 $\boldsymbol{Ax} = \boldsymbol{f}$ 的问题，其中系数矩阵 $\boldsymbol{A}$ 是一个三对角阵。**追赶法（chase method）**是求解三对角方程组的一种有效方法。

定义 3.1 (三对角方程组)　设

$$\boldsymbol{A} = \begin{pmatrix} b_1 & c_1 & & & \\ a_2 & b_2 & c_2 & & \\ & \ddots & \ddots & \ddots & \\ & & a_{n-1} & b_{n-1} & c_{n-1} \\ & & & a_n & b_n \end{pmatrix}$$

是一个三对角阵，则线性方程组 $\boldsymbol{Ax} = \boldsymbol{f}$ 或

$$\begin{cases} b_1x_1 + c_1x_2 & = f_1 \\ a_2x_1 + b_2x_2 + c_2x_3 & = f_2 \\ \ddots \quad \ddots \quad \ddots & \vdots \\ a_kx_{k-1} + b_kx_k + c_kx_{k+1} & = f_k \\ \ddots \quad \ddots \quad \ddots & \vdots \\ a_{n-1}x_{n-2} + b_{n-1}x_{n-1} + c_{n-1}x_n = f_{n-1} \\ a_nx_{n-1} + b_nx_n & = f_n \end{cases} \tag{3.20}$$

称为**三对角方程组**（**tridiagonal equation system**）。

若三对角阵 $\boldsymbol{A}$ 满足

① $|b_1| > |c_1| > 0$,

② $|b_i| \geqslant |a_i| + |c_i|$, a_i, $c_i \neq 0$; $i = 2, 3, \cdots, n-1$,

③ $|b_n| > |a_n| > 0$,

则称 $\boldsymbol{A}$ 为**对角占优阵**（**diagonally dominant matrix**）。其含义是三条对角线上元素不为零，且主对角线上元素的绝对值大于次对角线上元素绝对值的和。

根据系数矩阵 $\boldsymbol{A}$ 的三对角特点，可对 $\boldsymbol{A}$ 进行 $\boldsymbol{LU}$ 分解，即 $\boldsymbol{A} = \boldsymbol{LU}$，这里将三对角阵 $\boldsymbol{A}$ 进行 Crout 分解，写成矩阵乘积形式

$$\boldsymbol{A} = \begin{pmatrix} b_1 & c_1 & & & \\ a_2 & b_2 & c_2 & & \\ & \ddots & \ddots & \ddots & \\ & & a_{n-1} & b_{n-1} & c_{n-1} \\ & & & a_n & b_n \end{pmatrix}$$

$$= \begin{pmatrix} \alpha_1 & & & & \\ \gamma_2 & \alpha_2 & & & \\ & \gamma_3 & \alpha_3 & & \\ & & \ddots & \ddots & \\ & & & \gamma_{n-1} & \alpha_{n-1} \\ & & & & \gamma_n & \alpha_n \end{pmatrix} \times \begin{pmatrix} 1 & \beta_1 & & & \\ & 1 & \beta_2 & & \\ & & 1 & \beta_3 & \\ & & & \ddots & \ddots \\ & & & & 1 & \beta_{n-1} \\ & & & & & 1 \end{pmatrix} = \boldsymbol{LU}。$$

由矩阵乘法可得

$$\begin{cases} a_i = \gamma_i, \ i = 2, 3, \cdots, n, \\ b_1 = \alpha_1, \ c_1 = \alpha_1\beta_1, \\ b_i = \gamma_i\beta_{i-1} + \alpha_i, \ i = 2, 3, \cdots, n, \\ c_i = \alpha_i\beta_i, \ i = 2, 3, \cdots, n-1。 \end{cases}$$

整理得递推公式

$$
\begin{cases}
\gamma_i = a_i, \ i = 2, 3, \cdots, n, \\
\alpha_1 = b_1, \ \beta_1 = \dfrac{c_1}{b_1}, \\
\alpha_i = b_i - \gamma_i \beta_{i-1} = b_i - a_i \beta_{i-1}, \ i = 2, 3, \cdots, n, \\
\beta_i = \dfrac{c_i}{\alpha_i} = \dfrac{c_i}{b_i - a_i \beta_{i-1}}, \ i = 2, 3, \cdots, n-1。
\end{cases}
\tag{3.21}
$$

由式 (3.21) 计算可得矩阵 $\boldsymbol{L}$ 和 $\boldsymbol{U}$ 的所有元素，完成了三对角阵 $\boldsymbol{A}$ 的 Crout 分解。

将 $\boldsymbol{A} = \boldsymbol{LU}$ 代入三对角方程组 $\boldsymbol{Ax} = \boldsymbol{f}$ 得

$$
\boldsymbol{LUx} = \boldsymbol{f}。
$$

将其转换为等价的两个方程组

$$
\begin{cases}
\boldsymbol{Ly} = \boldsymbol{f} \\
\boldsymbol{Ux} = \boldsymbol{y}
\end{cases}
$$

分别对应方程组

$$
\begin{pmatrix}
\alpha_1 & & & & \\
\gamma_2 & \alpha_2 & & & \\
& \ddots & \ddots & & \\
& & \gamma_{n-1} & \alpha_{n-1} & \\
& & & \gamma_n & \alpha_n
\end{pmatrix}
\begin{pmatrix}
y_1 \\ y_2 \\ \vdots \\ y_{n-1} \\ y_n
\end{pmatrix}
=
\begin{pmatrix}
f_1 \\ f_2 \\ \vdots \\ f_{n-1} \\ f_n
\end{pmatrix}
\tag{3.22}
$$

和

$$
\begin{pmatrix}
1 & \beta_1 & & & \\
& 1 & \beta_2 & & \\
& & \ddots & \ddots & \\
& & & 1 & \beta_{n-1} \\
& & & & 1
\end{pmatrix}
\begin{pmatrix}
x_1 \\ x_2 \\ \vdots \\ x_{n-1} \\ x_n
\end{pmatrix}
=
\begin{pmatrix}
y_1 \\ y_2 \\ \vdots \\ y_{n-1} \\ y_n
\end{pmatrix}。
\tag{3.23}
$$

解方程组 (3.22) 得

$$
\begin{cases}
y_1 = \dfrac{f_1}{\alpha_1} \\
y_i = \dfrac{f_i - \gamma_i y_{i-1}}{\alpha_i}, \ i = 2, 3, \cdots, n
\end{cases}
\tag{3.24}
$$

将式 (3.21) 代入式 (3.24) 得递推公式

$$
\begin{cases}
y_1 = \dfrac{f_1}{b_1} \\
y_i = \dfrac{f_i - a_i y_{i-1}}{b_i - a_i \beta_{i-1}}, \ i = 2, 3, \cdots, n
\end{cases}
$$

其中

$$\beta_1 = \frac{c_1}{b_1}, \ \beta_i = \frac{c_i}{b_i - a_i\beta_{i-1}}, \ i = 2, 3, \cdots, n-1 \, \text{。}$$

解方程组 (3.23) 得递推公式

$$\begin{cases} x_n = y_n \\ x_i = y_i - \beta_i x_{i+1}, \ i = n-1, n-2, \cdots, 1 \end{cases}$$

其中

$$\beta_1 = \frac{c_1}{b_1}, \ \beta_i = \frac{c_i}{b_i - a_i\beta_{i-1}}, \ i = 2, 3, \cdots, n-1 \, \text{。}$$

例 3.10 用追赶法求解三对角方程组

$$\begin{pmatrix} 2 & -1 & & & \\ -1 & 2 & -1 & & \\ & -1 & 2 & -1 & \\ & & -1 & 2 & -1 \\ & & & -1 & 2 \end{pmatrix} \begin{pmatrix} x_1 \\ x_2 \\ x_3 \\ x_4 \\ x_5 \end{pmatrix} = \begin{pmatrix} 1 \\ 0 \\ 0 \\ 0 \\ 0 \end{pmatrix} \, \text{。}$$

解 设系数矩阵 $\boldsymbol{A} = \begin{pmatrix} 2 & -1 & & & \\ -1 & 2 & -1 & & \\ & -1 & 2 & -1 & \\ & & -1 & 2 & -1 \\ & & & -1 & 2 \end{pmatrix}$

$$= \begin{pmatrix} \alpha_1 & & & & \\ -1 & \alpha_2 & & & \\ & -1 & \alpha_3 & & \\ & & -1 & \alpha_4 & \\ & & & -1 & \alpha_5 \end{pmatrix} \begin{pmatrix} 1 & \beta_1 & & & \\ & 1 & \beta_2 & & \\ & & 1 & \beta_3 & \\ & & & 1 & \beta_4 \\ & & & & 1 \end{pmatrix} = \boldsymbol{LU} \, \text{。}$$

由式 (3.21) 计算可得

$$\alpha_1 = 2, \ \beta_1 = -\frac{1}{2}, \ \alpha_2 = \frac{3}{2}, \ \beta_2 = -\frac{2}{3},$$

$$\alpha_3 = \frac{4}{3}, \ \beta_3 = -\frac{3}{4}, \ \alpha_4 = \frac{5}{4}, \ \beta_4 = -\frac{4}{5}, \ \alpha_5 = \frac{6}{5} \, \text{。}$$

将其代入矩阵 $\boldsymbol{L}$ 和 $\boldsymbol{U}$ 得方程组

$$
\begin{pmatrix}
2 & & & & \\
-1 & \dfrac{3}{2} & & & \\
& -1 & \dfrac{4}{3} & & \\
& & -1 & \dfrac{5}{4} & \\
& & & -1 & \dfrac{6}{5}
\end{pmatrix}
\begin{pmatrix} y_1 \\ y_2 \\ y_3 \\ y_4 \\ y_5 \end{pmatrix}
=
\begin{pmatrix} 1 \\ 0 \\ 0 \\ 0 \\ 0 \end{pmatrix}
\tag{3.25}
$$

和

$$
\begin{pmatrix}
1 & -\dfrac{1}{2} & & & \\
& 1 & -\dfrac{2}{3} & & \\
& & 1 & -\dfrac{3}{4} & \\
& & & 1 & -\dfrac{4}{5} \\
& & & & 1
\end{pmatrix}
\begin{pmatrix} x_1 \\ x_2 \\ x_3 \\ x_4 \\ x_5 \end{pmatrix}
=
\begin{pmatrix} y_1 \\ y_2 \\ y_3 \\ y_4 \\ y_5 \end{pmatrix}。
\tag{3.26}
$$

解方程组 (3.25) 得

$$
y_1 = \frac{1}{2},\ y_2 = \frac{1}{3},\ y_3 = \frac{1}{4},\ y_4 = \frac{1}{5},\ y_5 = \frac{1}{6}。
$$

解方程组 (3.26) 得原方程组的解

$$
x_1 = \frac{5}{6},\ x_2 = \frac{2}{3},\ x_3 = \frac{1}{2},\ x_4 = \frac{1}{3},\ x_5 = \frac{1}{6}。
$$

3.3 向量和矩阵的范数

前面介绍的求解线性方程组的直接法仅适用于低、中阶方程组。对于工程等问题中遇到的高阶方程组，为了降低计算量，我们选择求其近似解。目前，迭代法是求线性方程组近似解的主要方法。为了研究线性方程组近似解的误差估计和迭代法的收敛性，需要引入两个概念——向量范数和矩阵范数，它们可以分别度量 n 维向量空间 $\mathbf{R}^n$ 中向量和 $\mathbf{R}^{n\times n}$ 空间中 n 阶矩阵的"大小"，在分析线性方程组求解误差中起着非常重要的作用。

3.3.1 向量范数

定义 3.2 (向量范数) 设向量 $x \in \mathbf{R}^n$，定义 x 的一个实值函数 $N(x) = \|x\|$ 满足下列条件：
① **正定条件** $\|x\| \geqslant 0$，且 $\|x\| = 0$ 当且仅当 $x = \mathbf{0}$（零向量）；
② **齐次条件** $\forall a \in \mathbf{R}$，有

$$
\|ax\| = |a| \cdot \|x\|;
$$

③ 三角不等式 $\forall \boldsymbol{x}, \boldsymbol{y} \in \mathbf{R}^n$，有

$$\|\boldsymbol{x} + \boldsymbol{y}\| \leqslant \|\boldsymbol{x}\| + \|\boldsymbol{y}\|。$$

则称 $\|\boldsymbol{x}\|$ 为 $\mathbf{R}^n$ 上的一个向量范数（vector norm）或模。

$\forall \boldsymbol{x}, \boldsymbol{y} \in \mathbf{R}^n$，由三角不等式③可得

$$\|\boldsymbol{x}\| = \|\boldsymbol{x} - \boldsymbol{y} + \boldsymbol{y}\| \leqslant \|\boldsymbol{x} - \boldsymbol{y}\| + \|\boldsymbol{y}\|，$$

移项得不等式

$$\|\boldsymbol{x}\| - \|\boldsymbol{y}\| \leqslant \|\boldsymbol{x} - \boldsymbol{y}\|。$$

例 3.11 设向量空间 $\boldsymbol{x} = (x_1, x_2, x_3)^{\mathrm{T}}$。下列函数是不是向量范数？
（1）$|x_1| + |2x_2| + |x_3|$ （2）$|x_1 + 3x_2| + |x_3|$

解 （1）$|x_1| + |2x_2| + |x_3|$ 是一种向量范数，因为它满足
① **正定条件**
$|x_1| + |2x_2| + |x_3| \geqslant 0$ 且只有当 $\boldsymbol{x} = (0,0,0)^{\mathrm{T}}$ 时，$|x_1| + |2x_2| + |x_3| = 0$ 才成立。
② **齐次条件**
$\forall$ 常数 $a \in \mathbf{R}$，则

$$\|a\boldsymbol{x}\| = |ax_1| + |2ax_2| + |ax_3| = |a|\big(|x_1| + |2x_2| + |x_3|\big) = |a| \cdot \|\boldsymbol{x}\|。$$

③ **三角不等式**
设另一向量 $\boldsymbol{y} = (y_1, y_2, y_3)^{\mathrm{T}}$，则

$$\boldsymbol{x} + \boldsymbol{y} = (x_1 + y_1, x_2 + y_2, x_3 + y_3)^{\mathrm{T}}。$$

由题意得

$$\|\boldsymbol{x} + \boldsymbol{y}\| = |x_1 + y_1| + |2(x_2 + y_2)| + |x_3 + y_3|$$

$$\leqslant |x_1| + |2x_2| + |x_3| + |y_1| + |2y_2| + |y_3| = \|\boldsymbol{x}\| + \|\boldsymbol{y}\|，$$

即 $\|\boldsymbol{x} + \boldsymbol{y}\| \leqslant \|\boldsymbol{x}\| + \|\boldsymbol{y}\|$。

（2）$|x_1 + 3x_2| + |x_3|$ 不是一种向量范数。因为对于向量 $\boldsymbol{x} = \left(1, -\dfrac{1}{3}, 0\right)^{\mathrm{T}}$，有 $\|\boldsymbol{x}\| = |x_1 + 3x_2| + |x_3| = 0$，不满足正定条件。

类似地，$|x_1 + x_2| + |x_3|$，$|3x_1 + x_2| + |3x_3|$，$|x_1 + x_2| + |x_3|$，$|x_1| + |x_3 + x_2|$，$|2x_1| + |x_3 + x_2|$，$|x_1| + |2x_3 + 3x_2|$ 都不是向量范数。但 $|x_1| + |x_2| + |x_3|$，$|2x_1| + |x_2| + |x_3|$，$|x_1| + |x_2| + |3x_3|$ 都是向量范数。

向量空间 $\mathbf{R}^n$ 上可以定义多个向量范数。设向量 $\boldsymbol{x} = (x_1, x_2, \cdots, x_n)^{\mathrm{T}}$，下面是三种常用的向量范数。

（1）**1-范数**，即 $\|\boldsymbol{x}\|_1 = \displaystyle\sum_{i=1}^{n} |x_i|$。

（2）**2-范数**，即 $\|\boldsymbol{x}\|_2 = (\boldsymbol{x}, \boldsymbol{x})^{\frac{1}{2}} = \sqrt{\sum_{i=1}^{n} x_i^2}$。

（3）**∞-范数（最大范数）**，即 $\|\boldsymbol{x}\|_\infty = \max_{1 \leqslant i \leqslant n} |x_i|$。

下面验证 ∞-范数是一种向量范数。

① **正定条件**

$\|\boldsymbol{x}\|_\infty = \max\{|x_1|, |x_2|, \cdots, |x_n|\} \geqslant 0$ 且只有当 $x_1 = x_2 = \cdots = x_n = 0$，即 $\boldsymbol{x}$ 为零向量时，$\max\{|x_1|, |x_2|, \cdots, |x_n|\} = \|\boldsymbol{x}\|_\infty = 0$ 才成立。

② **齐次条件**

$\forall a \in \mathbf{R}$，有

$$\|a\boldsymbol{x}\|_\infty = \max\{|ax_1|, |ax_2|, \cdots, |ax_n|\}$$

$$= |a| \cdot \max\{|x_1|, |x_2|, \cdots, |x_n|\} = |a| \cdot \|\boldsymbol{x}\|_\infty 。$$

③ **三角不等式**

$\forall \boldsymbol{x}, \boldsymbol{y} \in \mathbf{R}^n$，有

$$\|\boldsymbol{x} + \boldsymbol{y}\|_\infty = \max_{1 \leqslant i \leqslant n}\{|x_i + y_i|\}$$

$$\leqslant \max_{1 \leqslant i \leqslant n}\{|x_i| + |y_i|\}$$

$$\leqslant \max_{1 \leqslant i \leqslant n}\{|x_i|\} + \max_{1 \leqslant i \leqslant n}\{|y_i|\}$$

$$= \|\boldsymbol{x}\|_\infty + \|\boldsymbol{y}\|_\infty,$$

即 $\|\boldsymbol{x} + \boldsymbol{y}\|_\infty \leqslant \|\boldsymbol{x}\|_\infty + \|\boldsymbol{y}\|_\infty$。

易证 1-范数和 2-范数都满足向量范数的三个条件，因此它们都是 $\mathbf{R}^n$ 上的向量范数。上面三种常用范数都属于一大类范数，统一称为 p-范数。

定义 3.3 (p-范数)　设向量 $\boldsymbol{x} = (x_1, x_2, \cdots, x_n)^{\mathrm{T}} \in \mathbf{R}^n$，它的 p-范数为

$$\|\boldsymbol{x}\|_p = \left(\sum_{i=1}^{n} |x_i|^p\right)^{\frac{1}{p}}, \ p \geqslant 1。$$

可以证明 p-范数符合向量范数定义 3.2 的三个条件。1-范数、2-范数和 ∞-范数是 p-范数的三种特殊情况（分别对应 $p=1$、$p=2$ 和 $p \to \infty$）。为了方便书写，如果不针对向量 $\boldsymbol{x}$，常把范数记号中的向量 $\boldsymbol{x}$ 省掉，简记为 $\|\cdot\|_p$。

定义 3.4 (范数等价)　设 $\|\cdot\|_s$ 和 $\|\cdot\|_t$ 是 $\mathbf{R}^n$ 上任意两种范数。若存在常数 $c_1, c_2 > 0$，使得对 $\forall \boldsymbol{x} \in \mathbf{R}^n$，有

$$c_1\|\boldsymbol{x}\|_s \leqslant \|\boldsymbol{x}\|_t \leqslant c_2\|\boldsymbol{x}\|_s,$$

则称 $\|\cdot\|_s$ 和 $\|\cdot\|_t$ **等价**（norm equivalence）。

对于常用的 1-范数、2-范数和 ∞-范数，容易验证下列不等式：

$$\frac{1}{n}\|\boldsymbol{x}\|_1 \leqslant \|\boldsymbol{x}\|_\infty \leqslant \|\boldsymbol{x}\|_1,$$

$$\|\boldsymbol{x}\|_\infty \leqslant \|\boldsymbol{x}\|_1 \leqslant n\|\boldsymbol{x}\|_\infty,$$

$$\|\boldsymbol{x}\|_\infty \leqslant \|\boldsymbol{x}\|_2 \leqslant \sqrt{n}\|\boldsymbol{x}\|_\infty。$$

由范数等价定义 3.4 知，1-范数、2-范数和 ∞-范数等价。

定义 3.5 (向量序列收敛) 设向量序列

$$\{\boldsymbol{x}^{(k)}\} = \left\{ \left(x_1^{(k)}, x_2^{(k)}, \cdots, x_n^{(k)}\right)^{\mathrm{T}} \right\} \ (k = 1, 2, \cdots),$$

向量

$$\boldsymbol{x}^* = (x_1^*, x_2^*, \cdots, x_n^*)^{\mathrm{T}} \in \mathbf{R}^n。$$

若对 $\forall i$, 有 $\lim\limits_{k\to\infty} \boldsymbol{x}_i^{(k)} = \boldsymbol{x}_i^*, i = 1, 2, \cdots, n$, 则称向量序列 $\{\boldsymbol{x}^{(k)}\}$ **收敛**（**vector sequence convergence**）于向量 $\boldsymbol{x}^*$, 记作

$$\lim_{k\to\infty} \boldsymbol{x}^{(k)} = \boldsymbol{x}^*。$$

定理 3.4 (向量范数的等价性) 设 $\|\cdot\|_s, \|\cdot\|_t$ 是 $\mathbf{R}^n$ 上任意两种向量范数，则 $\|\cdot\|_s$ 和 $\|\cdot\|_t$ 等价，即存在正数 M 与 $m\,(M > m)$, 使得对 $\forall \boldsymbol{x} \in \mathbf{R}^n$, 有

$$m\|\boldsymbol{x}\|_s \leqslant \|\boldsymbol{x}\|_t \leqslant M\|\boldsymbol{x}\|_s。$$

证明 只要证明当 $\|\cdot\|_s = \|\cdot\|_\infty$ 时上式成立即可，即证明存在常数 $c_1, c_2 > 0$, 使得对 $\forall \boldsymbol{x} \in \mathbf{R}^n$ 且 $\boldsymbol{x} \neq \boldsymbol{0}$, 有

$$c_1 \leqslant \frac{\|\boldsymbol{x}\|_t}{\|\boldsymbol{x}\|_\infty} \leqslant c_2。$$

考虑函数 $f(\boldsymbol{x}) = \|\boldsymbol{x}\|_t \geqslant 0$, $\boldsymbol{x} \in \mathbf{R}^n$。记 $S = \{\boldsymbol{x} | \|\boldsymbol{x}\|_\infty = 1, \ \boldsymbol{x} \in \mathbf{R}^n\}$, 则 S 是一个有界闭集。由于 $f(\boldsymbol{x})$ 为 S 上的连续函数，所以 $f(\boldsymbol{x})$ 在 S 上达到最大值 c_2 和最小值 c_1 且 $c_1, c_2 > 0$。设 $\boldsymbol{x} \in \mathbf{R}^n$ 且 $\boldsymbol{x} \neq \boldsymbol{0}$, 则 $\dfrac{\boldsymbol{x}}{\|\boldsymbol{x}\|_\infty} \in S$, 从而有

$$f(\boldsymbol{x}') = c_1 \leqslant f\left(\frac{\boldsymbol{x}}{\|\boldsymbol{x}\|_\infty}\right) \leqslant c_2 = f(\boldsymbol{x}''),$$

其中 $\boldsymbol{x}', \boldsymbol{x}'' \in S$。由泛函 $f(\boldsymbol{x})$ 的定义得

$$c_1 \leqslant \left\|\frac{\boldsymbol{x}}{\|\boldsymbol{x}\|_\infty}\right\|_t \leqslant c_2,$$

即 $\forall \boldsymbol{x} \in \mathbf{R}^n$, 有

$$c_1\|\boldsymbol{x}\|_\infty \leqslant \|\boldsymbol{x}\|_t \leqslant c_2\|\boldsymbol{x}\|_\infty。\quad\blacksquare$$

定理 3.4 表明，$\mathbf{R}^n$ 上定义的任意两种范数都是等价的。若在一种范数意义下向量序列收敛，则在任意一种范数意义下，该向量序列亦收敛。

定理 3.5　$\lim\limits_{k\to\infty}\boldsymbol{x}^{(k)}=\boldsymbol{x}^*$　**当且仅当**　$\|\boldsymbol{x}^{(k)}-\boldsymbol{x}^*\|\to 0\,(k\to\infty)$，其中 $\|\cdot\|$ 为 $\mathbf{R}^n$ 上任意一种范数。

证明　由于

$$\lim_{k\to\infty}\boldsymbol{x}^{(k)}=\boldsymbol{x}^* \Leftrightarrow \lim_{k\to\infty}\boldsymbol{x}_i^{(k)}=\boldsymbol{x}_i^*,\, i=1,2,\cdots,n \Leftrightarrow \|\boldsymbol{x}^{(k)}-\boldsymbol{x}^*\|_\infty\to 0\,(k\to\infty)。$$

由定理 3.4，对于 $\mathbf{R}^n$ 上任意一种范数 $\|\cdot\|$，存在常数 $m,M>0$，使得

$$m\|\boldsymbol{x}^{(k)}-\boldsymbol{x}^*\|_\infty \leqslant \|\boldsymbol{x}^{(k)}-\boldsymbol{x}^*\| \leqslant M\|\boldsymbol{x}^{(k)}-\boldsymbol{x}^*\|_\infty,$$

则 c

$$\|\boldsymbol{x}^{(k)}-\boldsymbol{x}^*\|_\infty\to 0 \Leftrightarrow \|\boldsymbol{x}^{(k)}-\boldsymbol{x}^*\|\to 0\,(k\to\infty),$$

即

$$\lim_{k\to\infty}\boldsymbol{x}^{(k)}=\boldsymbol{x}^* \Leftrightarrow \|\boldsymbol{x}^{(k)}-\boldsymbol{x}^*\|\to 0\,(k\to\infty)。\quad\blacksquare$$

3.3.2　矩阵范数

下面将向量范数的概念推广到矩阵上。用 $\mathbf{R}^{n\times n}$ 表示 n 阶矩阵的集合。

定义 3.6 (矩阵范数)　若矩阵 $\boldsymbol{A}\in\mathbf{R}^{n\times n}$ 的某个非负实值函数 $N(\boldsymbol{A})=\|\boldsymbol{A}\|$ 满足下列条件：

① **正定条件**　$\|\boldsymbol{A}\|\geqslant 0$ 且 $\|\boldsymbol{A}\|=0 \Leftrightarrow \boldsymbol{A}=\boldsymbol{O}$（零矩阵）;

② **齐次条件**　$\forall k\in\mathbf{R}$ 和 $\forall \boldsymbol{A}\in\mathbf{R}^{n\times n}$，有 $\|k\boldsymbol{A}\|=|k|\cdot\|\boldsymbol{A}\|$;

③ **三角不等式**　$\|\boldsymbol{A}+\boldsymbol{B}\|\leqslant\|\boldsymbol{A}\|+\|\boldsymbol{B}\|$;

④ **乘积关系**　$\|\boldsymbol{AB}\|\leqslant\|\boldsymbol{A}\|\cdot\|\boldsymbol{B}\|$,

则称 $N(\boldsymbol{A})$ 为 $\mathbf{R}^{n\times n}$ 上的一个**矩阵范数**（matrix norm）或模。

例如，

$$F(\boldsymbol{A})=\|\boldsymbol{A}\|_F=\left(\sum_{i,\,j=1}^n a_{ij}^2\right)^{\frac{1}{2}}$$

满足矩阵范数定义 3.6，称其为 $\boldsymbol{A}$ 的**弗洛比尼斯（Frobenius）范数**，简称 $\boldsymbol{F}$-**范数**。

由于在大多数与估计有关的问题中，矩阵和向量会同时参与讨论，所以我们希望引入一种矩阵范数，它和向量范数既相联系又相容，即

$$\|\boldsymbol{Ax}\|\leqslant\|\boldsymbol{A}\|\cdot\|\boldsymbol{x}\|,\,\forall \boldsymbol{x}\in\mathbf{R}^n,\,\boldsymbol{A}\in\mathbf{R}^{n\times n}, \tag{3.27}$$

称不等式 (3.27) 为矩阵范数和向量范数的**相容性条件**（compatibility condition）。

定义 3.7 (矩阵的算子范数) 设 $x \in \mathbf{R}^n, A \in \mathbf{R}^{n \times n}$。给出一种向量范数 $\|x\|_v$ (如 $v = 1$、2 或 ∞)，相应地定义一个矩阵的非负函数

$$\|A\|_v = \max_{x \neq 0} \frac{\|Ax\|_v}{\|x\|_v}。 \tag{3.28}$$

可以验证 $\|A\|_v$ 满足矩阵范数的四个条件和相容性条件 (3.27) (见定理 3.6)，所以 $\|A\|_v$ 是 $\mathbf{R}^{n \times n}$ 上的一种矩阵范数，称为矩阵 A 的算子范数（operator norm）。

注：n 阶矩阵 A 是线性空间 $\mathbf{R}^n$ 中的一个线性变换，矩阵 A 与向量 x 的乘积 Ax 就是在 $\mathbf{R}^n$ 中将 x 线性变换后映射成向量 Ax。变换前后向量长度之比 $\dfrac{\|Ax\|_v}{\|x\|_v}$ 表示变换 A 沿 x 方向的伸长率，式 (3.28) 表示变换 A 沿各个方向伸长率的最大值，这是一个非常重要的量。由矩阵的算子范数定义 3.7 可以看出，$\|A\|_v$ 依赖向量范数 $\|x\|_v$ 的具体定义，即有一种具体的向量范数 $\|x\|_v$，相应地就能得到一种矩阵算子范数 $\|A\|_v$，因此也将矩阵的算子范数称为**向量范数诱导出的矩阵范数**。

定理 3.6 设 $\|x\|_v$ 是 $\mathbf{R}^n$ 上的一个向量范数，则 $\|A\|_v$ 是 $\mathbf{R}^{n \times n}$ 上的矩阵范数，且满足相容性条件

$$\|Ax\|_v \leqslant \|A\|_v \|x\|_v。$$

证明 ① 相容性条件
由矩阵的算子范数定义 3.7 可得

$$\|A\|_v = \max_{x \neq 0} \frac{\|Ax\|_v}{\|x\|_v} \geqslant \frac{\|Ax\|_v}{\|x\|_v} \ (x \neq 0),$$

故

$$\|Ax\|_v \leqslant \|A\|_v \|x\|_v。$$

② 乘积关系
由相容性条件知

$$\|ABx\|_v \leqslant \|A\|_v \|Bx\|_v \leqslant \|A\|_v \|B\|_v \|x\|_v。$$

当 $x \neq 0$ 时，

$$\frac{\|ABx\|_v}{\|x\|_v} \leqslant \|A\|_v \|B\|_v。$$

故

$$\|AB\|_v = \max_{x \neq 0} \frac{\|ABx\|_v}{\|x\|_v} \leqslant \|A\|_v \|B\|_v。$$

③ 三角不等式

由向量范数定义 3.2 中的三角不等式得

$$\|(A+B)x\|_v = \|Ax + Bx\|_v \leqslant \|Ax\|_v + \|Bx\|_v。$$

再由相容性条件 (3.27) 可得

$$\|Ax\|_v + \|Bx\|_v \leqslant \|A\|_v\|x\|_v + \|B\|_v\|x\|_v = (\|A\|_v + \|B\|_v)\|x\|_v。$$

当 $x \neq 0$ 时，

$$\frac{\|(A+B)x\|_v}{\|x\|_v} \leqslant \|A\|_v + \|B\|_v,$$

故

$$\|A+B\|_v = \max_{x \neq 0} \frac{\|(A+B)x\|_v}{\|x\|_v} \leqslant \|A\|_v + \|B\|_v。$$

矩阵范数的正定条件和齐次条件读者可自行证明。∎

定理 3.7 设 $x \in \mathbf{R}^n$, $A \in \mathbf{R}^{n \times n}$, 则

（1）$\|A\|_\infty = \max\limits_{1 \leqslant i \leqslant n} \sum\limits_{j=1}^{n} |a_{ij}|$, 称为 A 的行范数（row norm）。

（2）$\|A\|_1 = \max\limits_{1 \leqslant j \leqslant n} \sum\limits_{i=1}^{n} |a_{ij}|$, 称为 A 的列范数（column norm）。

（3）$\|A\|_2 = \sqrt{\lambda_{\max}}$, 称为 A 的 **2-范数**, 其中 $\lambda_{\max}$ 为矩阵 $A^{\mathrm{T}}A$ 的最大特征值。

上述三种范数分别称为矩阵的 ∞-范数、1-范数和 2-范数。显然，矩阵的 ∞-范数和 1-范数易算，2-范数计算上不方便，但它有很多好的性质，理论上非常有用。

例 3.12 计算 $A = \begin{pmatrix} 1 & -2 \\ -3 & 4 \end{pmatrix}$ 的 1-范数、2-范数、∞-范数和 F-范数。

解 $\|A\|_1 = 6$, $\|A\|_\infty = 7$, $\|A\|_2 = \sqrt{15 + \sqrt{221}} \approx 5.46$, $\|A\|_F \approx 5.477$。

下面讨论矩阵范数与特征值之间的关系。

定义 3.8 (谱半径) 矩阵 A 的诸特征值 λ_i, $i = 1, 2, \cdots, n$ 的最大绝对值称为 A 的 **谱半径**（spectral radius）。记作

$$\rho(A) = \max_{1 \leqslant i \leqslant n} |\lambda_i|。$$

定理 3.8 (特征值上界) 设 $A \in \mathbf{R}^{n \times n}$, 则

$$\rho(A) \leqslant \|A\|_v,$$

即矩阵 A 的谱半径不超过 A 的任何一种算子范数。

证明 设 λ 为 $\boldsymbol{A}$ 的任一特征值，则必存在非零特征向量 $\boldsymbol{x} \in \mathbf{R}^n$，使得

$$\boldsymbol{A}\boldsymbol{x} = \lambda\boldsymbol{x},$$

则

$$\|\boldsymbol{A}\boldsymbol{x}\|_v = \|\lambda\boldsymbol{x}\|_v = |\lambda| \cdot \|\boldsymbol{x}\|_v \leqslant \|\boldsymbol{A}\|_v \|\boldsymbol{x}\|_v.$$

又 $\boldsymbol{x} \neq \boldsymbol{0}$，所以 $|\lambda| \leqslant \|\boldsymbol{A}\|_v$， 因此 $\rho(\boldsymbol{A}) \leqslant \|\boldsymbol{A}\|_v$。   ∎

3.4 方程组的性态分析和矩阵条件数

在求解实际问题对应的线性方程组 (3.2) 中，系数矩阵 $\boldsymbol{A}$ 和右端项 $\boldsymbol{b}$ 常会带有观测误差或舍入误差。下面我们在向量范数和矩阵范数的基础上，分析线性方程组求解问题的敏感性，即初始数据 $\boldsymbol{A}$ 或 $\boldsymbol{b}$ 的微小扰动（误差）对解向量 $\boldsymbol{x}$ 的影响。

先考查两个例子。

例 3.13 方程组

$$\begin{pmatrix} 1 & 2 \\ 2 & -1 \end{pmatrix} \begin{pmatrix} x_1 \\ x_2 \end{pmatrix} = \begin{pmatrix} 7 \\ -1 \end{pmatrix},$$

其准确解为 $x_1 = 1, x_2 = 3$。当系数矩阵和右端项都有误差时，例如，方程组

$$\begin{pmatrix} 1 & 2 \\ 2 & -1.000\,9 \end{pmatrix} \begin{pmatrix} x_1 \\ x_2 \end{pmatrix} = \begin{pmatrix} 7 \\ -1.003 \end{pmatrix},$$

其解为 $x_1 = 0.999\,88, x_2 = 3.000\,06$。即方程组的系数矩阵和右端项有微小变化时，其解的变化不大。

例 3.14 方程组

$$\begin{pmatrix} 2 & 6 \\ 2 & 6.000\,01 \end{pmatrix} \begin{pmatrix} x_1 \\ x_2 \end{pmatrix} = \begin{pmatrix} 8 \\ 8.000\,01 \end{pmatrix},$$

其准确解为 $x_1 = 1, x_2 = 1$。当系数矩阵和右端项都有微小扰动时，例如，方程组

$$\begin{pmatrix} 2 & 6 \\ 2 & 5.999\,9 \end{pmatrix} \begin{pmatrix} x_1 \\ x_2 \end{pmatrix} = \begin{pmatrix} 8 \\ 8.000\,02 \end{pmatrix},$$

其解为 $x_1 = 10, x_2 = -2$。即方程组的系数矩阵和右端项发生微小变化时，其解的变化很大。

定义 3.9（方程组和矩阵的性态） 若矩阵 $\boldsymbol{A}$ 或右端项 $\boldsymbol{b}$ 的微小扰动，引起方程组 $\boldsymbol{A}\boldsymbol{x} = \boldsymbol{b}$ 解的巨大变化，则称此方程组为"病态"方程组（ill-conditioned equation system），称矩阵 A 为"病态"矩阵（ill-conditioned matrix）。否则，称方程组为"良态"方程组（well-conditioned equation system），称矩阵 A 为"良态"矩阵（well-conditioned matrix）。

"病态"方程组对任何算法都将产生数值不稳定性。矩阵"病态"的性质是矩阵本身的特性，我们希望找出刻画矩阵病态本身的量。下面分三种情况讨论求解 $Ax = b \neq 0$（A 非奇异）时，A 和 b 的微小扰动（误差）对解 x 的影响。

（1）系数矩阵 A 精确，右端项 b 有误差 Δb。设相应的解变为 $x + \Delta x$，即

$$A(x + \Delta x) = b + \Delta b。$$

由 $Ax = b$ 得

$$A\Delta x = \Delta b。$$

两边同时乘以 A^{-1} 得

$$\Delta x = A^{-1}\Delta b,$$

等式两边同时取范数有

$$\|\Delta x\| \leqslant \|A^{-1}\|\|\Delta b\|,$$

称 $\|A^{-1}\|$ 为绝对误差放大因子（absolute error amplification factor）。
又 $\|b\| = \|Ax\| \leqslant \|A\|\|x\|$，
故

$$\frac{1}{\|x\|} \leqslant \frac{\|A\|}{\|b\|},$$

所以

$$\frac{\|\Delta x\|}{\|x\|} \leqslant \|A\|\|A^{-1}\|\frac{\|\Delta b\|}{\|b\|}。$$

由上式可知，当右端项有微小扰动时，解的相对误差不超过右端项相对误差的 $\|A\|\|A^{-1}\|$ 倍，称 $\|A\|\|A^{-1}\|$ 为相对误差放大因子（relative error amplification factor）。

（2）右端项 b 精确，系数矩阵 A 有误差 ΔA。设相应的解变为 $x + \Delta x$，即

$$(A + \Delta A)(x + \Delta x) = b。$$

展开得

$$Ax + A\Delta x + \Delta A(x + \Delta x) = b。$$

由 $Ax = b$ 得

$$A\Delta x = -\Delta A(x + \Delta x)。$$

两边同时乘以 A^{-1} 得

$$\Delta x = -A^{-1}\Delta A(x + \Delta x),$$

等式两边同时取范数有

$$\|\Delta x\| = \|A^{-1}\Delta A(x + \Delta x)\|$$

$$\leqslant \|A^{-1}\|\|\Delta A\|(\|x\| + \|\Delta x\|),$$

合并同类项 $\|\Delta x\|$ 得

$$\|\Delta x\|(1 - \|A^{-1}\|\|\Delta A\|) \leqslant \|A^{-1}\|\|\Delta A\|\|x\|。$$

当 $\|A^{-1}\|\|\Delta A\| < 1$ 且 $x \neq 0$（零向量）时，有

$$\frac{\|\Delta x\|}{\|x\|} \leqslant \frac{\|A^{-1}\|\|\Delta A\|}{1 - \|A^{-1}\|\|\Delta A\|} = \frac{\|A\|\|A^{-1}\|\frac{\|\Delta A\|}{\|A\|}}{1 - \|A\|\|A^{-1}\|\frac{\|\Delta A\|}{\|A\|}},$$

当 ΔA 充分小且 $\|A^{-1}\|\|\Delta A\| < 1$ 时，

$$\frac{\|\Delta x\|}{\|x\|} \leqslant \|A\|\|A^{-1}\|\frac{\|\Delta A\|}{\|A\|}。$$

显然，$\|A\|\|A^{-1}\|$ 是关键的误差放大因子，其值越大，A 越病态，方程组解的灵敏度越高，越难得到准确解。

（3）A、b 都有误差，分别设为 ΔA 和 Δb。设相应的解变为 $x + \Delta x$，则

$$(A + \Delta A)(x + \Delta x) = b + \Delta b。$$

经过推导知，当 $\|A^{-1}\|\|\Delta A\| < 1$ 时，

$$\frac{\|\Delta x\|}{\|x\|} \leqslant \frac{\|A^{-1}\|\|A\|}{1 - \|A^{-1}\|\|A\|\frac{\|\Delta A\|}{\|A\|}}\left(\frac{\|\Delta b\|}{\|b\|} + \frac{\|\Delta A\|}{\|A\|}\right)。$$

上述三种情况中，量 $\|A\|\|A^{-1}\|$ 越小，由 A 或 b 相对误差引起的解 x 的相对误差就越小；反之，量 $\|A\|\|A^{-1}\|$ 越大，解的相对误差就越大。所以量 $\|A\|\|A^{-1}\|$ 刻画了解对原始数据变化的灵敏度，即方程组的病态程度。

定义 3.10 (条件数) 设 A 为 n 阶非奇异矩阵，称数

$$\text{Cond}(A) = \|A^{-1}\|\|A\|$$

为矩阵 A 的**条件数**（**condition number**）。

从条件数定义 3.10 可以看出，矩阵的条件数与范数有关。设线性方程组的系数矩阵 A 非奇异，$\text{Cond}(A)$ 越小，则称这个方程组越良态；反之，$\text{Cond}(A)$ 越大，则称这个方程组越病态，越难得到方程组比较准确的解。

经常使用的条件数有:

（1）$\mathrm{Cond}(\boldsymbol{A})_\infty = \|\boldsymbol{A}^{-1}\|_\infty\|\boldsymbol{A}\|_\infty$;

（2）$\boldsymbol{A}$ 的谱条件数 $\mathrm{Cond}(\boldsymbol{A})_2 = \|\boldsymbol{A}^{-1}\|_2\|\boldsymbol{A}\|_2 = \sqrt{\dfrac{\lambda_{\max}(\boldsymbol{A}^{\mathrm{T}}\boldsymbol{A})}{\lambda_{\min}(\boldsymbol{A}^{\mathrm{T}}\boldsymbol{A})}}$。

回忆本节开头的例 3.13 和例 3.14。例 3.13 中，系数矩阵

$$\boldsymbol{A} = \begin{pmatrix} 1 & 2 \\ 2 & -1 \end{pmatrix},$$

$\|\boldsymbol{A}\|_\infty = 3$, $\|\boldsymbol{A}^{-1}\|_\infty = \dfrac{3}{5}$, $\mathrm{Cond}(\boldsymbol{A})_\infty = 3 \times \dfrac{3}{5} = \dfrac{9}{5}$。条件数较小，方程组良态，即初始数据有微小扰动，其解不会受很大的影响。

例 3.14 中，系数矩阵

$$\boldsymbol{A} = \begin{pmatrix} 2 & 6 \\ 2 & 6.000\,01 \end{pmatrix},$$

$\|\boldsymbol{A}\|_\infty = 8.000\,01$, $\|\boldsymbol{A}^{-1}\|_\infty = 6 \times 10^5$, $\mathrm{Cond}(\boldsymbol{A})_\infty = 4.8 \times 10^6$。条件数很大，方程组严重病态，即初始数据有微小扰动，导致其解严重失真。

3.5　解线性方程组的迭代法

3.5.1　基本思想

迭代法是求解高阶线性方程组的常用方法，其基本思想如下：设 $\boldsymbol{A} \in \mathbf{R}^{n\times n}$ 是非奇异矩阵，$\boldsymbol{b} \in \mathbf{R}^n$，则线性方程组 $\boldsymbol{A}\boldsymbol{x} = \boldsymbol{b}$ 经过线性变换构造出一个等价的同解方程组

$$\boldsymbol{x} = \boldsymbol{B}\boldsymbol{x} + \boldsymbol{f},$$

写成迭代式

$$\boldsymbol{x}^{(k+1)} = \boldsymbol{B}\boldsymbol{x}^{(k)} + \boldsymbol{f}。$$

选定初始向量 $\boldsymbol{x}^{(0)} = (x_1^{(0)}, x_2^{(0)}, \cdots, x_n^{(0)})^{\mathrm{T}}$，反复使用迭代式逐步逼近方程组的准确解，直到满足精度要求为止，这种方法称为**迭代法**（iterative method）。

定义 3.11 (迭代法收敛)　若解向量序列 $\{\boldsymbol{x}^{(k)}\} = \left\{ (x_1^{(k)}, x_2^{(k)}, \cdots, x_n^{(k)})^{\mathrm{T}} \right\}$ 存在极限

$$\boldsymbol{x}^* = (x_1^*, x_2^*, \cdots, x_n^*)^{\mathrm{T}},$$

则称**迭代法收敛**（convergent），否则称**迭代法发散**（divergent）。

迭代法收敛时，在迭代式

$$\boldsymbol{x}^{(k+1)} = \boldsymbol{B}\boldsymbol{x}^{(k)} + \boldsymbol{f}$$

中，当 $k \to \infty$ 时，$\boldsymbol{x}^{(k)} \to \boldsymbol{x}^*$，则 $\boldsymbol{x}^* = \boldsymbol{B}\boldsymbol{x}^* + \boldsymbol{f}$，故 $\boldsymbol{x}^*$ 是方程组 $\boldsymbol{A}\boldsymbol{x} = \boldsymbol{b}$ 的解。对于给定的方程组可以构造出各种迭代式，但并非全部收敛。

例 3.15 用迭代法求解方程组

$$\begin{cases} 8x_1 - 3x_2 + 2x_3 = 20 \\ 4x_1 + 11x_2 - x_3 = 33 \\ 6x_1 + 3x_3 + 12x_3 = 36 \end{cases}$$

已知准确解 $\boldsymbol{x}^* = (3, 2, 1)^{\mathrm{T}}$。

解 从方程组的三个方程中分别分离出 x_1、x_2 和 x_3，即

$$\begin{cases} x_1 = \dfrac{3}{8}x_2 - \dfrac{1}{4}x_3 + \dfrac{5}{2} \\ x_2 = -\dfrac{4}{11}x_1 + \dfrac{1}{11}x_3 + 3 \\ x_3 = -\dfrac{1}{2}x_1 - \dfrac{1}{4}x_2 + 3 \end{cases}$$

建立迭代式

$$\begin{cases} x_1^{(k+1)} = \dfrac{3}{8}x_2^{(k)} - \dfrac{1}{4}x_3^{(k)} + \dfrac{5}{2} \\ x_2^{(k+1)} = -\dfrac{4}{11}x_1^{(k)} + \dfrac{1}{11}x_3^{(k)} + 3 \\ x_3^{(k+1)} = -\dfrac{1}{2}x_1^{(k)} - \dfrac{1}{4}x_2^{(k)} + 3 \end{cases} \tag{3.29}$$

取初始向量 $\boldsymbol{x}^{(0)} = (x_1^{(0)}, x_2^{(0)}, x_3^{(0)})^{\mathrm{T}} = (0, 0, 0)^{\mathrm{T}}$，利用式 (3.29) 进行计算，当迭代到第 10 次时，

$$\boldsymbol{x}^{(10)} = (3.000\,032, 1.999\,838, 0.999\,881\,3)^{\mathrm{T}},$$

误差

$$\|\boldsymbol{e}^{(10)}\|_\infty = \|\boldsymbol{x}^{(10)} - \boldsymbol{x}^*\|_\infty = 0.000\,187。$$

计算结果表明，此迭代过程收敛于方程组的准确解 $\boldsymbol{x}^*$。

例 3.16 用迭代法求解线性方程组

$$\begin{cases} 2x_1 + x_2 = 3 \\ -2x_1 + 5x_2 = 3 \end{cases}$$

已知准确解 $\boldsymbol{x}^* = (1, 1)^{\mathrm{T}}$。

解　构造方程组的等价方程组

$$\begin{cases} x_1 = -x_1 - x_2 + 3 \\ x_2 = 2x_1 - 4x_2 + 3 \end{cases}$$

据此建立迭代式

$$\begin{cases} x_1^{(k+1)} = -x_1^{(k)} - x_2^{(k)} + 3 \\ x_2^{(k+1)} = 2x_1^{(k)} - 4x_2^{(k)} + 3 \end{cases}$$

取 $x_1^{(0)} = x_2^{(0)} = 0$，迭代计算得

$$\begin{cases} x_1^{(1)} = 3 \\ x_2^{(1)} = 3 \end{cases} \quad \begin{cases} x_1^{(2)} = -3 \\ x_2^{(2)} = -3 \end{cases} \quad \begin{cases} x_1^{(3)} = 9 \\ x_2^{(3)} = 9 \end{cases} \quad \begin{cases} x_1^{(4)} = -15 \\ x_2^{(4)} = -15 \end{cases} \quad \begin{cases} x_1^{(5)} = 33 \\ x_2^{(5)} = 33 \end{cases}$$

迭代近似解离准确解 $x_1 = 1, x_2 = 1$ 越来越远，迭代不收敛。

　　例 3.15 和例 3.16 表明，对于线性方程组 $\boldsymbol{Ax} = \boldsymbol{b}$，将其等价变换成同解方程组 $\boldsymbol{x} = \boldsymbol{Bx} + \boldsymbol{f}$ 的形式，给定初始解向量 $\boldsymbol{x}^{(0)}$，按照迭代式 $\boldsymbol{x}^{(k+1)} = \boldsymbol{Bx}^{(k)} + \boldsymbol{f}$ 进行计算后，得到的解向量序列 $\{\boldsymbol{x}^{(k)}\}$ 不一定逐步逼近原方程组的准确解 $\boldsymbol{x}^*$。事实上，对于同一个线性方程组，即使取相同的初始解向量，由于对变量分离的方式不同，其迭代解序列 $\{\boldsymbol{x}^{(k)}\}$ 的收敛性也会有所不同。下面分析讨论迭代法求解线性方程组需要考虑的两个关键问题：如何建立迭代式？解向量序列的收敛条件是什么？

3.5.2　雅克比迭代法

　　考查 n 阶线性方程组 (3.2)，将其写成分量形式

$$\sum_{j=1}^{n} a_{ij}x_j = b_i, \ i = 1, 2, \cdots, n。$$

若 $a_{ii} \neq 0$，分离出变量 x_i，即

$$x_i = \frac{1}{a_{ii}}\left(b_i - \sum_{\substack{j=1 \\ j \neq i}}^{n} a_{ij}x_j\right), \ i = 1, 2, \cdots, n,$$

据此建立迭代式

$$x_i^{(k+1)} = \frac{1}{a_{ii}}\left(b_i - \sum_{\substack{j=1 \\ j \neq i}}^{n} a_{ij}x_j^{(k)}\right), \ i = 1, 2, \cdots, n, \tag{3.30}$$

称式 (3.30) 为解线性方程组的**雅克比迭代式**（**Jacobi iterative formula**）的分量形式。

　　下面讨论雅克比迭代法的矩阵表示。设方程组 $\boldsymbol{Ax} = \boldsymbol{b}$ 的系数矩阵 $\boldsymbol{A}$ 非奇异，且主对角线元素 $a_{ii} \neq 0, \ i = 1, 2, \cdots, n$，则可将 $\boldsymbol{A}$ 分裂成

$$\begin{pmatrix} 0 & & & & \\ a_{21} & 0 & & & \\ a_{31} & a_{32} & 0 & & \\ \vdots & \vdots & \ddots & \ddots & \\ a_{n1} & a_{n2} & \cdots & a_{n,n-1} & 0 \end{pmatrix} + \begin{pmatrix} a_{11} & & & \\ & a_{22} & & \\ & & \ddots & \\ & & & a_{nn} \end{pmatrix} + \begin{pmatrix} 0 & a_{12} & a_{13} & \cdots & a_{1n} \\ & 0 & a_{23} & \cdots & a_{2n} \\ & & \ddots & \ddots & \vdots \\ & & & 0 & a_{n-1,n} \\ & & & & 0 \end{pmatrix},$$

记作

$$A = L + D + U。$$

则 $Ax = b$ 等价于

$$(L + D + U)x = b,$$

即

$$Dx = -(L + U)x + b。$$

因为 $a_{ii} \neq 0$, $i = 1, 2, \cdots, n$, 则

$$x = -D^{-1}(L + U)x + D^{-1}b,$$

据此建立迭代式

$$\begin{aligned} x^{(k+1)} &= -D^{-1}(L + U)x^{(k)} + D^{-1}b \\ &= -D^{-1}(A - D)x^{(k)} + D^{-1}b \\ &= (I - D^{-1}A)x^{(k)} + D^{-1}b \end{aligned}$$

令 $B = I - D^{-1}A$, $f = D^{-1}b$, 则有

$$x^{(k+1)} = Bx^{(k)} + f, \tag{3.31}$$

称式 (3.31) 为雅克比迭代式的矩阵形式，B 被称为雅克比迭代矩阵（Jacobi iterative matrix）， 其中

$$B = I - D^{-1}A = \begin{pmatrix} 0 & -\dfrac{a_{12}}{a_{11}} & \cdots & -\dfrac{a_{1n}}{a_{11}} \\ -\dfrac{a_{21}}{a_{22}} & 0 & \cdots & -\dfrac{a_{2n}}{a_{22}} \\ \vdots & \vdots & \ddots & \vdots \\ -\dfrac{a_{n1}}{a_{nn}} & -\dfrac{a_{n2}}{a_{nn}} & \cdots & 0 \end{pmatrix}。$$

例 3.17 用雅克比迭代法求解方程组

$$\begin{cases} 8x_1 - 3x_2 + 2x_3 = 20 \\ 4x_1 + 11x_2 - x_3 = 33 \\ 6x_1 + 3x_2 + 12x_3 = 36 \end{cases}$$

解　雅克比迭代矩阵

$$\boldsymbol{B} = \boldsymbol{I} - \boldsymbol{D}^{-1}\boldsymbol{A} = \begin{pmatrix} 0 & \dfrac{3}{8} & -\dfrac{2}{8} \\ -\dfrac{4}{11} & 0 & \dfrac{1}{11} \\ -\dfrac{6}{12} & -\dfrac{3}{12} & 0 \end{pmatrix}, \quad \boldsymbol{f} = \boldsymbol{D}^{-1}\boldsymbol{b} = \begin{pmatrix} \dfrac{5}{2} \\ 3 \\ 3 \end{pmatrix}.$$

因此，迭代式为

$$\begin{cases} x_1^{(k+1)} = \dfrac{3}{8}x_2^{(k)} - \dfrac{1}{4}x_3^{(k)} + \dfrac{5}{2} \\ x_2^{(k+1)} = -\dfrac{4}{11}x_1^{(k)} + \dfrac{1}{11}x_3^{(k)} + 3 \\ x_3^{(k+1)} = -\dfrac{1}{2}x_1^{(k)} - \dfrac{1}{4}x_2^{(k)} + 3 \end{cases}$$

取初始向量 $\boldsymbol{x}^{(0)} = (0,0,0)^{\mathrm{T}}$，当迭代到第 12 次时，

$$\boldsymbol{x}^{(12)} = (2.999\,98, 1.999\,98, 1.000\,02)^{\mathrm{T}}.$$

计算结果表明，此迭代过程收敛于方程组的准确解 $\boldsymbol{x}^* = (3,2,1)^{\mathrm{T}}$。

雅克比迭代矩阵表示法主要用来讨论雅克比迭代法的收敛性。实际计算时常会用雅克比迭代式的分量形式，即

$$\begin{cases} x_1^{(k+1)} = \dfrac{1}{a_{11}}\Big(b_1 - a_{12}x_2^{(k)} - a_{13}x_3^{(k)} - \cdots - a_{1n}x_n^{(k)}\Big) \\ x_2^{(k+1)} = \dfrac{1}{a_{22}}\Big(b_2 - a_{21}x_1^{(k)} - a_{23}x_3^{(k)} - \cdots - a_{2n}x_n^{(k)}\Big) \\ \vdots \qquad\qquad\qquad \vdots \\ x_n^{(k+1)} = \dfrac{1}{a_{nn}}\Big(b_n - a_{n1}x_1^{(k)} - a_{n2}x_2^{(k)} - \cdots - a_{n,n-1}x_{n-1}^{(k)}\Big) \end{cases} \tag{3.32}$$

3.5.3　高斯-塞德尔迭代法

在雅克比迭代法中，第 $k+1$ 次迭代计算时，用的都是第 k 次迭代结果，即在计算 $x_i^{(k+1)}$ 时用到 $x_1^{(k)}, x_2^{(k)}, \cdots, x_n^{(k)}$ 的值，但实际计算 $x_i^{(k+1)}$ 时，$x_1^{(k+1)}, x_2^{(k+1)}, \cdots, x_{i-1}^{(k+1)}$ 都已算出，用它们分别替代 $x_i^{(k+1)}$ 中的 $x_1^{(k)}, x_2^{(k)}, \cdots, x_{i-1}^{(k)}$，结果应该会更好，这就是高斯-塞德尔迭代法（**Gauss-Seidel iterative method**）（简称 **G-S 方法**）的基本思想，

其迭代式的分量形式为

$$x_i^{(k+1)} = \frac{1}{a_{ii}}\Big(b_i - \sum_{j=1}^{i-1} a_{ij}x_j^{(k+1)} - \sum_{j=i+1}^{n} a_{ij}x_j^{(k)}\Big), \ i = 1, 2, \cdots, n, \tag{3.33}$$

例 3.18 用高斯-塞德尔迭代法解例 3.17 中的方程组

$$\begin{cases} 8x_1 - 3x_2 + 2x_3 = 20 \\ 4x_1 + 11x_2 - x_3 = 33 \\ 6x_1 + 3x_2 + 12x_3 = 36 \end{cases}$$

解 方程组的高斯-塞德尔迭代式为

$$\begin{cases} x_1^{(k+1)} = \qquad\qquad \frac{3}{8}x_2^{(k)} - \frac{1}{4}x_3^{(k)} \qquad + \frac{5}{2} \\ x_2^{(k+1)} = -\frac{4}{11}x_1^{(k+1)} \qquad\qquad + \frac{1}{11}x_3^{(k)} \ +3 \\ x_3^{(k+1)} = \ -\frac{1}{2}x_1^{(k+1)} - \ \frac{1}{4}x_2^{(k+1)} \qquad\qquad +3 \end{cases}$$

取初始向量 $\boldsymbol{x}^{(0)} = (0,0,0)^{\mathrm{T}}$，迭代到第 5 次时，

$$\boldsymbol{x}^{(5)} = (2.999\,843, 2.000\,072, 1.000\,061)^{\mathrm{T}},$$

$$\|\boldsymbol{e}^{(5)}\|_\infty = 0.000\,157。$$

比较例 3.17 和例 3.18 可知，在求解例 3.17 的线性方程组时，雅克比迭代法和高斯-塞德尔迭代法两者都收敛，但后者比前者收敛速度快，即达到同样精度所需的迭代次数少，但此结论并不是绝对的，必须在一定条件下才能成立。在某些情况下，高斯-塞德尔迭代法要比雅克比迭代法收敛得慢，甚至有的方程组求解时，雅克比迭代法收敛，但高斯-塞德尔迭代法发散。

例 3.19 方程组

$$\begin{cases} x_1 + 2x_2 - 2x_3 = 1 \\ x_1 + x_2 + x_3 = 1 \\ 2x_1 + 2x_2 + x_3 = 1 \end{cases}$$

解此方程组的雅克比迭代法收敛，但高斯-塞德尔迭代法发散。

下面讨论高斯-塞德尔迭代法的矩阵表示。将系数矩阵 $\boldsymbol{A}$ 分裂成

$$\boldsymbol{A} = \boldsymbol{L} + \boldsymbol{D} + \boldsymbol{U},$$

则 $\boldsymbol{A}\boldsymbol{x} = \boldsymbol{b}$ 等价于

$$(\boldsymbol{L} + \boldsymbol{D} + \boldsymbol{U})\boldsymbol{x} = \boldsymbol{b}。$$

根据高斯-塞德尔迭代法的基本思想，其迭代式可写为

$$Dx^{(k+1)} = -Lx^{(k+1)} - Ux^{(k)} + b。$$

因为 $|D| \neq 0$，所以 $|D + L| = |D| \neq 0$。合并同类项得

$$(D + L)x^{(k+1)} = -Ux^{(k)} + b。$$

两边同时乘以 $(D + L)^{-1}$ 得

$$x^{(k+1)} = -(D + L)^{-1}Ux^{(k)} + (D + L)^{-1}b。$$

令

$$G = -(D + L)^{-1}U, \ f = (D + L)^{-1}b,$$

则高斯-塞德尔迭代式的矩阵形式为

$$x^{(k+1)} = Gx^{(k)} + f, \tag{3.34}$$

称 G 为高斯-塞德尔迭代矩阵（Gauss-Seidel iterative matrix）。

3.5.4 逐次超松弛迭代法

使用迭代法解线性方程组的困难在于其收敛性和收敛速度的问题。有时迭代过程虽然收敛，但由于收敛速度缓慢，其计算量变得很大而失去使用价值。因此，对迭代过程的加速具有重要意义。**逐次超松弛迭代法**（successive over relaxatic iterative method，**SOR 方法**）可以看作带参数的高斯-塞德尔迭代法，本质上是高斯-塞德尔迭代法的一种加速方法，它已广泛应用于求解大型稀疏线性方程组。

逐次超松弛迭代法的目的是提高迭代法的收敛速度，它在高斯-塞德尔迭代式基础上作了一些修改，将前一步结果 $x_i^{(k)}$ 与高斯-塞德尔迭代法的迭代值 $\widetilde{x}_i^{(k+1)}$ 加权平均，期望获得更好的近似值 $x_i^{(k+1)}$。SOR 方法的分量计算公式如下。

（1）用高斯-塞德尔迭代法定义辅助量

$$\widetilde{x}_i^{(k+1)} = \frac{1}{a_{ii}}\left(b_i - \sum_{j=1}^{i-1}a_{ij}x_j^{(k+1)} - \sum_{j=i+1}^{n}a_{ij}x_j^{(k)}\right), \ i = 1, 2, \cdots, n。$$

（2）把 $x_i^{(k+1)}$ 取为 $x_i^{(k)}$ 与 $\widetilde{x}_i^{(k+1)}$ 的加权平均，即

$$x_i^{(k+1)} = (1 - \omega)x_i^{(k)} + \omega\widetilde{x}_i^{(k+1)} = x_i^{(k)} + \omega\left(\widetilde{x}_i^{(k+1)} - x_i^{(k)}\right), \ i = 1, 2, \cdots, n。$$

联合（1）和（2）得 SOR 迭代式的分量形式

$$x_i^{(k+1)} = (1 - \omega)x_i^{(k)} + \frac{\omega}{a_{ii}}\left(b_i - \sum_{j=1}^{i-1}a_{ij}x_j^{(k+1)} - \sum_{j=i+1}^{n}a_{ij}x_j^{(k)}\right), \ i = 1, 2, \cdots, n, \tag{3.35}$$

称式 (3.35) 中系数 ω 为**松弛因子**（relaxation factor）。为了保证迭代过程收敛，要求

$0 < \omega < 2$。显然，当 $\omega = 1$ 时，SOR 方法便退化为高斯-塞德尔迭代法；当 $0 < \omega < 1$ 时，称为**低松弛法**（**low relaxation method**）；当 $1 < \omega < 2$ 时，称为**超松弛法**（**over relaxation method**）。通常以上统称为**超松弛法**。

例 3.20 用 SOR 方法求解线性方程组

$$\begin{cases} 4x_1 - 2x_2 - 4x_3 = 10 \\ -2x_1 + 17x_2 + 10x_3 = 3 \\ -4x_1 + 10x_2 + 9x_3 = -7 \end{cases} \tag{3.36}$$

取 $\omega = 1.46$，要求 $\| \boldsymbol{x}^{(k+1)} - \boldsymbol{x}^{(k)} \|_\infty < 10^{-6}$。

解 由 SOR 迭代式的分量形式 (3.35) 可得，方程组 (3.36) 的 SOR 迭代式为

$$\begin{cases} x_1^{(k+1)} = (1-\omega)x_1^{(k)} + \dfrac{\omega}{4}\Big(10 + 2x_2^{(k)} + 4x_3^{(k)}\Big) \\ x_2^{(k+1)} = (1-\omega)x_2^{(k)} + \dfrac{\omega}{17}\Big(3 + 2x_1^{(k+1)} - 10x_3^{(k)}\Big) \\ x_3^{(k+1)} = (1-\omega)x_3^{(k)} + \dfrac{\omega}{9}\Big(-7 + 4x_1^{(k+1)} - 10x_2^{(k+1)}\Big) \end{cases}$$

取初始向量 $\boldsymbol{x}^{(0)} = (0,0,0)^{\mathrm{T}}$。当 ω 取不同值时，达到相同精度要求的近似解及相应迭代次数如表 3.2 所示。从表 3.2 可以看出，ω 取不同值时，SOR 方法的收敛速度也不同。若选取的 ω 值合适，SOR 方法比高斯-塞德尔迭代法（$\omega = 1$）收敛速度要快。相反，若选取的 ω 值不合适，则收敛速度可能会更慢。因此，在 SOR 方法中，如何选取最佳松弛因子是一个重要课题。实际计算时，通常用几个 ω 值做尝试并观察其对收敛速度的影响，来近似得到最佳 ω 值。本例中 $\omega = 1.46$ 是最佳松弛因子。

表 3.2 当 ω 取不同值时，达到相同精度要求的近似解及相应迭代次数

松弛因子 ω	迭代次数 k	满足精度的近似解
1.46	21	$(1.999\,997\,8, 1.000\,001\,4, -1.000\,003)^{\mathrm{T}}$
1.1	74	$(2.000\,004\,4, 0.999\,996\,9, -0.999\,995)^{\mathrm{T}}$
1	91	$(2.000\,004\,9, 0.999\,996\,6, -0.999\,994)^{\mathrm{T}}$
0.95	99	$(2.000\,006\,2, 0.999\,995\,6, -0.999\,992)^{\mathrm{T}}$
0.6	197	$(2.000\,013\,8, 0.999\,990\,5, -0.999\,983)^{\mathrm{T}}$

下面讨论逐次超松弛迭代法的矩阵表示。设线性方程组 $\boldsymbol{Ax} = \boldsymbol{b}$ 的系数矩阵 $\boldsymbol{A}$ 非奇异，且主对角线元素 $a_{ii} \neq 0, i = 1, 2, \cdots, n$。将 $\boldsymbol{A}$ 分裂成 $\boldsymbol{A} = \boldsymbol{L} + \boldsymbol{D} + \boldsymbol{U}$，则 SOR 迭代式的分量形式 (3.35) 用矩阵表示为

$$\boldsymbol{Dx}^{(k+1)} = (1-\omega)\boldsymbol{Dx}^{(k)} + \omega\big(\boldsymbol{b} - \boldsymbol{Lx}^{(k+1)} - \boldsymbol{Ux}^{(k)}\big)。$$

故

$$(\boldsymbol{D} + \omega\boldsymbol{L})\boldsymbol{x}^{(k+1)} = \Big((1-\omega)\boldsymbol{D} - \omega\boldsymbol{U}\Big)\boldsymbol{x}^{(k)} + \omega\boldsymbol{b}。$$

显然对任意 ω 值，$\boldsymbol{D}+\omega\boldsymbol{L}$ 非奇异（因为 $a_{ii}\neq 0,\ i=1,2,\cdots,n$）。于是 SOR 迭代式的矩阵形式为

$$\boldsymbol{x}^{(k+1)}=(\boldsymbol{D}+\omega\boldsymbol{L})^{-1}\Big((1-\omega)\boldsymbol{D}-\omega\boldsymbol{U}\Big)\boldsymbol{x}^{(k)}+\omega(\boldsymbol{D}+\omega\boldsymbol{L})^{-1}\boldsymbol{b}。$$

令

$$\boldsymbol{L}_\omega=(\boldsymbol{D}+\omega\boldsymbol{L})^{-1}\Big((1-\omega)\boldsymbol{D}-\omega\boldsymbol{U}\Big),$$

$$\boldsymbol{f}_\omega=\omega(\boldsymbol{D}+\omega\boldsymbol{L})^{-1}\boldsymbol{b},$$

则 SOR 迭代式可简化为

$$\boldsymbol{x}^{(k+1)}=\boldsymbol{L}_\omega\boldsymbol{x}^{(k)}+\boldsymbol{f}_\omega, \tag{3.37}$$

称矩阵 $\boldsymbol{L}_\omega$ 为 **SOR 方法的迭代矩阵**。

3.5.5　迭代法的收敛性

对于给定的线性方程组，可以构造出雅克比迭代式、高斯-塞德尔迭代式和 SOR 迭代式，但不一定每个公式都收敛。下面分析它们的收敛性。

定义 3.12 (矩阵序列收敛)　设矩阵序列 $\{\boldsymbol{A}_k\}=\Big\{\big(a_{ij}^{(k)}\big)_{n\times n},\ k=1,2,\cdots\Big\}$ 和 $\boldsymbol{A}=(a_{ij})_{n\times n}$。若

$$\lim_{k\to\infty}a_{ij}^{(k)}=a_{ij},\quad i,j=1,2,\cdots,n$$

成立，则称矩阵序列 $\{\boldsymbol{A}_k\}$ **收敛 (matrix sequence convergence)** 于 $\boldsymbol{A}$，记作 $\lim\limits_{k\to\infty}\boldsymbol{A}_k=\boldsymbol{A}$。

由定义 3.12 可以看出，矩阵序列收敛可以归结为对应分量或对应元素序列的收敛。

例 3.21

$$\boldsymbol{A}=\begin{bmatrix}\lambda & 1\\ 0 & \lambda\end{bmatrix},\ \boldsymbol{A}^2=\begin{bmatrix}\lambda^2 & 2\lambda\\ 0 & \lambda^2\end{bmatrix},\cdots,\ \boldsymbol{A}^k=\begin{bmatrix}\lambda^k & k\lambda^{k-1}\\ 0 & \lambda^k\end{bmatrix},\cdots$$

当 $|\lambda|<1$ 时，

$$\boldsymbol{A}^k=\begin{bmatrix}\lambda^k & k\lambda^{k-1}\\ 0 & \lambda^k\end{bmatrix}\to\begin{bmatrix}0 & 0\\ 0 & 0\end{bmatrix}\ (k\to\infty)。$$

对于方程组

$$\boldsymbol{A}\boldsymbol{x}=\boldsymbol{b},$$

经过等价变换构造出同解方程组的迭代式

$$\boldsymbol{x}^{(k+1)} = \boldsymbol{B}\boldsymbol{x}^{(k)} + \boldsymbol{f}_\circ \tag{3.38}$$

给定初始向量 $\boldsymbol{x}^{(0)}$，按照式 (3.38) 进行迭代可得解向量序列 $\{\boldsymbol{x}^{(k)}\}$。下面我们讨论解向量序列 $\{\boldsymbol{x}^{(k)}\}$ 的收敛性，也就是研究迭代矩阵 $\boldsymbol{B}$ 在什么条件下误差向量 $\boldsymbol{e}^{(k)}$ 趋于零向量，即

$$\boldsymbol{e}^{(k)} = \boldsymbol{x}^{(k)} - \boldsymbol{x}^* = \boldsymbol{B}^k \boldsymbol{e}^{(0)} \to \boldsymbol{0} \ (k \to \infty)_\circ$$

定理 3.9 $\lim\limits_{k\to\infty} \boldsymbol{A}_k = \boldsymbol{A}$ 的充要条件是 $\|\boldsymbol{A}_k - \boldsymbol{A}\| \to 0 \ (k \to \infty)$。

证明留给读者自己思考。

定理 3.10 设矩阵 $\boldsymbol{B} = (b_{ij})_{n\times n}$，则 $\boldsymbol{B}^k \to \boldsymbol{O}$（零矩阵）$(k \to \infty)$ 的充要条件是 $\rho(\boldsymbol{B}) < 1$。

详细证明见文献 [3]。

定理 3.11 (迭代法基本定理) 设方程组 $\boldsymbol{x} = \boldsymbol{B}\boldsymbol{x} + \boldsymbol{f}$，对于任意初始向量 $\boldsymbol{x}^{(0)}$ 及任意 $\boldsymbol{f}$，解此方程组的迭代式 $\boldsymbol{x}^{(k+1)} = \boldsymbol{B}\boldsymbol{x}^{(k)} + \boldsymbol{f}$ 收敛的充要条件是迭代矩阵 $\boldsymbol{B}$ 的谱半径 $\rho(\boldsymbol{B}) < 1$。

证明 （1）（**必要性** "⇒"）

设迭代式收敛，即当 $k \to \infty$ 时，$\boldsymbol{x}^{(k)} \to \boldsymbol{x}^*$，则在迭代式两端同时取极限得

$$\boldsymbol{x}^* = \boldsymbol{B}\boldsymbol{x}^* + \boldsymbol{f}_\circ$$

记 $\boldsymbol{e}^{(k)} = \boldsymbol{x}^{(k)} - \boldsymbol{x}^*$，则 $\boldsymbol{e}^{(k)}$ 收敛于 $\boldsymbol{0}$（零向量），且有

$$\boldsymbol{e}^{(k)} = \boldsymbol{x}^{(k)} - \boldsymbol{x}^* = \boldsymbol{B}\boldsymbol{x}^{(k-1)} + \boldsymbol{f} - (\boldsymbol{B}\boldsymbol{x}^* + \boldsymbol{f}) = \boldsymbol{B}(\boldsymbol{x}^{(k-1)} - \boldsymbol{x}^*) = \boldsymbol{B}\boldsymbol{e}^{(k-1)}_\circ$$

于是

$$\boldsymbol{e}^{(k)} = \boldsymbol{B}\boldsymbol{e}^{(k-1)} = \boldsymbol{B}^2\boldsymbol{e}^{(k-2)} = \cdots = \boldsymbol{B}^k\boldsymbol{e}^{(0)}_\circ$$

由于 $\boldsymbol{e}^{(0)}$ 可以是任意向量，故 $\boldsymbol{e}^{(k)}$ 收敛于 $\boldsymbol{0}$（零向量）当且仅当 $\boldsymbol{B}^k$ 收敛于 $\boldsymbol{O}$（零矩阵）。由定理 3.10 知，$\rho(\boldsymbol{B}) < 1$。

（2）（**充分性** "⇐"）

设 $\rho(\boldsymbol{B}) < 1$，易证 $\boldsymbol{A}\boldsymbol{x} = \boldsymbol{f}$（$\boldsymbol{A} = \boldsymbol{I} - \boldsymbol{B}$）有唯一解 $\boldsymbol{x}^*$，即 $\boldsymbol{x}^* = \boldsymbol{B}\boldsymbol{x}^* + \boldsymbol{f}$，则误差向量

$$\boldsymbol{e}^{(k)} = \boldsymbol{x}^{(k)} - \boldsymbol{x}^* = \boldsymbol{B}^k\boldsymbol{e}^{(0)}, \ \boldsymbol{e}^{(0)} = \boldsymbol{x}^{(0)} - \boldsymbol{x}^*_\circ$$

又 $\rho(\boldsymbol{B}) < 1$，根据定理 3.10 得，$\boldsymbol{B}^k \to \boldsymbol{O} \ (k \to \infty)$。故对任意初始向量 $\boldsymbol{x}^{(0)}$ 及任意 $\boldsymbol{f}$ 有，$\boldsymbol{e}^{(k)} \to \boldsymbol{0} \ (k \to \infty)$，即当 $k \to \infty$ 时，$\boldsymbol{x}^{(k)} \to \boldsymbol{x}^*$，即迭代法收敛。∎

由定理 3.11 可知，无论是雅克比迭代法、高斯-塞德尔迭代法，还是逐次超松弛迭代法，它们收敛的充要条件是其迭代矩阵 $\boldsymbol{B}$ 的谱半径 $\rho(\boldsymbol{B}) < 1$。迭代法收敛与否只取

决于迭代矩阵的谱半径，与初始向量及右端项无关。对于同一个方程组，不同的迭代法会有不同的迭代矩阵，因此在三种迭代法中，可能会出现有的方法收敛，有的方法发散的情况。

例 3.22　考查分别用雅克比迭代法和高斯-塞德尔迭代法解线性方程组 $\boldsymbol{Ax} = \boldsymbol{b}$ 的收敛性，其中

$$\boldsymbol{A} = \begin{pmatrix} 1 & 2 & -2 \\ 1 & 1 & 1 \\ 2 & 2 & 1 \end{pmatrix}, \boldsymbol{b} = \begin{pmatrix} 1 \\ 1 \\ 1 \end{pmatrix}。$$

解　（1）雅克比迭代矩阵

$$\boldsymbol{B} = \boldsymbol{I} - \boldsymbol{D}^{-1}\boldsymbol{A} = \begin{pmatrix} 0 & -\dfrac{a_{12}}{a_{11}} & -\dfrac{a_{13}}{a_{11}} \\ -\dfrac{a_{21}}{a_{22}} & 0 & -\dfrac{a_{23}}{a_{22}} \\ -\dfrac{a_{31}}{a_{33}} & -\dfrac{a_{32}}{a_{33}} & 0 \end{pmatrix} = \begin{pmatrix} 0 & -2 & 2 \\ -1 & 0 & -1 \\ -2 & -2 & 0 \end{pmatrix}。$$

求其特征值

$$|\lambda\boldsymbol{I} - \boldsymbol{B}| = \begin{vmatrix} \lambda & 2 & -2 \\ 1 & \lambda & 1 \\ 2 & 2 & \lambda \end{vmatrix} = \lambda^3 = 0,$$

解得 $\lambda_1 = \lambda_2 = \lambda_3 = 0$，因此

$$\rho(\boldsymbol{B}) = 0 < 1。$$

由定理 3.11 知，用雅克比迭代法求解时，迭代过程收敛。

（2）高斯-塞德尔迭代矩阵

$$\boldsymbol{G} = -(\boldsymbol{D} + \boldsymbol{L})^{-1}\boldsymbol{U} = \begin{pmatrix} 0 & -2 & 2 \\ 0 & 2 & -3 \\ 0 & 0 & 2 \end{pmatrix}。$$

求其特征值

$$|\lambda\boldsymbol{I} - \boldsymbol{G}| = \begin{vmatrix} \lambda & 2 & -2 \\ 0 & \lambda - 2 & 3 \\ 0 & 0 & \lambda - 2 \end{vmatrix} = \lambda(\lambda - 2)^2 = 0,$$

解得 $\lambda_1 = 0$, $\lambda_2 = 2$, $\lambda_3 = 2$，因此 $\rho(\boldsymbol{G}) = 2 > 1$。由定理 3.11 知，用高斯-塞德尔迭代法求解时，迭代过程发散。

例 3.23　设 $a_{11}a_{22} \neq 0$，试证：求解方程组

$$\begin{cases} a_{11}x_1 + a_{12}x_2 = b_1 \\ a_{21}x_1 + a_{22}x_2 = b_2 \end{cases}$$

的雅克比迭代法与高斯-塞德尔迭代法同时收敛或发散。

证明　雅克比迭代矩阵

$$\boldsymbol{B} = \boldsymbol{I} - \boldsymbol{D}^{-1}\boldsymbol{A} = \begin{pmatrix} 0 & -\dfrac{a_{12}}{a_{11}} \\ -\dfrac{a_{21}}{a_{22}} & 0 \end{pmatrix},$$

其谱半径 $\rho(\boldsymbol{B}) = \sqrt{\dfrac{|a_{12}a_{21}|}{|a_{11}a_{22}|}}$。

高斯-塞德尔迭代矩阵

$$\boldsymbol{G} = -(\boldsymbol{D}+\boldsymbol{L})^{-1}\boldsymbol{U} = \begin{pmatrix} 0 & -\dfrac{a_{12}}{a_{11}} \\ 0 & \dfrac{a_{12}a_{21}}{a_{11}a_{22}} \end{pmatrix},$$

其谱半径 $\rho(\boldsymbol{G}) = \dfrac{|a_{12}a_{21}|}{|a_{11}a_{22}|}$。

显然，$\rho(\boldsymbol{B})$ 和 $\rho(\boldsymbol{G})$ 同时小于、等于或大于 1，因而雅克比迭代法与高斯-塞德尔迭代法具有相同的收敛性。■

对于高斯-塞德尔迭代法和逐次超松弛迭代法，迭代矩阵的计算量很大（与用高斯消去法解线性方程组差不多），因此不能直接考查迭代矩阵来判断它们的收敛性。下面给出的定理 3.12，通过考查雅克比迭代矩阵的特点来判定高斯-塞德尔迭代法的收敛性。

定理 3.12　设 $\boldsymbol{B}$ 是雅克比迭代法的迭代矩阵，若 $\|\boldsymbol{B}\|_\infty < 1$ 或 $\|\boldsymbol{B}\|_1 < 1$，则高斯-塞德尔迭代法收敛。

证明略。

要研究迭代法的收敛性，只要判断其迭代矩阵的谱半径与 1 的关系即可。但是，实际工程问题中方程组阶 n 都很大，计算迭代矩阵的特征值比较困难，定理条件很难验证。前面已知矩阵 $\boldsymbol{B}$ 的谱半径 $\rho(\boldsymbol{B})$ 和矩阵范数 $\|\boldsymbol{B}\|_v$ 有关系 $\rho(\boldsymbol{B}) \leqslant \|\boldsymbol{B}\|_v$，将矩阵范数作为 $\rho(\boldsymbol{B})$ 上界的估计，通过矩阵元素直接有关的条件来判别迭代法的收敛性，即得下面的定理。

定理 3.13 (迭代法收敛的充分条件)

若迭代矩阵 $\boldsymbol{B}$ 的某一种范数 $\|\boldsymbol{B}\|_v = q < 1$，则迭代式

$$\boldsymbol{x}^{(k+1)} = \boldsymbol{B}\boldsymbol{x}^{(k)} + \boldsymbol{f}$$

收敛。

证明　由定理 3.8 知，矩阵的谱半径不超过矩阵的任一种范数。已知 $\|\boldsymbol{B}\|_v < 1$，因此 $\rho(\boldsymbol{B}) \leqslant \|\boldsymbol{B}\|_v < 1$。根据定理 3.11 可知，迭代式收敛。∎

例 3.24　已知线性方程组

$$\begin{cases} 8x_1 - 3x_2 + 2x_3 = 20 \\ 4x_1 + 11x_2 - x_3 = 33 \\ 6x_1 + 3x_2 + 12x_3 = 36 \end{cases}$$

考查分别用雅克比迭代法和高斯-塞德尔迭代法求解时的收敛性。

解　（1）雅克比迭代矩阵

$$\boldsymbol{B} = \boldsymbol{I} - \boldsymbol{D}^{-1}\boldsymbol{A} = \begin{pmatrix} 0 & -\dfrac{a_{12}}{a_{11}} & -\dfrac{a_{13}}{a_{11}} \\ -\dfrac{a_{21}}{a_{22}} & 0 & -\dfrac{a_{23}}{a_{22}} \\ -\dfrac{a_{31}}{a_{33}} & -\dfrac{a_{32}}{a_{33}} & 0 \end{pmatrix} = \begin{pmatrix} 0 & \dfrac{3}{8} & -\dfrac{2}{8} \\ -\dfrac{4}{11} & 0 & \dfrac{1}{11} \\ -\dfrac{6}{12} & -\dfrac{3}{12} & 0 \end{pmatrix},$$

$$\|\boldsymbol{B}\|_\infty = \max\left\{\dfrac{5}{8}, \dfrac{5}{11}, \dfrac{9}{12}\right\} = \dfrac{3}{4} < 1,$$

由定理 3.13 知，雅克比迭代法收敛。

（2）将系数矩阵分解为

$$\boldsymbol{A} = \boldsymbol{L} + \boldsymbol{D} + \boldsymbol{U} = \begin{pmatrix} 0 & & \\ 4 & 0 & \\ 6 & 3 & 0 \end{pmatrix} + \begin{pmatrix} 8 & & \\ & 11 & \\ & & 12 \end{pmatrix} + \begin{pmatrix} 0 & -3 & 2 \\ & 0 & -1 \\ & & 0 \end{pmatrix},$$

则高斯-塞德尔迭代矩阵

$$\boldsymbol{G} = -(\boldsymbol{D} + \boldsymbol{L})^{-1}\boldsymbol{U} = \begin{pmatrix} 8 & & \\ 4 & 11 & \\ 6 & 3 & 12 \end{pmatrix}^{-1} \begin{pmatrix} 0 & 3 & -2 \\ & 0 & 1 \\ & & 0 \end{pmatrix}$$

$$= \begin{pmatrix} \dfrac{1}{8} & 0 & 0 \\ -\dfrac{1}{22} & \dfrac{1}{11} & 0 \\ -\dfrac{9}{176} & -\dfrac{1}{44} & \dfrac{1}{12} \end{pmatrix} \begin{pmatrix} 0 & 3 & -2 \\ & 0 & 1 \\ & & 0 \end{pmatrix} = \begin{pmatrix} 0 & \dfrac{3}{8} & -\dfrac{2}{8} \\ 0 & -\dfrac{3}{22} & \dfrac{2}{11} \\ 0 & -\dfrac{27}{176} & -\dfrac{7}{88} \end{pmatrix},$$

$$\|\boldsymbol{G}\|_\infty = \max\left\{\dfrac{5}{8}, \dfrac{7}{22}, \dfrac{41}{176}\right\} = \dfrac{5}{8} < 1,$$

由定理 3.13 知，高斯-塞德尔迭代法收敛。

在实际应用中，常遇到一些线性方程组，其系数矩阵具有某些特殊的性质，如对角元素占优、对称正定等，充分利用这些性质会使判定迭代法收敛性的问题变得简单。

定义 3.13 (对角占优阵) 设 $\boldsymbol{A} = (a_{ij})_{n \times n} \in \mathbf{R}^{n \times n}$。若矩阵 $\boldsymbol{A}$ 满足不等式

$$|a_{ii}| > \sum_{\substack{j=1 \\ j \neq i}}^{n} |a_{ij}|, \ i = 1, 2, \cdots, n,$$

则称 $\boldsymbol{A}$ 为**严格对角占优阵**（strictly diagonally dominant matrix）。若矩阵 $\boldsymbol{A}$ 满足不等式

$$|a_{ii}| \geqslant \sum_{\substack{j=1 \\ j \neq i}}^{n} |a_{ij}|, \ i = 1, 2, \cdots, n,$$

且至少有一个不等式严格成立，则称 $\boldsymbol{A}$ 为**弱对角占优阵**（weakly diagonally dominant matrix）。

系数矩阵为对角占优阵的线性方程组称为**对角占优方程组**（diagonally dominant equation system）。

例 3.25 矩阵 $\boldsymbol{A} = \begin{pmatrix} 10 & -1 & -2 \\ -1 & 10 & -2 \\ -1 & -1 & 5 \end{pmatrix}$ 是严格对角占优阵。

矩阵 $\boldsymbol{B} = \begin{pmatrix} 2 & -1 & 0 \\ -1 & 2 & -1 \\ -1 & -1 & 2 \end{pmatrix}$ 是弱对角占优阵。

定理 3.14 设矩阵 $\boldsymbol{A} = (a_{ij})_{n \times n} \in \mathbf{R}^{n \times n}$ 为严格对角占优阵，则 $\boldsymbol{A}$ 是非奇异矩阵。

证明 （反证法）

假设矩阵 $\boldsymbol{A} = (a_{ij})_{n \times n}$ 是严格对角占优阵且为奇异矩阵，则 $\det(\boldsymbol{A}) = 0$。这样齐次线性方程组 $\boldsymbol{A}\boldsymbol{x} = \boldsymbol{0}$ 有非零解，设 $\boldsymbol{x} = (x_1, x_2, \cdots, x_n)^{\mathrm{T}} \neq \boldsymbol{0}$，则 $|x_k| = \max\limits_{1 \leqslant i \leqslant n} \{|x_i|\} \neq 0$。由 $\boldsymbol{A}\boldsymbol{x} = \boldsymbol{0}$ 得

$$\sum_{j=1}^{n} a_{kj} x_j = 0,$$

移项得

$$a_{kk} x_k = -\sum_{\substack{j=1 \\ j \neq k}}^{n} a_{kj} x_j,$$

等式两边取绝对值得

$$|a_{kk}|\,|x_k| = \left|\sum_{\substack{j=1 \\ j \neq k}}^{n} a_{kj}x_j\right| \leqslant \sum_{\substack{j=1 \\ j \neq k}}^{n} |a_{kj}|\,|x_j|,$$

所以

$$|a_{kk}| \leqslant \sum_{\substack{j=1 \\ j \neq k}}^{n} |a_{kj}| \frac{|x_j|}{|x_k|} \leqslant \sum_{\substack{j=1 \\ j \neq k}}^{n} |a_{kj}|,$$

与 $\boldsymbol{A}$ 是严格对角占优阵矛盾，因此，$\boldsymbol{A}$ 是非奇异矩阵。 ■

定理 3.15 设 $\boldsymbol{A} \in \mathbf{R}^{n \times n}$ 为严格对角占优阵，则对任意初始向量 $\boldsymbol{x}^{(0)}$，解 $\boldsymbol{Ax} = \boldsymbol{b}$ 的雅克比迭代式和高斯-塞德尔迭代式均收敛。

证明 （1）雅克比迭代矩阵

$$\boldsymbol{B} = \boldsymbol{I} - \boldsymbol{D}^{-1}\boldsymbol{A} = \begin{pmatrix} 0 & -\dfrac{a_{12}}{a_{11}} & \cdots & -\dfrac{a_{1n}}{a_{11}} \\ -\dfrac{a_{21}}{a_{22}} & 0 & \cdots & -\dfrac{a_{2n}}{a_{22}} \\ \vdots & \vdots & \ddots & \vdots \\ -\dfrac{a_{n1}}{a_{nn}} & -\dfrac{a_{n2}}{a_{nn}} & \cdots & 0 \end{pmatrix}。$$

由矩阵 $\boldsymbol{A}$ 是严格对角占优阵得

$$\|\boldsymbol{I} - \boldsymbol{D}^{-1}\boldsymbol{A}\|_{\infty} = \max_{1 \leqslant i \leqslant n} \sum_{\substack{j=1 \\ j \neq i}}^{n} \frac{|a_{ij}|}{|a_{ii}|} = \max_{1 \leqslant i \leqslant n} \left\{ \frac{1}{|a_{ii}|} \sum_{\substack{j=1 \\ j \neq i}}^{n} |a_{ij}| \right\} < 1,$$

即 $\|\boldsymbol{B}\|_{\infty} < 1$。由定理 3.13 知，雅克比迭代式收敛。

（2）考查高斯-塞德尔迭代矩阵

$$\boldsymbol{G} = -(\boldsymbol{D} + \boldsymbol{L})^{-1}\boldsymbol{U}，\text{其中}\boldsymbol{A} = \boldsymbol{D} + \boldsymbol{L} + \boldsymbol{U}。$$

矩阵 $\boldsymbol{G}$ 的特征值 λ 满足特征方程

$$\det(\lambda\boldsymbol{I} - \boldsymbol{G}) = \det\left(\lambda\boldsymbol{I} + (\boldsymbol{D} + \boldsymbol{L})^{-1}\boldsymbol{U}\right)$$

$$= \det\left((\boldsymbol{D} + \boldsymbol{L})^{-1}\right)\det\left(\lambda(\boldsymbol{D} + \boldsymbol{L}) + \boldsymbol{U}\right)$$

$$= 0。$$

由矩阵 $\boldsymbol{A}$ 是严格对角占优阵知，$a_{ii} \neq 0, i = 1, 2, \cdots, n$，则

$$\det\left((\boldsymbol{D} + \boldsymbol{L})^{-1}\right) = \frac{1}{\det(\boldsymbol{D} + \boldsymbol{L})} \neq 0,$$

所以，特征值 λ 是方程 $\det\big(\lambda(\boldsymbol{D}+\boldsymbol{L})+\boldsymbol{U}\big)=0$ 的根。

设 $\boldsymbol{C}=\lambda(\boldsymbol{D}+\boldsymbol{L})+\boldsymbol{U}$，即

$$\boldsymbol{C}=\begin{pmatrix} \lambda a_{11} & a_{12} & a_{13} & \cdots & a_{1n} \\ \lambda a_{21} & \lambda a_{22} & a_{23} & \cdots & a_{2n} \\ \vdots & \vdots & \vdots & \ddots & \vdots \\ \lambda a_{n1} & \lambda a_{n2} & \lambda a_{n3} & \cdots & \lambda a_{nn} \end{pmatrix}。$$

则对任意特征值 λ，都有 $\det(\boldsymbol{C})=0$。

下面利用反证法来证高斯-塞德尔迭代式收敛。假设高斯-塞德尔迭代式不收敛，由迭代法基本定理 3.11 知，至少存在矩阵 $\boldsymbol{G}$ 的一个特征值 λ，有 $|\lambda| \geqslant 1$。考察这个 λ 值对应的矩阵 $\boldsymbol{C}$ 中的元素。由于矩阵 $\boldsymbol{A}$ 是严格对角占优阵，所以

$$|\lambda a_{ii}| > |\lambda| \sum_{\substack{j=1 \\ j\neq i}}^{n} |a_{ij}|$$

$$= |\lambda| \left(\sum_{j=1}^{i-1} |a_{ij}| + \sum_{j=i+1}^{n} |a_{ij}| \right)$$

$$\geqslant |\lambda| \sum_{j=1}^{i-1} |a_{ij}| + \sum_{j=i+1}^{n} |a_{ij}|, i=1,2,\cdots,n。$$

上式表明矩阵 $\boldsymbol{C}$ 也是一个严格对角占优阵。由定理 3.14 知，矩阵 $\boldsymbol{C}$ 是非奇异矩阵，即 $\det(\boldsymbol{C}) \neq 0$，矛盾，假设错误，即高斯-塞德尔迭代式收敛。　∎

例 3.26　用严格对角占优迭代法求解下列方程组

$$\begin{cases} -3x_1 + 7x_2 - x_3 = 1 \\ 2x_1 - 5x_2 - 9x_3 = -5 \\ 7x_1 + x_2 + x_3 = 9 \end{cases}$$

解　先重排方程组的顺序，使得

$$|a_{ii}| > \sum_{\substack{j=1 \\ j\neq i}}^{n} |a_{ij}|,$$

重排后得到等价的同解方程组

$$\begin{cases} 7x_1 + x_2 + x_3 = 9 \\ -3x_1 + 7x_2 - x_3 = 1 \\ 2x_1 - 5x_2 - 9x_3 = -5 \end{cases}$$

分离出变量有

$$\begin{cases} x_1 = \dfrac{1}{7}(9 - x_2 - x_3) \\ x_2 = \dfrac{1}{7}(1 + 3x_1 + x_3) \\ x_3 = -\dfrac{1}{9}(-5 - 2x_1 + 5x_2) \end{cases}$$

取初始向量 $\boldsymbol{x}^{(0)} = (x_1^{(0)}, x_2^{(0)}, x_3^{(0)})^{\mathrm{T}} = (0,0,0)^{\mathrm{T}}$，雅克比迭代法和高斯-塞德尔迭代法的计算结果分别如表 3.3 和表 3.4 所示。

表 3.3 雅克比迭代法的计算结果

迭代次数 k	$x_1^{(k)}$	$x_2^{(k)}$	$x_3^{(k)}$	迭代次数 k	$x_1^{(k)}$	$x_2^{(k)}$	$x_3^{(k)}$
1	1.285 7	0.142 86	0.555 56	8	1.127 5	0.684 92	0.423 64
2	1.185 9	0.773 24	0.761 90	9	1.127 3	0.686 59	0.425 60
3	1.066 4	0.759 96	0.389 52	10	1.126 8	0.686 81	0.424 64
4	1.121 5	0.655 53	0.370 33	11	1.126 9	0.686 45	0.424 40
5	1.139 2	0.676 41	0.440 59	12	1.127 0	0.686 46	0.424 63
6	1.126 1	0.694 01	0.432 92	13	1.127 0	0.686 53	0.424 64
7	1.124 7	0.687 34	0.420 25	14	1.127 0	0.686 51	0.424 59

表 3.4 高斯-塞德尔迭代法的计算结果

迭代次数 k	$x_1^{(k)}$	$x_2^{(k)}$	$x_3^{(k)}$	迭代次数 k	$x_1^{(k)}$	$x_2^{(k)}$	$x_3^{(k)}$
1	1.285 7	0.693 88	0.455 78	4	1.127 0	0.686 54	0.424 59
2	1.121 5	0.688 60	0.422 22	5	1.127 0	0.686 50	0.424 60
3	1.127 0	0.686 18	0.424 79	6	1.127 0	0.686 51	0.424 60

习题三

1. 用高斯消去法解方程组

$$\begin{cases} x_1 + 2x_2 + x_3 = 0 \\ 2x_1 + 2x_2 - 3x_3 = 3 \\ -x_1 - 3x_2 + 0x_3 = 2 \end{cases}$$

2. 用高斯消去法解方程组

$$\begin{pmatrix} 6 & 2 & 1 & -1 \\ 2 & 4 & 1 & 0 \\ 1 & 1 & 4 & -1 \\ -1 & 0 & -1 & 3 \end{pmatrix} \begin{pmatrix} x_1 \\ x_2 \\ x_3 \\ x_4 \end{pmatrix} = \begin{pmatrix} 6 \\ 1 \\ 5 \\ -5 \end{pmatrix}$$

3. 用列主元消去法解方程组

$$\begin{pmatrix} -3 & 2 & 6 \\ 10 & -7 & 0 \\ 5 & -1 & 5 \end{pmatrix} \begin{pmatrix} x_1 \\ x_2 \\ x_3 \end{pmatrix} = \begin{pmatrix} 4 \\ 7 \\ 6 \end{pmatrix}$$

4. 用列主元消去法解方程组

$$\begin{cases} 12x_1 - 3x_2 + 3x_3 = 15 \\ -18x_1 + 3x_2 - x_3 = -15 \\ x_1 + x_2 + x_3 = 6 \end{cases}$$

5. 分别用雅克比迭代法和高斯-塞德尔迭代法解方程组

$$\begin{cases} 8x_1 - 3x_2 + 2x_3 = 20 \\ 4x_1 + 11x_2 - x_3 = 33 \\ 6x_1 + 3x_2 + 12x_3 = 36 \end{cases}$$

要求取 $\boldsymbol{x}^{(0)} = (0,0,0)^{\mathrm{T}}$，计算 $\boldsymbol{x}^{(5)}$ 并分别与准确解 $\boldsymbol{x}^* = (3,2,1)^{\mathrm{T}}$ 作比较。

6. 用 SOR 方法解方程组

$$\begin{cases} 5x_1 + 2x_2 + x_3 = -12 \\ -x_1 + 4x_2 + 2x_3 = 20 \\ 2x_1 - 3x_2 + 10x_3 = 3 \end{cases}$$

取 $\omega = 0.9$，要求当 $\|\boldsymbol{x}^{(k+1)} - \boldsymbol{x}^{(k)}\|_\infty < 10^{-4}$ 时迭代终止。

第4章 插值与拟合

4.1 引言

实际问题中常用函数 $y = f(x)$ 表示两个变量 x、y 间的内在数量关系，这种函数有时表达式本身比较复杂，且需要多次重复计算，这时计算量会很大；有时函数并没有表达式，只是一种通过实验或观测得到的数据表格函数。例如，假定已经测得某处海洋不同深度的水温，如表 4.1 所示。根据这些数据，希望合理地估计出其他深度（如 500m、600m、1000m）处的水温。

表 4.1 某处海洋不同深度的水温数据

深度/m	466	741	950	1422	1634
水温/°C	7.04	4.28	3.40	2.54	2.13

解决这个问题的基本思路就是寻找一个表达简单且计算方便的函数来近似代替原函数，然后利用近似函数估算其他节点处的函数值，这就是函数数值逼近问题。插值和拟合是函数逼近的两个重要方法。

4.2 代数插值

设函数 $y = f(x)$ 非常复杂或表达式未知。在区间 $[a,b]$ 上的一系列节点 x_0, $x_1, \cdots, x_n$ 处测得函数值 $y_0 = f(x_0), y_1 = f(x_1), \cdots, y_n = f(x_n)$。由此构造一个简单易算的近似函数 $g(x) \approx f(x)$，且满足条件

$$g(x_j) = y_j, \quad j = 0, 1, \cdots, n_。 \tag{4.1}$$

这个问题称为**插值问题**（interpolation problem）。其中，$g(x)$ 称为 $f(x)$ 的**插值函数**（interpolation function），$f(x)$ 称为**被插值函数**（interpolated function），节点 $x_0, x_1, \cdots, x_n$ 称为**插值节点**（interpolation knot），条件 (4.1) 称为**插值条件**（interpolation condition），区间 $[a,b]$ 称为**插值区间**（interpolation interval），$R(x) = f(x) - g(x)$ 称为**截断误差**（truncation error）或者**插值余项**（interpolation remainder），求插值函数 $g(x)$ 的方法称为**插值法**（interpolation method）。

插值函数的类型有很多，最常用的插值函数是代数多项式。用代数多项式作为插值函数的插值方法称为**代数插值**（algebraic interpolation）或**多项式插值**（polynomial interpolation），即选取次数不超过 n 的多项式

$$P_n(x) = a_0 + a_1 x + a_2 x^2 + \cdots + a_n x^n, \ a_i \in \mathbf{R}, \ i = 0, 1, \cdots, n,$$

使得

$$P_n(x_j) = y_j, \ j = 0, 1, \cdots, n_。 \tag{4.2}$$

若 $P_n(x)$ 为分段多项式，则称此插值方法为**分段插值（piecewise interpolation）**。

从几何图形上看，多项式插值就是求 n 次多项式曲线 $y = P_n(x)$，使其通过给定的 $n+1$ 个互异节点 (x_j, y_j)，$j = 0, 1, \cdots, n$，并用它来近似表示已知曲线 $y = f(x)$，如图 4.1 所示。

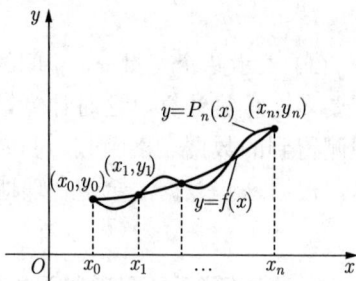

图 4.1 多项式插值的几何意义

对于 n 次多项式插值问题，我们不禁要问，满足插值条件 (4.2) 的 n 次多项式 $P_n(x)$ 是否存在？若存在，是否唯一？下面讨论这个问题。

设构造的插值多项式为

$$P_n(x) = a_0 + a_1 x + \cdots + a_n x^n, \ a_i \in \mathbf{R}, \ i = 0, 1, \cdots, n。$$

由插值条件 (4.2) 可得关于系数 $a_0, a_1, \cdots, a_n$ 的 $n+1$ 阶线性方程组

$$\begin{cases} 1 \cdot a_0 + x_0 a_1 + \cdots + x_0^n a_n = y_0 \\ 1 \cdot a_0 + x_1 a_1 + \cdots + x_1^n a_n = y_1 \\ \qquad\qquad \vdots \qquad\qquad\qquad\qquad \vdots \\ 1 \cdot a_0 + x_n a_1 + \cdots + x_n^n a_n = y_n \end{cases}$$

它的系数行列式 D 是一个 $n+1$ 阶范德蒙（Vandermonde）行列式，即

$$D = \begin{vmatrix} 1 & x_0 & x_0^2 & \cdots & x_0^n \\ 1 & x_1 & x_1^2 & \cdots & x_1^n \\ \vdots & \vdots & \vdots & \ddots & \vdots \\ 1 & x_n & x_n^2 & \cdots & x_n^n \end{vmatrix} = \prod_{0 \leqslant j < i \leqslant n} (x_i - x_j)。$$

由于插值节点 $x_0, x_1, \cdots, x_n$ 互异，所以 $D \neq 0$。因此，$P_n(x)$ 由 $a_0, a_1, \cdots, a_n$ 唯一确定。综上可得定理 4.1。

定理 4.1 (存在唯一性) 满足插值条件 (4.2) 的 n 次插值多项式 $P_n(x)$ 存在且唯一。

利用解线性方程组的克莱姆法则，可求得上述方程组的解 $a_0, a_1, \cdots, a_n$，这从理论上提供了一种求插值多项式的方法。但在实际计算时，n 通常都比较大，解方程组的计算量会很大，所以这种方法实际上并不可取。能否不求解方程组而获得插值多项式，或者通

过构造的方法来得到插值多项式？下面通过构造不同的基函数来得到不同形式的插值多项式，即在 n 次多项式空间 $P_n(x)$ 中寻找一组合适的基函数 $\varphi_0(x), \varphi_1(x), \cdots, \varphi_n(x)$，使得

$$P_n(x) = a_0 \varphi_0(x) + a_1 \varphi_1(x) + \cdots + a_n \varphi_n(x)。$$

基函数不同，就会形成不同的插值方法。常见的插值方法有拉格朗日（Lagrange）插值和牛顿（Newton）插值。

4.2.1　拉格朗日插值

为了探索和发现拉格朗日插值多项式的规律，我们先考虑拉格朗日插值的特例：线性插值（$n=1$）和抛物插值（$n=2$）。

1. 线性插值（$n=1$）

已知函数 $y = f(x)$ 在区间 $[a,b]$ 上的两个互异节点 (x_0, y_0) 和 (x_1, y_1)。下面构造一个线性插值函数 $P_1(x) = a_0 + a_1 x$，使得 $P_1(x)$ 满足插值条件，即

$$P_1(x_0) = y_0, \ P_1(x_1) = y_1。$$

利用两点式直线方程可得

$$P_1(x) = \left(\frac{x - x_1}{x_0 - x_1} \right) y_0 + \left(\frac{x - x_0}{x_1 - x_0} \right) y_1。 \tag{4.3}$$

式 (4.3) 可以看成两个线性函数

$$l_0(x) = \frac{x - x_1}{x_0 - x_1}, \ l_1(x) = \frac{x - x_0}{x_1 - x_0}$$

的线性组合，其系数分别为 y_0 和 y_1。这样，过插值节点 (x_0, y_0) 和 (x_1, y_1) 的线性插值函数

$$P_1(x) = l_0(x) y_0 + l_1(x) y_1 = \sum_{i=0}^{1} l_i(x) y_i。 \tag{4.4}$$

显然，$l_0(x)$ 和 $l_1(x)$ 在节点 x_0 和 x_1 处有如下性质：

$$l_0(x_0) = 1, \ l_0(x_1) = 0, \ l_1(x_0) = 0, \ l_1(x_1) = 1,$$

即

$$l_i(x_j) = \begin{cases} 0, \ i \neq j; \\ 1, \ i = j, \end{cases} \quad i, \ j = 0, 1。$$

称函数 $l_0(x)$、$l_1(x)$ 分别为节点 x_0、x_1 的**一次插值基函数**（**first-order interpolation basis function**）。

从几何图形上看，线性插值函数就是过节点 (x_0, y_0) 和 (x_1, y_1) 的直线，如图 4.2 所示。

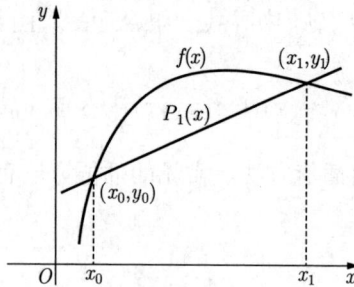

图 4.2 线性插值的几何意义

例 4.1 给定函数 $\ln x$ 的离散点数据，如表 4.2 所示，求 $\ln 3.16$ 的近似值（保留四位小数）。

表 4.2 函数 $\ln x$ 的离散点数据

x	3.1	3.2
$\ln x$	1.131 4	1.163 2

解 用线性函数 $P_1(x)$ 近似替代函数 $\ln x$，即 $\ln x \approx P_1(x)$。根据线性插值公式 (4.4) 可得

$$P_1(x) = \left(\frac{x-x_1}{x_0-x_1}\right)y_0 + \left(\frac{x-x_0}{x_1-x_0}\right)y_1$$

$$= \frac{x-3.2}{3.1-3.2} \times 1.131\ 4 + \frac{x-3.1}{3.2-3.1} \times 1.163\ 2$$

$$= 11.632x - 11.632 \times 3.1 - 11.314x + 11.314 \times 3.2$$

$$= 0.318x + 0.145\ 6$$

因此，$\ln 3.16 \approx P_1(3.16) \approx 1.150\ 5$。

2. 抛物插值 ($n=2$)

下面考虑 $n=2$ 的情形，即已知三个互异插值节点 (x_0,y_0)、(x_1,y_1) 和 (x_2,y_2)，要求二次插值多项式 $P_2(x)$，使其满足插值条件

$$P_2(x_j) = y_j, \ j = 0,1,2。$$

借鉴线性插值中插值基函数法的思想并将其推广到二次插值上。此时，基函数 $l_0(x)$、$l_1(x)$ 和 $l_2(x)$ 是二次函数且满足

$$l_i(x_j) = \begin{cases} 0, \ i \neq j; \\ 1, \ i = j, \end{cases} \quad i,j = 0,1,2。$$

由基函数的性质可知，$l_0(x)$ 有两个零点 x_1、x_2，故可将其表示为

$$l_0(x) = A(x - x_1)(x - x_2),$$

其中系数 A 待定。由 $l_0(x_0) = 1$ 可得

$$A(x_0 - x_1)(x_0 - x_2) = 1。$$

解得

$$A = \frac{1}{(x_0 - x_1)(x_0 - x_2)}。$$

代入基函数 $l_0(x)$ 的表达式，得

$$l_0(x) = \frac{(x - x_1)(x - x_2)}{(x_0 - x_1)(x_0 - x_2)}。$$

同理可得

$$l_1(x) = \frac{(x - x_0)(x - x_2)}{(x_1 - x_0)(x_1 - x_2)}, \quad l_2(x) = \frac{(x - x_0)(x - x_1)}{(x_2 - x_0)(x_2 - x_1)}。$$

因此，二次插值多项式

$$P_2(x) = y_0 l_0(x) + y_1 l_1(x) + y_2 l_2(x)$$

$$= \frac{(x - x_1)(x - x_2)}{(x_0 - x_1)(x_0 - x_2)} \times y_0 + \frac{(x - x_0)(x - x_2)}{(x_1 - x_0)(x_1 - x_2)} \times y_1 + \frac{(x - x_0)(x - x_1)}{(x_2 - x_0)(x_2 - x_1)} \times y_2。$$

$$(4.5)$$

显然，$P_2(x)$ 是过三个插值节点 (x_0, y_0)、(x_1, y_1) 和 (x_2, y_2) 的抛物线，故二次插值也称为**抛物插值（parabolic interpolation）**，如图 4.3 所示。

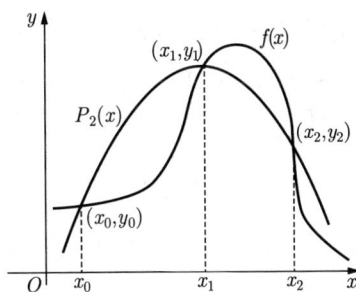

图 4.3　抛物插值的几何意义

例 4.2　给定函数 $f(x)$ 的离散点数据，如表 4.3 所示，用抛物插值公式求 $f(1.2)$ 的近似值。

表 4.3　函数 $f(x)$ 的离散点数据

x	-1	1	2
$f(x)$	-3	0	4

解　用二次函数 $P_2(x)$ 近似代替函数 $f(x)$，即 $f(x) \approx P_2(x)$。根据抛物插值公式 (4.5) 可得

$$l_0(x) = \frac{(x-x_1)(x-x_2)}{(x_0-x_1)(x_0-x_2)} = \frac{(x-1)(x-2)}{(-1-1)(-1-2)},$$

$$l_1(x) = \frac{(x-x_0)(x-x_2)}{(x_1-x_0)(x_1-x_2)} = \frac{(x-(-1))(x-2)}{(1-(-1))(1-2)},$$

$$l_2(x) = \frac{(x-x_0)(x-x_1)}{(x_2-x_0)(x_2-x_1)} = \frac{(x-(-1))(x-1)}{(2-(-1))(2-1)}.$$

这样，

$$P_2(x) = \sum_{i=0}^{2} l_i(x)y_i$$

$$= -3 \times \frac{(x-1)(x-2)}{(-1-1)(-1-2)} + 0 \times \frac{(x-(-1))(x-2)}{(1-(-1))(1-2)} + 4 \times \frac{(x-(-1))(x-1)}{(2-(-1))(2-1)}.$$

于是，

$$f(1.2) \approx P_2(1.2)$$

$$= -3 \times \frac{(1.2-1)(1.2-2)}{(-1-1)(-1-2)} + 0 \times \frac{(1.2-(-1))(1.2-2)}{(1-(-1))(1-2)} + 4 \times \frac{(1.2-(-1))(1.2-1)}{(2-(-1))(2-1)}$$

$$= 0.666\ 7.$$

3. n 次拉格朗日插值多项式

已知连续函数 $y = f(x)$ 在区间 $[a,b]$ 上的 $n+1$ 个互异节点 $x_0, x_1, \cdots, x_n$ 及其相应函数值 $y_0, y_1, \cdots, y_n$，其中 $y_j = f(x_j)$，$j = 0, 1, \cdots, n$。试构造一个次数不超过 n 的多项式 $P_n(x)$，使之满足插值条件

$$P_n(x_j) = y_j,\ j = 0, 1, \cdots, n.$$

采用插值基函数法构造 n 次插值基函数 $l_i(x)$，$i = 0, 1, \cdots, n$，且满足

$$l_i(x_j) = \begin{cases} 0,\ i \neq j; \\ 1,\ i = j, \end{cases} \quad i, j = 0, 1, \cdots, n.$$

则

$$P_n(x_j) = \sum_{i=0}^{n} l_i(x_j)y_i = y_j,\ j = 0, 1, \cdots, n,$$

即 $P_n(x) = \sum_{i=0}^{n} l_i(x)y_i$ 满足插值条件。

下面推导插值基函数 $l_i(x)$ 的表达式。根据基函数 $l_i(x)$ 的性质，除 x_i 外所有其他节点都是 $l_i(x)$ 的零点，因此可令

$$l_i(x) = \lambda(x - x_0)(x - x_1) \cdots (x - x_{i-1})(x - x_{i+1}) \cdots (x - x_n) = \lambda \prod_{\substack{j=0 \\ j \neq i}}^{n} (x - x_j),$$

其中 λ 是待定系数。由 $l_i(x_i) = 1$ 得

$$\lambda = \frac{1}{(x_i - x_0)(x_i - x_1) \cdots (x_i - x_{i-1})(x_i - x_{i+1}) \cdots (x_i - x_n)}。$$

所以

$$l_i(x) = \frac{(x - x_0)(x - x_1) \cdots (x - x_{i-1})(x - x_{i+1}) \cdots (x - x_n)}{(x_i - x_0)(x_i - x_1) \cdots (x_i - x_{i-1})(x_i - x_{i+1}) \cdots (x_i - x_n)} = \prod_{\substack{j=0 \\ j \neq i}}^{n} \frac{x - x_j}{x_i - x_j},$$

称函数 $l_i(x)$ $(i = 0, 1, \cdots, n)$ 为节点 x_i 的 **n 次插值基函数**。

由插值多项式的存在唯一性定理 4.1 可得 **n 次拉格朗日插值公式（n-order Lagrange interpolation formula）**（4.6）并将其记为 $L_n(x)$，即

$$L_n(x) = \sum_{i=0}^{n} l_i(x) y_i = \sum_{i=0}^{n} \left(\prod_{\substack{j=0 \\ j \neq i}}^{n} \frac{x - x_j}{x_i - x_j} \right) y_i。 \tag{4.6}$$

若令 $\omega_{n+1}(x) = (x - x_0)(x - x_1) \cdots (x - x_n)$，则

$$\begin{aligned}
\omega'_{n+1}(x) = {} & (x - x_1)(x - x_2) \cdots (x - x_n) \\
& + (x - x_0)(x - x_2) \cdots (x - x_n) \\
& + (x - x_0)(x - x_1)(x - x_3) \cdots (x - x_n) + \cdots \\
& + (x - x_0)(x - x_1) \cdots (x - x_{i-1})(x - x_{i+1}) \cdots (x - x_n) + \cdots \\
& + (x - x_0)(x - x_1) \cdots (x - x_{n-1}) \\
= {} & \sum_{i=0}^{n} \prod_{\substack{j=0 \\ j \neq i}}^{n} (x - x_j)。
\end{aligned}$$

将 x_i 代入 $\omega_{n+1}'(x)$，其中包含 $x - x_i$ 的项都为零，故

$$\omega_{n+1}'(x_i) = (x_i - x_0)(x_i - x_1) \cdots (x_i - x_{i-1})(x_i - x_{i+1}) \cdots (x_i - x_n)。$$

从而 n 次拉格朗日插值公式 (4.6) 又可记为

$$L_n(x) = \sum_{i=0}^{n} y_i \frac{\omega_{n+1}(x)}{(x - x_i) \omega'_{n+1}(x_i)}。 \tag{4.7}$$

4. 多项式插值的误差估计

插值的一个重要目的是估算非插值节点的函数值，那估算出的这个函数值的准确程

度如何呢？下面讨论非插值节点函数值的误差。

定理 4.2 设 $f^{(n)}(x)$ 在 $[a,b]$ 上连续，$f^{(n+1)}(x)$ 在 (a,b) 上存在，$x_0, x_1, \cdots, x_n$ 是 $[a,b]$ 上的 $n+1$ 个互异插值节点，相应的 n 次拉格朗日插值多项式为 $L_n(x)$，则对 $\forall x \in [a,b]$，截断误差

$$R_n(x) = f(x) - L_n(x) = \frac{f^{(n+1)}(\xi_x)}{(n+1)!}\omega_{n+1}(x), \tag{4.8}$$

其中 $\xi_x \in (a,b)$（依赖于 x），$\omega_{n+1}(x) = (x-x_0)(x-x_1)\cdots(x-x_n)$。

证明 （1）当 $x = x_i$ $(i=0,1,\cdots,n)$ 时，$R_n(x_i) = f(x_i) - L_n(x_i) = 0$。又

$$\omega_{n+1}(x_i) = (x_i - x_0)(x_i - x_1)\cdots(x_i - x_n) = 0,$$

所以式 (4.8) 成立。

（2）当 $x \in (a,b)$ 但 $x \neq x_i$，$i=0,1,\cdots,n$ 时，作辅助函数

$$\varphi(t) = f(t) - L_n(t) - \frac{f(x) - L_n(x)}{\omega_{n+1}(x)}\omega_{n+1}(t), \tag{4.9}$$

显然 $\varphi(x) = \varphi(x_0) = \varphi(x_1) = \cdots = \varphi(x_n) = 0$。反复应用罗尔（Rolle）中值定理可知，$\varphi'(t)$ 在 $\varphi(t)$ 的两个零点之间至少有一个零点，也即 $\varphi'(t)$ 在 (a,b) 上有 $n+1$ 个零点，$\varphi^{(2)}(t)$ 在 (a,b) 上有 n 个零点，$\cdots$，$\varphi^{(n+1)}(t)$ 至少有一个零点 $\xi \in (a,b)$，使得 $\varphi^{(n+1)}(\xi) = 0$。由辅助函数 $\varphi(t)$ 的表达式 (4.9) 可知，

$$\varphi^{(n+1)}(\xi) = f^{(n+1)}(\xi) - L_n^{(n+1)}(\xi) - \frac{f(x) - L_n(x)}{\omega_{n+1}(x)}(n+1)! = 0。$$

上式中 $L_n^{(n+1)}(\xi) = 0$，所以

$$R_n(x) = f(x) - L_n(x) = \frac{f^{(n+1)}(\xi)}{(n+1)!}\omega_{n+1}(x)，（\xi依赖于x）。 \qquad\blacksquare$$

拉格朗日插值的几点说明如下。

（1）截断误差表达式 (4.8) 成立的条件对被插值函数 $f(x)$ 的光滑性要求比较高，即只有在 $f(x)$ 的 n 阶导数连续，$n+1$ 阶导数存在时才能使用。表达式中 ξ_x 是一个依赖于 x 的节点，通常不能确定其具体位置，只知道它在插值节点的最小值和最大值之间，我们可以据此估计插值误差。若求出 $\max\limits_{a \leqslant x \leqslant b} |f^{(n+1)}(x)| = M_{n+1}$，则

$$|R_n(x)| \leqslant \frac{M_{n+1}}{(n+1)!}|\omega_{n+1}(x)| = \frac{M_{n+1}}{(n+1)!}\prod_{i=0}^{n}|x - x_i|。$$

（2）在计算 $L_n(x)$ 时，为了使误差尽可能小，应该选择插值节点尽可能靠近 x。

（3）当 $f(x)$ 为次数不大于 n 的多项式时，$f^{(n+1)}(x) \equiv 0$，因此 $R_n(x) \equiv 0$，即插值多项式对于次数不大于 n 的多项式是精确的。

（4）依靠增加节点不一定能减少误差（后面会讨论）。

（5）插值多项式一般仅用来估计插值区间内点（内插）的函数值，用它估计插值区间外点（外插）函数值时，误差可能很大。

例 4.3　已知

$$\sin \frac{\pi}{6} = \frac{1}{2}, \ \sin \frac{\pi}{4} = \frac{1}{\sqrt{2}}, \ \sin \frac{\pi}{3} = \frac{\sqrt{3}}{2}.$$

分别用 $\sin x$ 的 1 次、2 次拉格朗日插值计算 $\sin 50°$ 的值并估计其截断误差。

解　（1）线性插值（$n = 1$）

① 用 $\left(\dfrac{\pi}{6}, \dfrac{1}{2}\right)$ 和 $\left(\dfrac{\pi}{4}, \dfrac{1}{\sqrt{2}}\right)$ 作为插值节点，则

$$L_1(x) = \frac{x - \dfrac{\pi}{4}}{\dfrac{\pi}{6} - \dfrac{\pi}{4}} \times \frac{1}{2} + \frac{x - \dfrac{\pi}{6}}{\dfrac{\pi}{4} - \dfrac{\pi}{6}} \times \frac{1}{\sqrt{2}}.$$

于是 $\sin 50° \approx L_1\left(\dfrac{5\pi}{18}\right) \approx 0.776\,14$，其截断误差

$$R_1(x) = \frac{f^{(2)}(\xi_x)}{2!}\left(x - \frac{\pi}{6}\right)\left(x - \frac{\pi}{4}\right), \ \xi_x \in \left(\frac{\pi}{6}, \frac{\pi}{4}\right), \ \frac{1}{2} < \sin \xi_x < \frac{\sqrt{2}}{2}.$$

代入估计其误差范围为

$$-0.013\,19 < R_1\left(\frac{5\pi}{18}\right) < -0.007\,62.$$

② 用 $\left(\dfrac{\pi}{4}, \dfrac{1}{\sqrt{2}}\right)$ 和 $\left(\dfrac{\pi}{3}, \dfrac{\sqrt{3}}{2}\right)$ 作为插值节点，同理得

$$\sin 50° \approx 0.760\,08, \ 0.005\,38 < \tilde{R}_1\left(\frac{5\pi}{18}\right) < 0.006\,60.$$

已知准确值 $\sin 50° = 0.766\,044\,4\cdots$，所以线性插值 ①和②的实际误差分别约为 $-0.010\,10$ 和 0.006。

（2）抛物插值（$n = 2$）

用 $\left(\dfrac{\pi}{6}, \dfrac{1}{2}\right)$、$\left(\dfrac{\pi}{4}, \dfrac{1}{\sqrt{2}}\right)$ 和 $\left(\dfrac{\pi}{3}, \dfrac{\sqrt{3}}{2}\right)$ 作为插值节点，则

$$L_2(x) = \frac{1}{2} \times \frac{\left(x - \dfrac{\pi}{4}\right)\left(x - \dfrac{\pi}{3}\right)}{\left(\dfrac{\pi}{6} - \dfrac{\pi}{4}\right)\left(\dfrac{\pi}{6} - \dfrac{\pi}{3}\right)} + \frac{1}{\sqrt{2}} \times \frac{\left(x - \dfrac{\pi}{6}\right)\left(x - \dfrac{\pi}{3}\right)}{\left(\dfrac{\pi}{4} - \dfrac{\pi}{6}\right)\left(\dfrac{\pi}{4} - \dfrac{\pi}{3}\right)} + \frac{\sqrt{3}}{2} \times \frac{\left(x - \dfrac{\pi}{6}\right)\left(x - \dfrac{\pi}{4}\right)}{\left(\dfrac{\pi}{3} - \dfrac{\pi}{6}\right)\left(\dfrac{\pi}{3} - \dfrac{\pi}{4}\right)}.$$

于是 $\sin 50° \approx L_2\left(\dfrac{5\pi}{18}\right) \approx 0.765\,43$，其截断误差

$$R_2(x) = \frac{-\cos \xi_x}{3!}(x-\frac{\pi}{6})(x-\frac{\pi}{4})(x-\frac{\pi}{3}), \ \xi_x \in \left(\frac{\pi}{6},\frac{\pi}{3}\right), \ \frac{1}{2} < \cos \xi_x < \frac{\sqrt{3}}{2}。$$

代入估计其误差范围为

$$0.000\,44 < R_2\left(\frac{5\pi}{18}\right) < 0.000\,77。$$

又 $\sin 50° = 0.766\,044\,4\cdots$，所以抛物插值的实际误差约为 $0.000\,61$。

4.2.2 牛顿插值

拉格朗日插值多项式具有直观、对称、便于记忆与编程等优点，但其基函数计算较为复杂。若要增加或减少一个节点，全部基函数都需要重新计算。能否在 $P_n(x) = \mathrm{span}\{1, x, \cdots, x^n\}$ 中寻找新的基函数，希望每增加一个节点，只附加上一项即可？下面尝试采用这个思路构造新的基函数。

先考虑 $n=1$ 的情形。设 $(x_0, f(x_0))$ 和 $(x_1, f(x_1))$ 是两个插值节点，利用点斜式直线方程得

$$P_1(x) = f(x_0) + \frac{f(x_1) - f(x_0)}{x_1 - x_0}(x - x_0)。$$

将上述插值多项式 $P_1(x)$ 的构造方式推广到具有 $n+1$ 个插值节点 $(x_0, f(x_0))$，$(x_1, f(x_1))$，$\cdots$，$(x_n, f(x_n))$ 的情形。我们把过这 $n+1$ 个插值节点的插值多项式表示为

$$P_n(x) = A_0 + A_1(x-x_0) + A_2(x-x_0)(x-x_1) + \cdots + A_n(x-x_0)\cdots(x-x_{n-1}),$$

其中 $A_0, A_1, \cdots, A_n$ 为待定系数。由插值条件 $P_n(x_j) = f(x_j)$, $j = 0, 1, \cdots, n$ 可知：

当 $x = x_0$ 时，$A_0 = P_n(x_0) = f(x_0)$。

当 $x = x_1$ 时，$P_n(x_1) = A_0 + A_1(x_1 - x_0) = f(x_1)$，解得

$$A_1 = \frac{f(x_1) - f(x_0)}{x_1 - x_0}。$$

当 $x = x_2$ 时，$P_n(x_2) = A_0 + A_1(x_2 - x_0) + A_2(x_2 - x_0)(x_2 - x_1) = f(x_2)$，解得

$$A_2 = \frac{\dfrac{f(x_2) - f(x_0)}{x_2 - x_0} - \dfrac{f(x_1) - f(x_0)}{x_1 - x_0}}{x_2 - x_1}。$$

依次类推，可以发现系数 $A_0, A_1, \cdots, A_n$ 的计算规律，但书写起来却相当复杂。为此，我们引入差商的概念，旨在简化系数 $A_0, A_1, \cdots, A_n$ 的表达式，它在牛顿插值多项式构造中起着重要的作用。

1. 差商（亦称均差）及其性质

定义 4.1 (差商) 设 $x_0, x_1, \cdots, x_n$ 是区间 $[a, b]$ 上的 $n+1$ 个互异节点，其函数值分别为 $f(x_0), f(x_1), \cdots, f(x_n)$。规定函数值 $f(x_i)$ 为 $f(x)$ 在节点 x_i 处的**0 阶差商**

（**0-order difference quotient**），记为 $f[x_i] = f(x_i)$。称

$$f[x_i, x_j] = \frac{f(x_i) - f(x_j)}{x_i - x_j}$$

为 $f(x)$ 在节点 x_i 和 x_j 处的 **1 阶差商**，并记作 $f[x_i, x_j]$。称

$$f[x_i, x_j, x_k] = \frac{f[x_i, x_k] - f[x_i, x_j]}{x_k - x_j}$$

为 $f(x)$ 在节点 x_i、x_j 和 x_k 处的 **2 阶差商**。称

$$f[x_0, x_1, \cdots, x_n] = \frac{f[x_0, x_1, \cdots, x_{n-2}, x_n] - f[x_0, x_1, \cdots, x_{n-2}, x_{n-1}]}{x_n - x_{n-1}}$$

为 $f(x)$ 在节点 $x_0, x_1, \cdots, x_n$ 处的 **n 阶差商**（**n-order difference quotient**）。

差商有如下重要性质。

性质 4.1 (差商与函数值的关系)　n 阶差商可表示为函数值 $f(x_0), f(x_1), \cdots, f(x_n)$ 的线性组合，即

$$f[x_0, x_1, \cdots, x_n] = \sum_{i=0}^{n} \frac{f(x_i)}{(x_i - x_0)(x_i - x_1) \cdots (x_i - x_{i-1})(x_i - x_{i+1}) \cdots (x_i - x_n)}.$$
$$(4.10)$$

证明　（对 n 作数学归纳）

当 $n = 1$ 时，

$$f[x_0, x_1] = \frac{f(x_1) - f(x_0)}{x_1 - x_0} = \frac{f(x_0)}{x_0 - x_1} + \frac{f(x_1)}{x_1 - x_0},$$

$$f[x_1, x_2] = \frac{f(x_2) - f(x_1)}{x_2 - x_1} = \frac{f(x_1)}{x_1 - x_2} + \frac{f(x_2)}{x_2 - x_1}.$$

当 $n = 2$ 时，

$$f[x_0, x_1, x_2] = \frac{f[x_1, x_2] - f[x_0, x_1]}{x_2 - x_0}$$

$$= \frac{\dfrac{f(x_1)}{x_1 - x_2} + \dfrac{f(x_2)}{x_2 - x_1} - \dfrac{f(x_0)}{x_0 - x_1} - \dfrac{f(x_1)}{x_1 - x_0}}{x_2 - x_0}$$

$$= \frac{f(x_0)}{(x_0 - x_1)(x_0 - x_2)} + \frac{f(x_1)}{(x_1 - x_0)(x_1 - x_2)} + \frac{f(x_2)}{(x_2 - x_0)(x_2 - x_1)}.$$

假设当 $n = k$ 时，式 (4.10) 成立。下面考虑 $n = k + 1$ 的情形。

$$f[x_0, x_1, \cdots, x_{k+1}] = \frac{f[x_0, x_1, \cdots, x_{k-1}, x_{k+1}] - f[x_0, x_1, \cdots, x_k]}{x_{k+1} - x_k}$$

$$= \frac{\displaystyle\sum_{\substack{i=0 \\ i \neq k}}^{k+1} \frac{f(x_i)}{(x_i - x_0) \cdots (x_i - x_{i-1})(x_i - x_{i+1}) \cdots (x_i - x_{k-1})(x_i - x_{k+1})} - \sum_{i=0}^{k} \frac{f(x_i)}{(x_i - x_0) \cdots (x_i - x_{i-1})(x_i - x_{i+1}) \cdots (x_i - x_k)}}{x_{k+1} - x_k}$$

$$= \frac{\sum\limits_{\substack{i=0 \\ i \neq k}}^{k+1} \frac{f(x_i)(x_i-x_k)}{(x_i-x_0)\cdots(x_i-x_{i-1})(x_i-x_{i+1})\cdots(x_i-x_k)(x_i-x_{k+1})} - \sum\limits_{i=0}^{k} \frac{f(x_i)(x_i-x_{k+1})}{(x_i-x_0)\cdots(x_i-x_{i-1})(x_i-x_{i+1})\cdots(x_i-x_k)(x_i-x_{k+1})}}{x_{k+1}-x_k}$$

$$= \frac{\sum\limits_{i=0}^{k-1} \frac{f(x_i)(x_i-x_k)-f(x_i)(x_i-x_{k+1})}{(x_i-x_0)\cdots(x_i-x_{i-1})(x_i-x_{i+1})\cdots(x_i-x_k)(x_i-x_{k+1})} + \frac{f(x_{k+1})(x_{k+1}-x_k)}{(x_{k+1}-x_0)\cdots(x_{k+1}-x_k)} - \frac{f(x_k)(x_k-x_{k+1})}{(x_k-x_0)\cdots(x_k-x_{k-1})(x_k-x_{k+1})}}{x_{k+1}-x_k}$$

$$= \frac{\sum\limits_{i=0}^{k-1} \frac{f(x_i)(x_{k+1}-x_k)}{(x_i-x_0)\cdots(x_i-x_{i-1})(x_i-x_{i+1})\cdots(x_i-x_k)(x_i-x_{k+1})} + \frac{f(x_{k+1})(x_{k+1}-x_k)}{(x_{k+1}-x_0)\cdots(x_{k+1}-x_k)} + \frac{f(x_k)(x_{k+1}-x_k)}{(x_k-x_0)\cdots(x_k-x_{k-1})(x_k-x_{k+1})}}{x_{k+1}-x_k}$$

$$= \sum\limits_{i=0}^{k-1} \frac{f(x_i)}{(x_i-x_0)\cdots(x_i-x_{i-1})(x_i-x_{i+1})\cdots(x_i-x_k)(x_i-x_{k+1})} + \frac{f(x_{k+1})}{(x_{k+1}-x_0)\cdots(x_{k+1}-x_k)} + \frac{f(x_k)}{(x_k-x_0)\cdots(x_k-x_{k-1})(x_k-x_{k+1})}$$

$$= \sum\limits_{i=0}^{k+1} \frac{f(x_i)}{(x_i-x_0)\cdots(x_i-x_{i-1})(x_i-x_{i+1})\cdots(x_i-x_k)(x_i-x_{k+1})}.$$

即当 $n = k+1$ 时,式 (4.10) 也成立。 ■

一般地,n 阶差商也可写成

$$f[x_0, x_1, \cdots, x_n] = \sum_{i=0}^{n} \frac{f(x_i)}{(x_i-x_0)(x_i-x_1)\cdots(x_i-x_{i-1})(x_i-x_{i+1})\cdots(x_i-x_n)}$$

$$= \sum_{i=0}^{n} \frac{f(x_i)}{\prod\limits_{\substack{j=0 \\ j \neq i}}^{n} (x_i-x_j)}$$

$$= \sum_{i=0}^{n} \frac{f(x_i)}{\omega'_{n+1}(x_i)}。$$

性质 4.2 (对称性) 差商的值与节点排列顺序无关,即调换任意节点 x_i 和 x_j 的顺序,n 阶差商 $f[x_0, x_1, \cdots, x_n]$ 的值不变。

由性质 4.1 知,n 阶差商 $f[x_0, x_1, \cdots, x_n]$ 中调换任意两节点的位置,只是交换累加和中加法项的顺序,其值不变。性质 4.2 也可用数学归纳法来证明。

性质 4.3 (差商与导数的关系) 设 $f(x)$ 在 $[a,b]$ 上有 n 阶导数,且节点 $x_0, x_1, \cdots,$ $x_n \in [a,b]$,则存在 $\xi \in (a,b)$,使得

$$f[x_0, x_1, \cdots, x_n] = \frac{f^{(n)}(\xi)}{n!}。$$

证明 构造函数

$$P_n(x) = a_0 + a_1(x-x_0) + a_2(x-x_0)(x-x_1) + \cdots + a_n(x-x_0)\cdots(x-x_{n-1}),$$

其中

$$a_0 = f(x_0) = f[x_0],$$

$$a_k = f[x_0, x_1, \cdots, x_k],\ k = 1, 2, \cdots, n。$$

下面证明 $P_n(x)$ 是被插值函数 $f(x)$ 的 n 次插值多项式,即对插值节点 $(x_k, f(x_k))$,

$k = 0, 1, \cdots, n$，有
$$P_n(x_k) = f(x_k),\ k = 0, 1, \cdots, n。$$

对于 $k = 0, 1, \cdots, n$，有

$P_n(x_k)$

$= a_0 + a_1(x_k - x_0) + \cdots + a_k(x_k - x_0)\cdots(x_k - x_{k-1}) + \cdots + a_n(x_k - x_0)\cdots(x_k - x_{n-1})$

$= a_0 + a_1(x_k - x_0) + \cdots + a_{k-1}(x_k - x_0)\cdots(x_k - x_{k-2}) + a_k(x_k - x_0)\cdots(x_k - x_{k-1})$

$= a_0 + a_1(x_k - x_0) + \cdots + \big(a_{k-1} + a_k(x_k - x_{k-1})\big)(x_k - x_0)\cdots(x_k - x_{k-2})，$

而
$$a_k = f[x_0, x_1, \cdots, x_k] = \frac{f[x_0, x_1, \cdots, x_{k-2}, x_k] - f[x_0, x_1, \cdots, x_{k-1}]}{x_k - x_{k-1}},$$

于是，$f[x_0, x_1, \cdots, x_{k-2}, x_k] = f[x_0, x_1, \cdots, x_{k-1}] + a_k(x_k - x_{k-1})$
$$= a_{k-1} + a_k(x_k - x_{k-1}),$$
故 $P_n(x_k) = a_0 + a_1(x_k - x_0) + \cdots + f[x_0, x_1, \cdots, x_{k-2}, x_k](x_k - x_0)\cdots(x_k - x_{k-2})。$
依次类推，对于 $j = 1, 2, \cdots, k-1$，$P_n(x_k)$ 中的最后两项有

$a_{k-j}(x_k - x_0)\cdots(x_k - x_{k-j-1}) + f[x_0, x_1, \cdots, x_{k-j}, x_k](x_k - x_0)\cdots(x_k - x_{k-j})$

$= \big(a_{k-j} + f[x_0, x_1, \cdots, x_{k-j}, x_k](x_k - x_{k-j})\big)(x_k - x_0)\cdots(x_k - x_{k-j-1})$

$= f[x_0, x_1, \cdots, x_{k-j-1}, x_k](x_k - x_0)\cdots(x_k - x_{k-j-1})。$

特别地，当 $j = k - 1$ 时，
$$\begin{aligned} P_n(x_k) &= a_0 + f[x_0, x_k](x_k - x_0) \\ &= a_0 + \frac{f(x_k) - f(x_0)}{x_k - x_0}(x_k - x_0) \\ &= f(x_k)。 \end{aligned}$$

综上所述，对于 $k = 0, 1, \cdots, n$，有 $P_n(x_k) = f(x_k)$，则函数 $R_n(x) = f(x) - P_n(x)$ 在插值区间 $[a, b]$ 上有 $n+1$ 个零点 $x_0, x_1, \cdots, x_n$。由罗尔中值定理可知，$R'_n(x)$ 在区间 $(x_0, x_1), (x_1, x_2), \cdots, (x_{n-1}, x_n)$ 上分别各有一个零点，即 $R'_n(x)$ 在区间 (x_0, x_n) 上有 n 个零点。反复应用罗尔中值定理得，$R_n^{(n)}(x)$ 在区间 (a, b) 上有一个零点 ξ，即 $R_n^{(n)}(\xi) = f^{(n)}(\xi) - P_n^{(n)}(\xi) = 0$。
而
$$P_n^{(n)}(\xi) = n!a_n = f[x_0, x_1, \cdots, x_n]\,n!,$$

所以
$$f^{(n)}(\xi) - P_n^{(n)}(\xi) = f^{(n)}(\xi) - f[x_0, x_1, \cdots, x_n]\,n! = 0,$$

因而

$$f[x_0, x_1, \cdots, x_n] = \frac{f^{(n)}(\xi)}{n!}.$$

性质 4.4 (特征定理)

$$f[x_0, x_1, \cdots, x_n] = \frac{f[x_1, x_2, \cdots, x_n] - f[x_0, x_1, \cdots, x_{n-1}]}{x_n - x_0}.$$

由差商的定义 4.1 和性质 4.2 可得性质 4.4。更一般地，计算 $n+1$ 个节点的 n 阶差商时，只需从这 $n+1$ 个节点中任选 n 个得到两个不同的 $n-1$ 阶差商，这两个 $n-1$ 阶差商的节点只有一个不同，其余节点均相同，则 n 阶差商的分母恰为这两个不同节点之差，分子为相应两个 $n-1$ 阶差商之差。

差商中，若其采样节点都固定，则差商是一个具体的数值。若其中含有自由节点 x，则差商是以 x 为自变量的函数。若差商 $f[x, x_0, x_1, \cdots, x_n]$ 是一个关于 x 的多项式，则差商的阶数与多项式的次数有着密切关系。

性质 4.5 (差商与多项式次数的关系) 若 $f(x)$ 的 n 阶差商 $f[x, x_0, x_1, \cdots, x_{n-1}]$ 是 x 的 m 次多项式，则 $f(x)$ 的 $n+1$ 阶差商

$$f[x, x_0, x_1, \cdots, x_n]$$

是 x 的 $m-1$ 次多项式。

证明 当 $x = x_n$ 时，

$$\begin{aligned}
&f[x, x_0, x_1, \cdots, x_{n-1}] - f[x_0, x_1, \cdots, x_n] \\
=&f[x_n, x_0, x_1, \cdots, x_{n-1}] - f[x_0, x_1, \cdots, x_n] \\
=&f[x_0, x_1, \cdots, x_{n-1}, x_n] - f[x_0, x_1, \cdots, x_n] \\
=&0,
\end{aligned}$$

所以 x_n 是上式的一个零点，其中含有因子 $x - x_n$，即可设

$$f[x, x_0, x_1, \cdots, x_{n-1}] - f[x_0, x_1, \cdots, x_n] = (x - x_n)g(x).$$

已知 $f[x, x_0, x_1, \cdots, x_{n-1}]$ 是 x 的 m 次多项式，$f[x_0, x_1, \cdots, x_n]$ 是一个常数，所以 $(x - x_n)g(x)$ 也是 x 的 m 次多项式。因此，$g(x)$ 是 x 的 $m-1$ 次多项式。由性质 4.4 得

$$f[x, x_0, x_1, \cdots, x_n] = \frac{f[x, x_0, x_1, \cdots, x_{n-1}] - f[x_0, x_1, \cdots, x_n]}{x - x_n} = g(x)$$

是 x 的 $m-1$ 次多项式。∎

例 4.4 设 $f(x) = (x - x_0)(x - x_1) \cdots (x - x_n)$。试证对任意 x，有

$$f[x_0, x_1, \cdots, x_n, x] = 1.$$

解法 1（利用差商与导数的关系）
由性质 4.3 可知，

$$f[x_0,x_1,\cdots,x_n,x]=\frac{f^{(n+1)}(\xi)}{(n+1)!},\ \xi\in(a,b)。$$

又 $f(x)=(x-x_0)(x-x_1)\cdots(x-x_n)$, 所以 $f^{(n+1)}(x)=(n+1)!$。因此

$$f[x_0,x_1,\cdots,x_n,x]=\frac{(n+1)!}{(n+1)!}=1。$$ ■

解法 2（利用差商的函数值表示）

由性质 4.1 可得,

$$f[x_0,x_1,\cdots,x_n,x]=\sum_{i=0}^{n}\frac{f(x_i)}{(x_i-x_0)(x_i-x_1)\cdots(x_i-x_{i-1})(x_i-x_{i+1})\cdots(x_i-x_n)(x_i-x)}+$$
$$\frac{f(x)}{(x-x_0)(x-x_1)\cdots(x-x_n)}。$$

注意到 $f(x)=(x-x_0)(x-x_1)\cdots(x-x_n)$, 则 $f(x_0)=f(x_1)=\cdots=f(x_n)=0$。所以

$$f[x_0,x_1,\cdots,x_n,x]=0+\frac{f(x)}{f(x)}=1。$$ ■

例 4.5 设 $f(x)=x^7-x^4+3x+1$, 求 $f[2^0,2^1]$, $f[x,2^0,2^1,\cdots,2^6]$ 和 $f[x,2^0,2^1,\cdots,2^7]$ 的值。

解 ① $f[2^0,2^1]=\dfrac{f(1)-f(2)}{1-2}=\dfrac{4-119}{-1}=115$。

② 注意到 $f^{(7)}(x)=7!$, $f^{(8)}(x)=0$。由性质 4.3 得,

$$f[x,2^0,2^1,\cdots,2^6]=\frac{f^{(7)}(\xi)}{7!}=1,$$
$$f[x,2^0,2^1,\cdots,2^7]=\frac{f^{(8)}(\eta)}{8!}=0。$$

2. 牛顿插值公式

利用差商的定义 4.1, 可将插值多项式

$$P_n(x)=A_0+A_1(x-x_0)+A_2(x-x_0)(x-x_1)+\cdots+A_n(x-x_0)\cdots(x-x_{n-1})$$

中待定系数 $A_0,A_1,\cdots,A_n$ 的表达式简写如下:

$$A_0=f(x_0)=f[x_0],$$
$$A_1=\frac{f(x_1)-f(x_0)}{x_1-x_0}=f[x_0,x_1],$$
$$A_2=\frac{\dfrac{f(x_2)-f(x_0)}{x_2-x_0}-\dfrac{f(x_1)-f(x_0)}{x_1-x_0}}{x_2-x_1}=f[x_0,x_1,x_2],$$
$$\vdots\qquad\qquad\vdots$$
$$A_n=f[x_0,x_1,\cdots,x_n]。$$

从而

$$P_n(x) = f[x_0] + f[x_0, x_1](x - x_0) + \cdots + f[x_0, x_1, \cdots, x_n](x - x_0)(x - x_1) \cdots (x - x_{n-1}),$$

称上式为 n 次牛顿插值多项式（n-order Newton interpolation polynomial），记为 $N_n(x)$，即

$$N_n(x) = f[x_0] + f[x_0, x_1](x - x_0) + \cdots + f[x_0, x_1, \cdots, x_n](x - x_0)(x - x_1) \cdots (x - x_{n-1})$$
(4.11)

且

$$N_0(x) = f(x_0) = f[x_0],$$
$$N_1(x) = f[x_0] + f[x_0, x_1](x - x_0) = N_0(x) + f[x_0, x_1](x - x_0),$$
$$\vdots \qquad\qquad \vdots$$
$$N_{n+1}(x) = N_n(x) + f[x_0, x_1, \cdots, x_{n+1}](x - x_0)(x - x_1) \cdots (x - x_n)。$$

显然，每增加一个节点，牛顿插值多项式只增加一项，克服了拉格朗日插值的缺点。

在实际计算差商时，通常按照阶次从低到高依次列表计算。在差商表（见表 4.4）中，前两列是插值节点及其函数值。第三列是 1 阶差商，第四列是 2 阶差商，依次类推。计算差商表时，根据高阶差商是两个低一阶差商的差商，可从左至右逐列进行，得到各阶差商的列表。显然，牛顿插值多项式 (4.11) 的系数是表 4.4 中加下画线的各阶差商，可以直接从差商表上查到。

表 4.4 差商表

x_k	$f(x_k)$	1 阶差商	2 阶差商	3 阶差商	4 阶差商	$\cdots$
x_0	$f(x_0)$					
x_1	$f(x_1)$	$f[x_0, x_1]$				
x_2	$f(x_2)$	$f[x_1, x_2]$	$f[x_0, x_1, x_2]$			
x_3	$f(x_3)$	$f[x_2, x_3]$	$f[x_1, x_2, x_3]$	$f[x_0, x_1, x_2, x_3]$		
x_4	$f(x_4)$	$f[x_3, x_4]$	$f[x_2, x_3, x_4]$	$f[x_1, x_2, x_3, x_4]$	$f[x_0, x_1, x_2, x_3, x_4]$	
$\vdots$	$\vdots$	$\vdots$	$\vdots$	$\vdots$	$\vdots$	$\vdots$

例 4.6 给定 $f(x) = \ln x$ 的离散点数据，如表 4.5 所示。

（1）构造差商表。

（2）分别写出 2 次和 4 次牛顿插值多项式。

表 4.5 函数 $f(x) = \ln x$ 的离散点数据

x	2.20	2.40	2.60	2.80	3.00
$f(x)$	0.788 46	0.875 47	0.955 51	1.029 62	1.098 61

解 （1）根据表 4.5 得到差商表（见表 4.6）。

表 4.6　根据表 4.5 得到的差商表

x_k	$f(x_k)$	1 阶差商	2 阶差商	3 阶差商	4 阶差商
2.20	0.788 46				
2.40	0.875 47	0.435 05			
2.60	0.955 51	0.400 20	−0.087 13		
2.80	1.029 62	0.370 55	−0.074 13	0.021 67	
3.00	1.098 61	0.344 95	−0.064 00	0.016 88	−0.005 99

（2）根据差商表 4.6 直接写出牛顿插值多项式，其中系数为表中标注下画线的各阶差商。

$$N_2(x) = 0.788\ 46 + 0.435\ 05(x - 2.20) - 0.087\ 13(x - 2.20)(x - 2.40),$$
$$N_3(x) = N_2(x) + 0.021\ 67(x - 2.20)(x - 2.40)(x - 2.60),$$
$$N_4(x) = N_3(x) - 0.005\ 99(x - 2.20)(x - 2.40)(x - 2.60)(x - 2.80)。$$

3. 牛顿插值余项

由牛顿插值公式 (4.11)，还可推导出多项式插值余项的另一种形式。设 $x \in [a,b]$，且 $x \neq x_i, i = 0, 1, \cdots, n$。根据差商的定义 4.1 及性质 4.4，可依次给出下列关系式：

$$f(x) = f(x_0) + f[x, x_0](x - x_0),$$
$$f[x, x_0] = f[x_0, x_1] + f[x, x_0, x_1](x - x_1),$$
$$f[x, x_0, x_1] = f[x_0, x_1, x_2] + f[x, x_0, x_1, x_2](x - x_2),$$
$$\vdots \qquad\qquad \vdots$$
$$f[x, x_0, x_1, \cdots, x_{n-1}] = f[x_0, x_1, \cdots, x_n] + f[x, x_0, x_1, \cdots, x_n](x - x_n)。$$

将上述关系式从后往前逐个代入，得

$$\begin{aligned}
f(x) =& f(x_0) + f[x_0, x_1](x - x_0) \\
& + f[x_0, x_1, x_2](x - x_0)(x - x_1) \\
& + \cdots \\
& + f[x_0, x_1, \cdots, x_n](x - x_0)(x - x_1)\cdots(x - x_{n-1}) \\
& + f[x, x_0, x_1, \cdots, x_n](x - x_0)(x - x_1)\cdots(x - x_{n-1})(x - x_n) \\
=& N_n(x) + f[x, x_0, x_1, \cdots, x_n](x - x_0)(x - x_1)\cdots(x - x_{n-1})(x - x_n)。
\end{aligned}$$

故插值余项（截断误差）

$$\begin{aligned}
R_n(x) &= f(x) - N_n(x) \\
&= f[x, x_0, x_1, \cdots, x_n](x - x_0)(x - x_1)\cdots(x - x_{n-1})(x - x_n) \\
&= f[x, x_0, x_1, \cdots, x_n]\omega_{n+1}(x)
\end{aligned} \tag{4.12}$$

称式 (4.12) 为**牛顿插值余项（Newton interpolation remainder）**。

定理 4.3 牛顿插值余项

$$R_n(x) = f(x) - N_n(x) = f[x_0, x_1, \cdots, x_n, x]\omega_{n+1}(x) = \frac{f^{(n+1)}(\xi_x)}{(n+1)!}\omega_{n+1}(x),$$

其中 $\omega_{n+1}(x) = (x - x_0)(x - x_1) \cdots (x - x_n)$。

证明 由插值多项式的存在唯一性定理 4.1 知，$N_n(x) \equiv L_n(x)$，故其余项也相同，即对相同的 $n+1$ 个插值节点，根据定理 4.2 有

$$R_n(x) = f[x_0, x_1, \cdots, x_n, x]\omega_{n+1}(x) = \frac{f^{(n+1)}(\xi_x)}{(n+1)!}\omega_{n+1}(x)。 \blacksquare$$

牛顿插值的几点说明如下。

（1）当被插值函数 $f(x)$ 是由离散点给出的函数或 $f(x)$ 不够光滑，高阶导数不存在时，拉格朗日插值余项公式无意义，这时利用牛顿插值余项公式估计误差是一个较好的选择。

（2）在牛顿插值公式中，可以根据差商大小判断插值阶数 k 是否合适。若更高阶差商约为 0，则选取一个不太大的阶数，这样计算量小，同时也能保证高精度。

（3）引入记号

$$t_0(x) = 1,\ t_1(x) = x - x_0,\ t_2(x) = (x - x_0)(x - x_1),\ \cdots,$$
$$t_n(x) = (x - x_0)(x - x_1) \cdots (x - x_{n-1}),$$

这样 n 次牛顿插值公式又可表示为

$$N_n(x) = t_0(x)f[x_0] + t_1(x)f[x_0, x_1] + \cdots + t_n(x)f[x_0, x_1, \cdots, x_n]$$
$$= \sum_{i=0}^{n} t_i(x)f[x_0, x_1, \cdots, x_i],$$

称 $t_0(x), t_1(x), \cdots, t_n(x)$ 为**牛顿插值基函数**（**Newton interpolation basis function**），且满足如下关系：

$$t_i(x) = t_{i-1}(x)(x - x_{i-1}),\ i = 1, 2, \cdots, n,$$
$$t_i(x_j) = 0,\ j < i,$$
$$t_i(x_j) \neq 0,\ j \geqslant i。$$

（4）牛顿插值具有承袭性，即

$$N_n(x) = N_{n-1}(x) + t_n(x)f[x_0, x_1, \cdots, x_n]。$$

4.2.3 差分与等距节点插值公式

前面考虑的插值公式中插值节点都是任意分布的，但实际应用时，经常会碰到节点分布是等距的情形，这时牛顿插值公式可以得到进一步简化，计算量也会随之减少。在讨论等距节点的插值公式之前，我们先引入差分的概念。

1. 差分及其性质

设等距节点 $x_k = x_0 + kh,\ k = 0, 1, \cdots, n$，其中 $h > 0$ 为常数，称为**步长**。已知函数 $y = f(x)$ 在各节点的函数值 $f(x_k) = f_k,\ k = 0, 1, \cdots, n$。

定义 4.2 (向前差分、向后差分、中心差分) 记号

$$\Delta f_k = f_{k+1} - f_k,$$

$$\nabla f_k = f_k - f_{k-1},$$

$$\delta f_k = f\left(x_k + \frac{h}{2}\right) - f\left(x_k - \frac{h}{2}\right) = f_{k+\frac{1}{2}} - f_{k-\frac{1}{2}}$$

分别称为 $f(x)$ 在 x_k 处以 h 为步长的 **1 阶向前差分**（1-order forward difference）、**1 阶向后差分**（1-order backward difference） 和 **1 阶中心差分**（1-order central difference），记号 Δ、∇ 和 δ 分别称为向前差分算子、向后差分算子和中心差分算子。不变算子（invariant operator）$\mathrm{I}f_k = f_k$，移位算子（shifting operator）$\mathrm{E}f_k = f_{k+1}$。

显然，$\Delta = \mathrm{E} - \mathrm{I},\ \nabla = \mathrm{I} - \mathrm{E}^{-1},\ \delta = \mathrm{E}^{\frac{1}{2}} - \mathrm{E}^{-\frac{1}{2}}$。

1 阶差分的差分叫作 **2 阶差分**，用 Δ^2 表示，即

$$\Delta^2 f_0 = \Delta f_1 - \Delta f_0 = (f_2 - f_1) - (f_1 - f_0) = f_2 - 2f_1 + f_0,$$

$$\Delta^2 f_1 = \Delta f_2 - \Delta f_1 = (f_3 - f_2) - (f_2 - f_1) = f_3 - 2f_2 + f_1,$$

$$\cdots$$

$$\Delta^2 f_k = \Delta f_{k+1} - \Delta f_k = (f_{k+2} - f_{k+1}) - (f_{k+1} - f_k) = f_{k+2} - 2f_{k+1} + f_k。$$

一般地，定义 $f(x)$ 在 x_k 处的 **n 阶向前差分**和 **n 阶向后差分**分别为

$$\Delta^n f_k = \Delta^{n-1} f_{k+1} - \Delta^{n-1} f_k,\ \nabla^n f_k = \nabla^{n-1} f_k - \nabla^{n-1} f_{k-1}。$$

和差商一样，差分也可列表计算，表 4.7 是向前差分表。

表 4.7 向前差分表

f_k	1 阶差分 Δf_k	2 阶差分 $\Delta^2 f_k$	3 阶差分 $\Delta^3 f_k$	4 阶差分 $\Delta^4 f_k$	$\cdots$
$\underline{f_0}$	$\underline{\Delta f_0}$	$\underline{\Delta^2 f_0}$	$\underline{\Delta^3 f_0}$	$\underline{\Delta^4 f_0}$	$\vdots$
f_1	Δf_1	$\Delta^2 f_1$	$\Delta^3 f_1$	$\vdots$	
f_2	Δf_2	$\Delta^2 f_2$	$\vdots$		
f_3	Δf_3	$\vdots$			
f_4	$\vdots$				
$\vdots$					

例 4.7 试证 $\Delta(f_k \cdot g_k) = f_k \Delta g_k + g_{k+1} \Delta f_k$。

证明 $\Delta(f_k \cdot g_k) = f_{k+1} \cdot g_{k+1} - f_k \cdot g_k$

$$= f_{k+1} \cdot g_{k+1} - g_{k+1} \cdot f_k + g_{k+1} \cdot f_k - f_k \cdot g_k$$
$$= g_{k+1}(f_{k+1} - f_k) + f_k(g_{k+1} - g_k)$$
$$= g_{k+1}\Delta f_k + f_k\Delta g_k。$$

差分在等距节点牛顿插值公式的简化中起着重要作用。下面考虑差分的若干重要性质。

性质 4.6 (差分与函数值的关系) 各阶差分均可表示为函数值 $f_1, f_2, \cdots, f_k$ 的线性组合, 即

$$\Delta^k f_i = \sum_{j=0}^{k} (-1)^j C_k^j f_{i-j+k},$$

其中 $C_k^j = \dfrac{k!}{j!(k-j)!}$。

对 k 作数学归纳来证明。

性质 4.7 (差分与差商的关系) 在等距节点前提下,

$$f[x_i, x_{i+1}, \cdots, x_{i+k}] = \frac{\Delta^k f_i}{k!h^k}, \ k = 1, 2, \cdots, n \quad i。$$

证明 (对 k 作数学归纳)

当 $k = 1$ 时, $f[x_i, x_{i+1}] = \dfrac{f(x_{i+1}) - f(x_i)}{h} = \dfrac{f_{i+1} - f_i}{h} = \dfrac{\Delta f_i}{h}$, 显然结论成立。

假设当 $k = r$ 时, 结论成立, 即

$$f[x_i, x_{i+1}, \cdots, x_{i+r}] = \frac{\Delta^r f_i}{r!h^r}。$$

下面考虑 $k = r + 1$ 的情形。

$$f[x_i, x_{i+1}, \cdots, x_{i+r+1}]$$
$$= \frac{f[x_{i+1}, x_{i+2}, \cdots, x_{i+r+1}] - f[x_i, x_{i+1}, \cdots, x_{i+r}]}{x_{i+r+1} - x_i}$$
$$= \frac{\dfrac{\Delta^r f_{i+1}}{r!h^r} - \dfrac{\Delta^r f_i}{r!h^r}}{(r+1)h}$$
$$= \frac{\Delta^r f_{i+1} - \Delta^r f_i}{(r+1)h \cdot r!h^r}$$
$$= \frac{\Delta^{r+1} f_i}{(r+1)!h^{r+1}}。$$

性质 4.8 (差分与导数的关系) 在等距节点前提下,

$$\Delta^k f_i = h^k f^{(k)}(\xi), \ x_i < \xi < x_{i+k}。$$

证明　由性质 4.7 和性质 4.3 知

$$\Delta^k f_i = k!h^k f[x_i, x_{i+1}, \cdots, x_{i+k}]$$

$$= k!h^k \frac{f^{(k)}(\xi)}{k!}$$

$$= h^k f^{(k)}(\xi), \ x_i < \xi < x_{i+k}。\qquad\blacksquare$$

性质 4.9 (向前差分和向后差分的关系)　在等距节点前提下，

$$\Delta^k f_i = \nabla^k f_{i+k}。$$

性质 4.10　向前差分算子为线性算子，即

$$\Delta\big(a \cdot f(x) + b \cdot g(x)\big) = a \cdot \Delta f(x) + b \cdot \Delta g(x)。$$

例 4.8　已知 $f(x) = x^5 + 1$, $x_i = 0.5i$, $i = 0, 1, \cdots$, 求 $\Delta^5 f_0$ 和 $\Delta^2 f_2$ 的值。

解　（1）由性质 4.8 差分与导数的关系知

$$\Delta^5 f_0 = h^5 f^{(5)}(\xi) = 0.5^5 \times 5! = \frac{15}{4}。$$

（2）根据 2 阶差分的定义得

$$\Delta^2 f_2 = f_4 - 2f_3 + f_2 = f(x_4) - 2f(x_3) + f(x_2) = 17.812\,5。$$

2. 等距节点牛顿插值公式

将牛顿插值公式 (4.11) 中各阶差商用相应的差分代替，就可得到各种形式的等距节点插值公式，其中牛顿向前差分插值和向后差分插值是最常见的等距节点插值公式。

（1）牛顿向前差分插值公式（在插值区间左端点 x_0 附近插值）

设节点 $x_0, x_1, \cdots, x_n$ 从小到大等距排列，即 $x_k = x_0 + kh$, $h = \dfrac{x_n - x_0}{n}$。令 $y_k = f(x_k)$, $k = 0, 1, \cdots, n$。设 $x = x_0 + th$, $0 < t < 1$, 需要估算左端点 x_0 附近节点 x 的函数值 $f(x)$。将差商与差分关系式（性质 4.7）代入牛顿插值公式 (4.11) 得

$$N_n(x) = f(x_0) + f[x_0, x_1](x - x_0) + f[x_0, x_1, x_2](x - x_0)(x - x_1) + \cdots$$

$$+ f[x_0, x_1, \cdots, x_n](x - x_0)(x - x_1) \cdots (x - x_{n-1})$$

$$= f(x_0) + \frac{\Delta y_0}{h}(x - x_0) + \frac{\Delta^2 y_0}{2!h^2}(x - x_0)(x - x_1) + \cdots$$

$$+ \frac{\Delta^n y_0}{n!h^n}(x - x_0)(x - x_1) \cdots (x - x_{n-1})。$$

因为

$$x - x_0 = th, \ x - x_1 = (t-1)h, \cdots, x - x_{n-1} = (t-n+1)h,$$

所以

$$N_n(x) = N(x_0 + th)$$

$$= y_0 + t\Delta y_0 + \frac{t(t-1)}{2!}\Delta^2 y_0 + \cdots + \frac{t(t-1)\cdots(t-n+1)}{n!}\Delta^n y_0, \qquad (4.13)$$

称式 (4.13) 为**牛顿向前差分插值公式**（**Newton forward differential interpolation formula**），简称**牛顿前插公式**，其余项

$$R_n(x) = R_n(x_0 + th)$$
$$= f[x_0, x_1, \cdots, x_n, x]\omega_{n+1}(x)$$
$$= \frac{f^{(n+1)}(\xi_x)}{(n+1)!}\omega_{n+1}(x)$$
$$= \frac{t(t-1)\cdots(t-n)}{(n+1)!}h^{n+1}f^{(n+1)}(\xi_x), \ \xi_x \in (x_0, x_n)。$$

牛顿前插公式一般适用于插值节点 x 在插值区间左端点 x_0 附近，即 $0 < t < 1$, $t = \dfrac{x-x_0}{h}$，这时误差较小。

在实际利用牛顿前插公式 (4.13) 估算函数值 $f(x)$ 时，可以先构造向前差分表（如表 4.7 所示），这样牛顿前插公式的系数就是向前差分表中 $f(x)$ 在 x_0 处的各阶向前差分，即第 2 行加下画线的数值，其中 $y_k = f(x_k) = f_k$, $k = 0, 1, \cdots, n$。

例 4.9 设 $y = f(x) = e^x$，插值节点 x_k 及其函数值 $y_k = f(x_k)$ 的对应关系如表 4.8 所示，利用牛顿前插公式求 $f(1.2)$。

表 4.8 插值节点 x_k 及其函数值 $y_k = f(x_k)$ 的对应关系

x_k	1.0	1.5	2.0	2.5	3.0
y_k	2.718 28	4.481 69	7.389 05	12.182 47	20.085 54

解 ① 根据表 4.8 得到差分表（见表 4.9）。

表 4.9 根据表 4.8 得到的差分表

x_k	y_k	Δy_k	$\Delta^2 y_k$	$\Delta^3 y_k$	$\Delta^4 y_k$
1.0	2.718 28	1.763 41	1.143 95	0.742 11	0.481 48
1.5	4.481 69	2.907 36	1.886 06	1.223 59	
2.0	7.389 05	4.793 42	3.109 65		
2.5	12.182 47	7.903 07			
3.0	20.085 54				

② 将 $x = 1.2, x_0 = 1.0, h = 0.5$ 代入 $x = x_0 + th$ 可得，$t = 0.4$。所以

$$N_2(1.2) = y_0 + t\Delta y_0 + \frac{1}{2!}t(t-1)\Delta^2 y_0 = 3.286\ 37,$$

$$N_3(1.2) = N_2(1.2) + \frac{1}{3!}t(t-1)(t-2)\Delta^3 y_0 = 3.286\ 37 + 0.047\ 50 = 3.333\ 87,$$

$$N_4(1.2) = N_3(1.2) + \frac{1}{4!}t(t-1)(t-2)(t-3)\Delta^4 y_0 = 3.333\ 87 - 0.020\ 03 = 3.313\ 84。$$

准确值 $f(1.2) = e^{1.2} \approx 3.320\ 12$。插值余项 $R_2(x) \approx 0.033\ 75$, $R_3(x) \approx -0.013\ 75$,

$R_4(x) \approx 0.006\,28$。显然，随着使用信息的增加，即牛顿前插公式的项数越来越多，误差也会随之减小，计算结果更为准确。但若 $t > 1$，这个结论不一定成立。

（2）牛顿向后差分插值公式（在插值区间右端点附近插值）

设插值节点 $x_0, x_{-1}, x_{-2}, \cdots, x_{-n}$ 从大到小等距排列，即 $x_{-i} = x_0 - ih$，$h = \dfrac{x_0 - x_{-n}}{n}$。设插值节点对应的函数值分别为 $y_0, y_{-1}, y_{-2}, \cdots, y_{-n}$。这样，牛顿插值多项式为

$$N_n(x) = f(x_0) + f[x_0, x_{-1}](x - x_0) + f[x_0, x_{-1}, x_{-2}](x - x_0)(x - x_{-1}) + \cdots \tag{4.14}$$
$$+ f[x_0, x_{-1}, \cdots, x_{-n}](x - x_0)(x - x_{-1}) \cdots (x - x_{-n+1})。$$

由性质 4.7 得

$$f[x_0, x_{-1}] = \frac{f(x_0) - f(x_{-1})}{x_0 - x_{-1}} = \frac{\Delta y_{-1}}{h},$$
$$f[x_0, x_{-1}, x_{-2}] = \frac{\Delta^2 y_{-2}}{2!h^2},$$
$$\cdots$$
$$f[x_0, x_{-1}, x_{-2}, \cdots, x_{-n}] = \frac{\Delta^n y_{-n}}{n!h^n}。$$

设 $x = x_0 + th$，$-1 < t < 0$，则

$$x - x_0 = th,\ x - x_{-1} = (x_0 + th) - (x_0 - h) = (t+1)h, \cdots, x - x_{-k} = (x_0 + th) - (x - kh) = (t+k)h。$$

将其代入式 (4.14) 得

$$N_n(x) = N_n(x_0 + th)$$
$$= y_0 + t\Delta y_{-1} + \frac{t(t+1)}{2!}\Delta^2 y_{-2} + \cdots + \frac{t(t+1)\cdots(t+n-1)}{n!}\Delta^n y_{-n}, \tag{4.15}$$

称式 (4.15) 为**牛顿向后差分插值公式**（**Newton backward differential interpolation formula**），简称**牛顿后插公式**，其余项

$$R_n(x) = R_n(x_0 + th) = f(x) - N_n(x_0 + th)$$
$$= \frac{f^{(n+1)}(\xi_x)}{(n+1)!} h^{n+1} t(t+1) \cdots (t+n),\ x_{-n} < \xi < x_0。$$

注：一般当 x 靠近插值区间左端点时用前插，靠近右端点时用后插，故牛顿前插公式 (4.13) 和牛顿后插公式 (4.15) 也分别称为**表初公式**和**表末公式**。

例 4.10　函数 $y_k = \sqrt{x_k}$ 的离散点数据如表 4.10 所示，$h = 0.05$。求 $\sqrt{1.01}$ 和 $\sqrt{1.28}$ 的值。

解　① 根据表 4.10 构造差分表（见表 4.11）。

② $x = 1.01$ 接近插值区间左端点 1.00，利用牛顿前插公式 (4.13) 进行计算。因 3 阶差分已接近 0，故取 2 次牛顿前插公式做近似计算。由题意得

表 **4.10**　函数 $y_k = \sqrt{x_k}$ 的离散点数据

x_k	1.00	1.05	1.10	1.15	1.20	1.25	1.30
y_k	1.000 0	1.024 7	1.048 8	1.072 4	1.095 5	1.118 0	1.140 2

表 **4.11**　根据表 4.10 构造的差分表

x_k	y_k	Δy_k	$\Delta^2 y_k$	$\Delta^3 y_k$	$\Delta^4 y_k$	$\Delta^5 y_k$	$\Delta^6 y_k$
1.00	1.000 0	0.024 7	−0.000 6	0.000 1	−0.000 1	0.000 0	0.000 5
1.05	1.024 7	0.024 1	−0.000 5	0.000 0	−0.000 1	0.000 5	
1.10	1.048 8	0.023 6	−0.000 5	−0.000 1	0.000 4		
1.15	1.072 4	0.023 1	−0.000 6	0.000 3			
1.20	1.095 5	0.022 5	−0.000 3				
1.25	1.118 0	0.022 2					
1.30	1.140 2						

$$x_0 = 1.00,\ x = 1.01,\ h = 0.05,\ t = \frac{x - x_0}{h} = 0.2 。$$

所以，$\sqrt{1.01} \approx N_2(1.01)$

$$= y_0 + t\Delta y_0 + \frac{1}{2!}t(t - 1)\Delta^2 y_0$$

$$= 1.000\ 0 + 0.024\ 7 \times 0.2 + \frac{1}{2!} \times 0.2 \times (-0.8) \times (-0.000\ 6)$$

$$= 1.004\ 99 。$$

③ $x = 1.28$ 接近插值区间右端点 1.30，利用牛顿后插公式 (4.15) 进行计算。由题意得

$$x_0 = 1.30,\ x = 1.28,\ t = \frac{x - x_0}{h} = -0.4 。$$

所以，$\sqrt{1.28} \approx y_0 + t\Delta y_{-1} + \frac{1}{2!}t(t + 1)\Delta^2 y_{-2}$

$$= 1.140\ 2 + 0.022\ 2t + \frac{1}{2!}t(t + 1)(-0.000\ 3)$$

$$\approx 1.131\ 4 。$$

4.2.4　分段线性插值

1. 多项式插值的龙格（Runge）现象

前面讨论了在插值区间 $[a, b]$ 上用给定的若干插值节点构造插值多项式 $P_n(x)$ 来逼近函数 $f(x)$。如果不假思索，我们可能会认为插值节点越多，即插值多项式 $P_n(x)$ 的次数越高，其逼近 $f(x)$ 的准确度越好，截断误差越小。但实际上并非如此。这是因为对任意非插值节点 x，当 $n \to \infty$ 时，$P_n(x)$ 并不一定收敛到 $f(x)$。1901 年，德国数学家龙格指出了多项式插值的缺点，并给出著名的龙格反例。给定函数（称为龙格函数）$f(x) = \dfrac{1}{1 + x^2}$，$x \in [-5, 5]$。在节点 $x_k = -5 + kh$，$h = \dfrac{10}{n}$，$k = 0, 1, \cdots, n$ 上使用拉格

朗日插值多项式 $L_n(x)$ 去逼近 $f(x)$，发现当 $n \to \infty$ 时，$L_n(x)$ 只在 $|x| \leqslant 3.63$ 内收敛，在该区间外发散，这种现象被称为 **龙格现象**（**Runge phenomenon**），如图 4.4 所示。

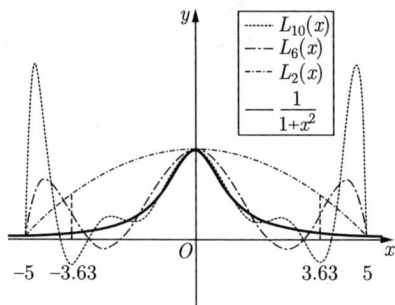

图 4.4　龙格现象

　　龙格事例说明，利用高次多项式 $L_n(x)$ 近似 $f(x)$ 效果并不好，会产生振荡现象，导致插值误差增大。事实上，对很多其他函数进行等距节点多项式插值都存在类似的不收敛现象。那么怎样来提高插值精度并减少振荡？可以通过采用合适的插值节点分布适当避免龙格现象，但实际问题中插值节点往往不可以自由选择，因此大多数情况下采用分段低次插值。分段线性插值是最简单的分段低次插值。

2. 分段线性插值函数

　　定义 4.3 (分段线性插值函数)　设 $f(x)$ 是区间 $[a,b]$ 上的函数。给定节点 $a = x_0 < x_1 < \cdots < x_n = b$ 及其函数值 $y_i = f(x_i)$, $i = 0, 1, \cdots, n$。构造插值函数 $I(x)$ 使其满足条件：

（1）$I(x_i) = f(x_i)$, $i = 0, 1, \cdots, n$,

（2）$I(x) \in C[a,b]$,

（3）在每个子区间 $[x_i, x_{i+1}]$, $i = 0, 1, \cdots, n-1$ 上，$I(x)$ 是线性函数，

则称 $I(x)$ 为 $f(x)$ 在区间 $[a,b]$ 上的 **分段线性插值函数**（**piecewise linear interpolation function**）。

　　分段线性插值的几何意义就是将插值节点用折线段连接起来逼近 $f(x)$，如图 4.5 所示。其主要思想就是将整个插值区间离散化成若干子区间，在每个子区间 $[x_i, x_{i+1}]$ ($i = 0, 1, \cdots, n-1$) 上采用拉格朗日插值基函数构造线性插值多项式逼近相应区间上的函数 $f(x)$，再将这些分段函数连接起来，得到整个区间 $[a,b]$ 上的线性插值函数 $I(x)$ 并用它来逼近 $f(x)$。

　　下面构造子区间上的插值基函数 $l_i(x)$，它满足基函数性质

$$l_i(x_j) = \begin{cases} 0, \ i \neq j; \\ 1, \ i = j, \end{cases} \quad i, j = 0, 1, \cdots, n。$$

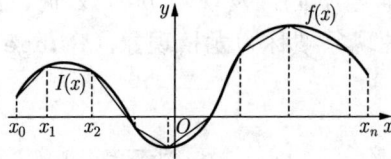

图 4.5　分段线性插值的几何意义

则分段线性插值基函数 $l_i(x)$ 表达式如下：

$$l_0(x) = \begin{cases} \dfrac{x - x_1}{x_0 - x_1}, \ x \in [x_0, x_1], \\ \\ 0, \ x \in [x_1, x_n]。 \end{cases}$$

$$l_i(x) = \begin{cases} \dfrac{x - x_{i-1}}{x_i - x_{i-1}}, \ x \in [x_{i-1}, x_i], \\ \dfrac{x - x_{i+1}}{x_i - x_{i+1}}, \ x \in [x_i, x_{i+1}], \quad i = 1, 2, \cdots, n-1。 \\ 0, \ x \notin [x_{i-1}, x_{i+1}], \end{cases} \tag{4.16}$$

$$l_n(x) = \begin{cases} \dfrac{x - x_{n-1}}{x_n - x_{n-1}}, \ x \in [x_{n-1}, x_n], \\ \\ 0, \ x \in [x_0, x_{n-1}]。 \end{cases}$$

基于式 (4.16) 中插值基函数表达式，整个区间 $[a, b]$ 上的分段线性插值函数可表示为

$$I(x) = \sum_{i=0}^{n} y_i l_i(x), \tag{4.17}$$

其中，子区间 $[x_i, x_{i+1}]$ $(i = 0, 1, \cdots, n-1)$ 上利用线性插值函数

$$I_i(x) = \frac{x - x_{i+1}}{x_i - x_{i+1}} y_i + \frac{x - x_i}{x_{i+1} - x_i} y_{i+1} \tag{4.18}$$

来逼近此区间上的函数 $f(x)$。显然分段线性插值函数光滑性差一些，但从整体来看，它逼近 $f(x)$ 的效果较好。

例 4.11　已知函数 $f(x)$ 的离散点数据，如表 4.12 所示。试用分段线性插值计算 $f(1.2)$ 和 $f(3.3)$。

表 4.12　函数 $f(x)$ 的离散点数据

x_i	-3	-1	2	3	9
$f(x_i)$	12	5	1	6	12

解　① $1.2 \in [-1, 2] = [x_1, x_2]$。由式 (4.18) 知，子区间 $[x_1, x_2]$ 上的线性插值函数为

$$I_1(x) = \frac{x - x_2}{x_1 - x_2} f(x_1) + \frac{x - x_1}{x_2 - x_1} f(x_2)。$$

因此 $f(1.2) \approx I_1(1.2) = \dfrac{1.2 - 2}{-1 - 2} \times 5 + \dfrac{1.2 + 1}{2 + 1} \times 1 = 2.066\ 7$。

② $3.3 \in [3, 9] = [x_3, x_4]$。由式 (4.18) 知，子区间 $[x_3, x_4]$ 上的线性插值函数为

$$I_3(x) = \frac{x - x_4}{x_3 - x_4} f(x_3) + \frac{x - x_3}{x_4 - x_3} f(x_4)。$$

因此 $f(3.3) \approx I_3(3.3) = \dfrac{3.3 - 9}{3 - 9} \times 6 + \dfrac{3.3 - 3}{9 - 3} \times 12 = 6.3$。

3. 分段线性插值余项

因为在每个子区间内，分段线性插值的误差为线性插值余项，因此可由线性插值余项来估计分段线性插值余项。

定理 4.4　设函数 $f(x)$ 在 $[a, b]$ 上有 2 阶连续导数 $f''(x)$。已知节点 $a = x_0 < x_1 < x_2 < \cdots < x_n = b$ 及相应函数值 $y_0 = f(x_0), y_1 = f(x_1), \cdots, y_n = f(x_n)$。$I(x)$ 是区间 $[a, b]$ 上由插值节点 (x_i, y_i)，$i = 0, 1, \cdots, n$ 构成的分段线性插值函数，则分段线性插值余项

$$|R(x)| = |f(x) - I(x)| \leqslant \frac{h^2}{8} M,$$

其中 $h = \max\limits_{0 \leqslant i \leqslant n-1} |x_{i+1} - x_i|$，$M = \max\limits_{a \leqslant x \leqslant b} |f''(x)|$。

证明　由拉格朗日插值余项公式 (4.8) 知，在每个子区间 $[x_i, x_{i+1}]$ $(i = 0, 1, \cdots, n-1)$ 上有

$$R(x) = \frac{f''(\xi)}{2}(x - x_i)(x - x_{i+1})，\text{其中 } \xi \in (x_i, x_{i+1})。$$

因为

$$(x - x_i)(x - x_{i+1}) = \left(x - \frac{x_i + x_{i+1}}{2}\right)^2 - \frac{(x_i - x_{i+1})^2}{4} \leqslant 0,$$

所以

$$\max_{x_i \leqslant x \leqslant x_{i+1}} |(x - x_i)(x - x_{i+1})| = \frac{(x_i - x_{i+1})^2}{4}。$$

于是

$$|R(x)| \leqslant \frac{|f''(\xi)|}{2} \frac{(x_{i+1} - x_i)^2}{4} \leqslant \frac{(x_{i+1} - x_i)^2}{8} \max_{x_i \leqslant x \leqslant x_{i+1}} |f''(x)|。$$

因此，对 $\forall x \in [a, b]$，有

$$|R(x)| \leqslant \max_{0 \leqslant i \leqslant n-1} \left\{ \frac{(x_{i+1} - x_i)^2}{8} \max_{x_i \leqslant x \leqslant x_{i+1}} |f''(x)| \right\} \leqslant \frac{h^2}{8} M。 \qquad \blacksquare$$

利用分段线性插值函数逼近连续函数 $f(x)$ 时，由定理 4.4 可得分段线性插值的收敛性定理 4.5。

定理 4.5 已知插值节点 $a = x_0 < x_1 < x_2 < \cdots < x_n = b$。令 $h = \max\limits_{0 \leqslant i \leqslant n-1} |x_{i+1} - x_i|$。设函数 $f(x) \in C[a, b]$ 的分段线性插值函数为 $I_h(x)$，则对 $\forall x \in [a, b]$，有

$$\lim_{h \to 0} I_h(x) = f(x)。$$

4.3 三次样条插值

分段线性插值克服了高次多项式插值的诸多缺点，并且函数逼近也具有收敛性（定理 4.5），但它只能保证插值曲线在连接点的连续性，而不能确保连接点的光滑性。然而实际中许多计算问题对插值函数光滑性都有较高要求，例如飞机机翼外形、发动机进气和排气口都要求有连续 2 阶导数。显然前面介绍的插值方法已不能解决这个问题。本节介绍的样条插值也属于多项式插值，但比前面几种插值具有更高阶光滑性。在样条插值中，常用的是三次样条插值，它既能保证插值曲线简单，又能满足曲线连接处比较光滑的要求。

样条是工程设计使用的一种绘图工具，它是富有弹性的细木条或细金属条。绘图员利用样条把一些已知节点连接成一条光滑曲线，该曲线称为**样条曲线**，它在连接点处有连续的曲率（即连续 2 阶导数）。实际上，样条曲线由分段三次曲线拼接而成，在连接点处要求 2 阶导数连续。在制造船体和汽车外形等工艺中，传统的设计方法是，首先由设计人员按外形要求，给出外形曲线的一组离散点值，接着由施工人员放置样条（一般用竹条或有弹性的钢条）使其通过各离散点，并将压铁放在离散点的位置上，然后不断调整样条的形状，使其自然光滑，这时样条表示一条插值曲线，也称为**样条函数**。从数学上看，这条曲线近似分段三次多项式，在节点处具有 1 阶和 2 阶连续导数，这样的分段插值函数在每段上要求多项式次数低，在节点处不仅连续，而且还要存在连续低阶导数，把满足这些条件的插值函数称为**样条插值函数**，它所对应的曲线称为**样条曲线**，其节点称为**样点**，这种插值方法称为**样条插值**。

1. 三次样条插值函数

下面讨论最常用的三次样条插值函数。

定义 4.4 (三次样条插值函数) 已知区间 $[a, b]$ 上的 $n+1$ 个节点 $a = x_0 < x_1 < x_2 < \cdots < x_n = b$ 及其相应函数值 $f_0 = f(x_0), f_1 = f(x_1), \cdots, f_n = f(x_n)$。若 $S(x)$ 具有如下性质：

（1）在每个子区间 $[x_j, x_{j+1}]$，$j = 0, 1, \cdots, n-1$ 上，$S(x)$ 是一个三次多项式。

（2）$S(x)$，$S'(x)$，$S''(x)$ 在 $[a, b]$（内节点）上连续，则称 $S(x)$ 为**三次样条函数**（**cubic spline function**）。

进一步地,

（3）$S(x_j) = f_j$, $j = 0, 1, \cdots, n$, 则称 $S(x)$ 为函数 $f(x)$ 的**三次样条插值函数**（**cubic spline interpolation function**）。

下面分析求三次样条插值函数 $S(x)$ 的已知条件数和未知条件数。由定义 4.4 知, $S(x)$ 在每个子区间 $[x_j, x_{j+1}]$ $(j = 0, 1, \cdots, n-1)$ 上是一个三次多项式, 所以共需要确定 $4n$ 个未知参数。又 $S(x), S'(x), S''(x)$ 在内节点上连续, 即在节点 x_j $(j = 1, 2, \cdots, n-1)$ 上满足连续性条件

$$S(x_j - 0) = S(x_j + 0), \; S'(x_j - 0) = S'(x_j + 0), \; S''(x_j - 0) = S''(x_j + 0),$$

这提供了 $3(n-1)$ 个已知条件。同时 $S(x)$ 满足插值条件, 又可提供 $n+1$ 个已知条件, 共有 $4n-2$ 个已知条件。缺少的两个条件通常根据实际问题在插值区间的端点处给出, 称为**边界条件**（**boundary condition**）。常用的有以下三类边界条件。

（1°）**第一类边界条件**：　已知两端点的 1 阶导数值, 即

$$S'(x_0) = f_0', \; S'(x_n) = f_n' \text{。}$$

（2°）**第二类边界条件**：　已知两端点的 2 阶导数值, 即

$$S''(x_0) = f_0'', \; S''(x_n) = f_n'' \text{。}$$

特别地, 若 $S''(x_0) = S''(x_n) = 0$, 称为**自然边界条件**（**natural boundary condition**）。

（3°）**第三类边界条件**：　当 $f(x)$ 是以 $x_n - x_0$ 为周期的周期函数时, 则要求 $S(x)$ 也是周期函数, 这时边界条件可写成

$$S(x_0 + 0) = S(x_n - 0), \; S'(x_0 + 0) = S'(x_n - 0), \; S''(x_0 + 0) = S''(x_n - 0),$$

称 $S(x)$ 为**周期样条函数**（**periodic spline function**）。

2. 三弯矩方程

三次样条插值函数可以有多种求法, 最常用的方法是以插值节点的 2 阶导数值作为未知参数构造每个子区间 $[x_j, x_{j+1}]$$(j = 0, 1, \cdots, n-1)$ 上的表达式 $S_{j+1}(x)$, 然后利用已知条件列出这些参数满足的线性方程组（三弯矩方程组）并求解。其大致思路如下: 由于 $S(x)$ 是三次多项式, 故 $S''(x)$ 是一次多项式。先对 $S''(x)$ 构造线性插值, 然后对 $S''(x)$ 积分两次得 $S(x)$, 所有的常数按条件求出。也可根据插值节点的 1 阶导数值构造每个子区间上的表达式, 然后列出线性方程组（三转角方程组）并求解其中待定参数。下面详细介绍第一种方法。

设 $f(x)$ 是区间 $[a, b]$ 上的 2 阶连续可导函数。已知插值节点 $a = x_0 < x_1 < \cdots < x_n = b$ 及其函数值 $y_0 = f(x_0), y_1 = f(x_1), \cdots, y_n = f(x_n)$。令 $M_j = S''(x_j)$, $j = 0, 1, \cdots, n$。M_j 未知, 在力学上解释为细梁在节点 x_j 截面处的弯矩, 并且这个弯矩 M_j 与相邻两个弯矩 M_{j-1} 和 M_{j+1} 有关。

由于 $S_{j+1}(x) = S(x)$ 在每个子区间 $[x_j, x_{j+1}]$ $(j = 0, 1, \cdots, n-1)$ 上都是三次多项式, 故 $S_{j+1}''(x)$ 在 $[x_j, x_{j+1}]$ 上是线性函数。设

$$S''_{j+1}(x) = M_j \frac{x_{j+1} - x}{h_j} + M_{j+1} \frac{x - x_j}{h_j}, \tag{4.19}$$

其中 $h_j = x_{j+1} - x_j$。将式 (4.19) 积分两次得

$$S'_{j+1}(x) = -M_j \frac{(x_{j+1} - x)^2}{2h_j} + M_{j+1} \frac{(x - x_j)^2}{2h_j} + A_j,$$

$$S_{j+1}(x) = M_j \frac{(x_{j+1} - x)^3}{6h_j} + M_{j+1} \frac{(x - x_j)^3}{6h_j} + A_j(x - x_j) + B_j, \tag{4.20}$$

其中 A_j 和 B_j 为积分常数。

将 $S_{j+1}(x_j) = y_j$，$S_{j+1}(x_{j+1}) = y_{j+1}$ 代入式 (4.20) 得方程

$$\begin{cases} \frac{M_j}{6} h_j^2 + B_j = y_j \\ \frac{M_{j+1}}{6} h_j^2 + A_j h_j + B_j = y_{j+1} \end{cases}$$

解方程得

$$\begin{cases} A_j = \frac{y_{j+1} - y_j}{h_j} - \frac{h_j}{6}(M_{j+1} - M_j) \\ B_j = y_j - \frac{M_j}{6} h_j^2 \end{cases}$$

将 A_j, B_j 代入式 (4.20) 得

$$S_{j+1}(x) = M_j \frac{(x_{j+1} - x)^3}{6h_j} + M_{j+1} \frac{(x - x_j)^3}{6h_j} +$$
$$\left(\frac{y_{j+1} - y_j}{h_j} - \frac{h_j}{6}(M_{j+1} - M_j) \right)(x - x_j) + y_j - \frac{M_j}{6} h_j^2, \tag{4.21}$$

对式 (4.21) 中的 $S_{j+1}(x)$ 求导得

$$S'_{j+1}(x) = -M_j \frac{(x_{j+1} - x)^2}{2h_j} + M_{j+1} \frac{(x - x_j)^2}{2h_j} + \frac{y_{j+1} - y_j}{h_j} - \frac{(M_{j+1} - M_j)}{6} h_j, \tag{4.22}$$

所以

$$S'_{j+1}(x_j + 0) = -M_j \frac{(x_{j+1} - x_j)^2}{2h_j} + \frac{y_{j+1} - y_j}{h_j} - \frac{(M_{j+1} - M_j)}{6} h_j$$

$$= -M_j \frac{h_j^2}{2h_j} + \frac{y_{j+1} - y_j}{h_j} - \frac{(M_{j+1} - M_j)}{6} h_j$$

$$= -\frac{h_j}{3} M_j - \frac{h_j}{6} M_{j+1} + \frac{y_{j+1} - y_j}{h_j}。$$

同理可求出 $S_j(x) = S(x)$ 在区间 $[x_{j-1}, x_j]$ $(j = 1, 2, \cdots, n)$ 上的表达式，从而得

$$S_j'(x_j - 0) = \frac{h_{j-1}}{6}M_{j-1} + \frac{h_{j-1}}{3}M_j + \frac{y_j - y_{j-1}}{h_{j-1}}。$$

由 1 阶导数连续性条件可知

$$S_{j+1}'(x_j + 0) = S_j'(x_j - 0),$$

移项、合并同类项得

$$h_{j-1}M_{j-1} + 2(h_{j-1} + h_j)M_j + h_jM_{j+1} = 6\left(\frac{y_{j+1} - y_j}{h_j} - \frac{y_j - y_{j-1}}{h_{j-1}}\right),$$

各项除以 $h_{j-1} + h_j$ 得

$$\frac{h_{j-1}}{h_{j-1} + h_j}M_{j-1} + 2M_j + \frac{h_j}{h_{j-1} + h_j}M_{j+1} = \frac{6\left(\dfrac{y_{j+1} - y_j}{h_j} - \dfrac{y_j - y_{j-1}}{h_{j-1}}\right)}{h_{j-1} + h_j}。 \tag{4.23}$$

引入记号

$$\lambda_j = \frac{h_j}{h_{j-1} + h_j}, \ \mu_j = 1 - \lambda_j,$$

$$d_j = \frac{6\left(\dfrac{y_{j+1} - y_j}{h_j} - \dfrac{y_j - y_{j-1}}{h_{j-1}}\right)}{h_{j-1} + h_j}$$

$$= \frac{6\left(f[x_j, x_{j+1}] - f[x_{j-1}, x_j]\right)}{h_{j-1} + h_j}$$

$$= 6f[x_{j-1}, x_j, x_{j+1}]。$$

将 λ_j、μ_j 和 d_j 代入式 (4.23) 得

$$\mu_jM_{j-1} + 2M_j + \lambda_jM_{j+1} = d_j, \ j = 1, 2, \cdots, n-1 \tag{4.24}$$

称式 (4.24) 为**三弯矩方程**（**three-moment equation**）。

从式 (4.24) 可以看出，只要求出三弯矩方程中的弯矩 $M_0, M_1, \cdots, M_n$，就可得到每个子区间 $[x_j, x_{j+1}]$ 上的 $S_{j+1}(x)$, $j = 0, 1, \cdots, n-1$，继而得到整个区间 $[a, b]$ 上的三次样条插值函数 $S(x)$。三弯矩方程 (4.24) 中总共有 $n+1$ 个未知数 $M_0, M_1, \cdots, M_n$ 和 $n-1$ 个方程。要想唯一确定各个弯矩 M_j，还需再提供两个已知条件，这两个已知条件可通过前面提到的边界条件来获得。下面介绍不同边界条件下 $S(x)$ 的求解方法。

（1°）第一类边界条件：已知两端点的 1 阶导数值 $S'(x_0) = f_0'$, $S'(x_n) = f_n'$，即

$$S_1'(x_0) = f_0', \ S_n'(x_n) = f_n'。$$

将 $j=0, x=x_0$ 代入式 (4.22)，有

$$S_1'(x_0) = -M_0\frac{(x_1-x_0)^2}{2h_0} + \frac{y_1-y_0}{h_0} - \frac{M_1-M_0}{6}h_0 = f_0',$$

整理得

$$2M_0 + M_1 = \frac{6}{h_0}\left(\frac{y_1-y_0}{h_0} - f_0'\right) = \frac{6}{h_0}\left(f[x_0,x_1] - f_0'\right) = 6f[x_0,x_0,x_1] = d_0 。 \tag{4.25}$$

将 $j=n-1, x=x_n$ 代入式 (4.22)，有

$$S_n'(x_n) = M_n\frac{(x_n-x_{n-1})^2}{2h_{n-1}} + \frac{y_n-y_{n-1}}{h_{n-1}} - \frac{(M_n-M_{n-1})}{6}h_{n-1} = f_n',$$

整理得

$$\begin{aligned}
M_{n-1} + 2M_n &= \frac{6}{h_{n-1}}\left(f_n' - \frac{y_n-y_{n-1}}{h_{n-1}}\right) \\
&= \frac{6}{h_{n-1}}\left(f_n' - f[x_{n-1},x_n]\right) \\
&= 6f[x_{n-1},x_n,x_n] \\
&= d_n 。
\end{aligned} \tag{4.26}$$

将式 (4.25) 和式 (4.26) 分别补充为三弯矩方程 (4.24) 的第一个和最后一个方程，得第一类边界条件下的三弯矩方程组

$$\begin{cases}
2M_0 + M_1 = d_0 \\
\mu_j M_{j-1} + 2M_j + \lambda_j M_{j+1} = d_j, \ j=1,2,\cdots,n-1 \\
M_{n-1} + 2M_n = d_n
\end{cases}$$

写成矩阵形式

$$\begin{pmatrix}
2 & 1 & & & \\
\mu_1 & 2 & \lambda_1 & & \\
& \ddots & \ddots & \ddots & \\
& & \mu_{n-1} & 2 & \lambda_{n-1} \\
& & & 1 & 2
\end{pmatrix}
\begin{pmatrix}
M_0 \\ M_1 \\ \vdots \\ M_{n-1} \\ M_n
\end{pmatrix}
=
\begin{pmatrix}
d_0 \\ d_1 \\ \vdots \\ d_{n-1} \\ d_n
\end{pmatrix}, \tag{4.27}$$

系数矩阵是严格对角占优阵，由定理 3.14 知存在唯一解，可利用追赶法求解。

（2°）第二类边界条件：已经两端点的 2 阶导数值 $S''(x_0)=f_0''$，$S''(x_n)=f_n''$，即

$$M_0 = f_0'', \ M_n = f_n'' 。$$

若取 $M_0 = M_n = 0$，则称 $S(x)$ 为**三次自然样条函数**（**cubic natural spline function**）。将 M_0 和 M_n 的值代入三弯矩方程 (4.24) 得

$$\begin{cases} 2M_1 + \lambda_1 M_2 = d_1 - \mu_1 f_0'' \\ \mu_j M_{j-1} + 2M_j + \lambda_j M_{j+1} = d_j, \ j = 2, 3, \cdots, n-2 \\ \mu_{n-1} M_{n-2} + 2M_{n-1} = d_{n-1} - \lambda_{n-1} f_n'' \end{cases}$$

写成矩阵形式

$$\begin{pmatrix} 2 & \lambda_1 & & & \\ \mu_2 & 2 & \lambda_2 & & \\ \ddots & \ddots & \ddots & & \\ & & \mu_{n-2} & 2 & \lambda_{n-2} \\ & & & \mu_{n-1} & 2 \end{pmatrix} \begin{pmatrix} M_1 \\ M_2 \\ \vdots \\ M_{n-2} \\ M_{n-1} \end{pmatrix} = \begin{pmatrix} d_1 - \mu_1 f_0'' \\ d_2 \\ \vdots \\ d_{n-2} \\ d_{n-1} - \lambda_{n-1} f_n'' \end{pmatrix}, \quad (4.28)$$

系数矩阵是严格对角占优阵，由定理 3.14 知存在唯一解，可利用追赶法求解。

利用追赶法分别求解方程组 (4.27) 和方程组 (4.28)，得到 $M_0, M_1, \cdots, M_n$，其中第二类边界条件中 M_0 和 M_n 已知。将求得的 $M_0, M_1, \cdots, M_n$ 代入式 (4.21)，即可得到子区间 $[x_j, x_{j+1}]$ $(j = 0, 1, \cdots, n-1)$ 上的三次样条插值函数

$$S_{j+1}(x) = M_j \frac{(x_{j+1} - x)^3}{6h_j} + M_{j+1} \frac{(x - x_j)^3}{6h_j} +$$

$$\left(\frac{y_{j+1} - y_j}{h_j} - \frac{h_j}{6} (M_{j+1} - M_j) \right) (x - x_j) + y_j - \frac{M_j}{6} h_j^2 。 \quad (4.29)$$

例 4.12 已知函数 $f(x)$ 的离散点数据，如表 4.13 所示。求以 $(x_i, f(x_i))$ 为插值节点的自然样条函数，并计算 $f(3)$ 和 $f(4.5)$ 的值。

表 4.13 函数 $f(x)$ 的离散点数据

x_i	1	2	4	5
$f(x_i)$	1	3	4	2

解 由题意得 $M_0 = M_3 = 0$，这是第二类边界条件中的自然边界条件。将其代入矩阵方程组 (4.28) 可得关于 M_1 和 M_2 的方程组

$$\begin{pmatrix} 2 & \lambda_1 \\ \mu_2 & 2 \end{pmatrix} \begin{pmatrix} M_1 \\ M_2 \end{pmatrix} = \begin{pmatrix} d_1 - \mu_1 M_0 \\ d_2 - \lambda_2 M_3 \end{pmatrix} = \begin{pmatrix} d_1 \\ d_2 \end{pmatrix} \quad (4.30)$$

回忆前面的记号

$$h_j = x_{j+1} - x_j, \ \lambda_j = \frac{h_j}{h_{j-1} + h_j},$$

$$\mu_j = 1 - \lambda_j, \ d_j = 6f[x_{j-1}, x_j, x_{j+1}],$$

所以

$$h_0 = x_1 - x_0 = 2 - 1 = 1,$$

$$h_1 = x_2 - x_1 = 4 - 2 = 2,$$

$$h_2 = x_3 - x_2 = 5 - 4 = 1,$$

$$\lambda_1 = \frac{h_1}{h_0 + h_1} = \frac{2}{3}, \ \mu_1 = 1 - \lambda_1 = \frac{1}{3},$$

$$\lambda_2 = \frac{h_2}{h_1 + h_2} = \frac{1}{3}, \ \mu_2 = 1 - \lambda_2 = \frac{2}{3},$$

$$d_1 = 6f[x_0, x_1, x_2] = -3, \ d_2 = 6f[x_1, x_2, x_3] = -5。$$

将 λ_1、λ_2、μ_1、μ_2、d_1 和 d_2 代入方程组 (4.30) 得

$$\begin{pmatrix} 2 & \frac{2}{3} \\ \frac{2}{3} & 2 \end{pmatrix} \begin{pmatrix} M_1 \\ M_2 \end{pmatrix} = \begin{pmatrix} -3 \\ -5 \end{pmatrix},$$

解得

$$M_1 = -\frac{3}{4}, \ M_2 = -\frac{9}{4}。$$

结合已知条件 $M_0 = M_3 = 0$，将 M_0、M_1、M_2 和 M_3 代入 $S_{j+1}(x)$ 的表达式 (4.29)，得到子区间 $[x_j, x_{j+1}]$ $(j = 0, 1, 2)$，即区间 $[1, 2]$、$[2, 4]$ 和 $[4, 5]$ 上的三次样条插值函数 $S(x)$。在区间 $[1, 2]$ 上，$S_1(x) = -\frac{1}{8}(x^3 - 3x^2 - 14x + 8)$；在区间 $[2, 4]$ 上，$S_2(x) = -\frac{1}{8}(x^3 - 3x^2 - 14x + 8)$；在区间 $[4, 5]$ 上，$S_3(x) = \frac{1}{8}(3x^3 - 45x^2 + 206x - 264)$。即

$$S(x) = \begin{cases} S_1(x) = -\dfrac{1}{8}(x^3 - 3x^2 - 14x + 8), \ 1 \leqslant x \leqslant 2; \\[2mm] S_2(x) = -\dfrac{1}{8}(x^3 - 3x^2 - 14x + 8), \ 2 \leqslant x \leqslant 4; \\[2mm] S_3(x) = \dfrac{1}{8}(3x^3 - 45x^2 + 206x - 264), \ 4 \leqslant x \leqslant 5。 \end{cases}$$

又 $3 \in [2, 4]$，$4.5 \in [4, 5]$，因此 $f(3) \approx S_2(3) = 4.25$，$f(4.5) \approx S_3(4.5) = 3.140\ 6$。

例 4.13　设 $f(x)$ 是定义在区间 $[0, 3]$ 上的函数（如表 4.14 所示），且满足 $f'(x_0) = 0.2$，$f'(x_3) = -1$。利用 M 关系式求三次样条函数 $S(x)$。

解　由题意知，这是第一类边界条件，且

表 4.14　$f(x)$ 的离散点数据

x_i	0	1	2	3
$f(x_i)$	0	0.5	2.0	1.5

$$h_0 = x_1 - x_0 = 1 - 0 = 1,\ h_1 = x_2 - x_1 = 2 - 1 = 1,$$
$$h_2 = x_3 - x_2 = 3 - 2 = 1,$$
$$\lambda_1 = \lambda_2 = \mu_1 = \mu_2 = \frac{1}{2},$$
$$d_0 = 6f[x_0, x_0, x_1] = 1.8,\ d_1 = 6f[x_0, x_1, x_2] = 3,$$
$$d_2 = 6f[x_1, x_2, x_3] = -6,\ d_3 = 6f[x_2, x_3, x_3] = -3。$$

将上述各参数代入方程组 (4.27) 得

$$\begin{pmatrix} 2 & 1 & & \\ \frac{1}{2} & 2 & \frac{1}{2} & \\ & \frac{1}{2} & 2 & \frac{1}{2} \\ & & 1 & 2 \end{pmatrix} \begin{pmatrix} M_0 \\ M_1 \\ M_2 \\ M_3 \end{pmatrix} = \begin{pmatrix} 1.8 \\ 3 \\ -6 \\ -3 \end{pmatrix},$$

解得 $M_0 = -0.36,\ M_1 = 2.52,\ M_2 = -3.72,\ M_3 = 0.36$。

将各 M 值代入式 (4.29) 中的三次样条函数表达式 $S(x)$ 得

$$S(x) = \begin{cases} S_1(x) = 0.48x^3 - 0.18x^2 + 0.2x,\ 0 \leqslant x \leqslant 1; \\ S_2(x) = -1.04x^3 + 4.38x^2 - 4.36x + 1.52,\ 1 \leqslant x \leqslant 2; \\ S_3(x) = 0.68x^3 - 5.94x^2 + 16.28x - 12.24,\ 2 \leqslant x \leqslant 3. \end{cases}$$

例 4.14　已知

$$S(x) = \begin{cases} x^3 + x^2,\ 0 \leqslant x \leqslant 1; \\ 2x^3 + bx^2 + cx - 1,\ 1 \leqslant x \leqslant 2. \end{cases}$$

是以 0、1、2 为插值节点的三次样条函数，试计算 b、c 的值。

解　由题意得

$$S_1(x) = x^3 + x^2,\ S_2(x) = 2x^3 + bx^2 + cx - 1,$$

所以

$$S_1'(x) = 3x^2 + 2x,\ S_1''(x) = 6x + 2,$$
$$S_2'(x) = 6x^2 + 2bx + c,\ S_2''(x) = 12x + 2b。$$

由于 1 阶导数 $S'(x)$ 和 2 阶导数 $S''(x)$ 在内节点上连续，所以

$$S_1'(1-) = S_2'(1+),\ S_1''(1-) = S_2''(1+),$$

即

$$6 + 2b + c = 5,\ 12 + 2b = 8,$$

解得 $b = -2$, $c = 3$。

4.4 曲线拟合的最小二乘法

4.4.1 问题的提出

在科学实验和工程计算中，常常会遇到大量带有误差的实验数据，例如观测数据表（如表 4.15 所示），其中 $i \neq j$ 时，$x_i \neq x_j$，需要找出自变量 x 与因变量 y 之间的函数关系 $y = f(x)$。

表 4.15 观测数据表

x	x_1	x_2	$\cdots$	x_n
y	y_1	y_2	$\cdots$	y_n

虽然用插值函数 $P(x)$ 代替函数关系 $f(x)$，要求满足插值条件

$$P(x_i) = f(x_i) = y_i,\ i = 1, 2, \cdots, n,$$

可以得到函数 y 与 x 的近似关系，但是插值方法在解决这类问题时明显存在着缺陷。首先，由于观测点和观测数据本身就有误差，使用插值方法就会使函数保留这些误差，反而影响逼近函数的精度。再者，由实验提供的数据往往很多，数据量很大时所求插值曲线中的未知参数就很多，计算效率不高。另外，使用插值思想会有两个问题：直接进行多项式插值是高次插值，会有龙格效应，效果不理想；分段低次插值，精度不高，还需要注意分段插值曲线之间的连接情况。

我们希望用新的方法来构造函数，使得所求近似函数 $\varphi(x)$ 与准确函数 $f(x)$ 从总体上来说其偏差按某种方法度量能达到最小，这样所求的函数曲线称为**拟合曲线（fit curve）**，它不需要曲线完全通过所有数据点，只要求函数曲线与所有数据点整体上最接近，能够反映数据点的总体变化趋势（如图 4.6 所示）。

引例 4.1 在多个景点之间修一条直线公路（如图 4.7 所示），使得它与各景点之间距离整体上最近。

引例 4.2 已知快速静脉注射下血药浓度的数据（$t = 0$ 时，注射 300mg）如表 4.16 所示，求血药浓度 c 随时间 t 的变化规律 $c(t) = c_0 e^{-kt}$，c_0、k 为待定系数。

表 4.16 快速静脉注射下血药浓度的数据

t /h	0.25	0.5	1	1.5	2	3	4	6	8
c /(g/mL)	19.21	18.15	15.36	14.10	12.89	9.32	7.45	5.24	3.01

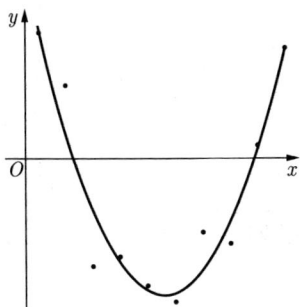

图 4.6 拟合曲线示意图

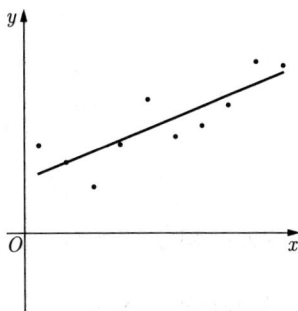

图 4.7 多景点间直线公路示意图

引例 4.3 已知某大学生工作后 6 年的工资如表 4.17 所示，试用合适的曲线拟合工资数据并预测他 10 年后的工资。

表 4.17 某大学生工作后 6 年的工资

x	0	1	2	3	4	5
y	1	1.6	2.1	2.4	3.2	3.4

曲线拟合（**curve fitting**）指根据给定的数据，寻找一个简单表达式来"拟合"该组数据，其中"拟合"的含义指不需要该表达式对应的近似曲线完全通过所有数据点，只要求该近似曲线能够反映数据点的基本变化趋势。

已知一组数据，即平面上的 n 个点 (x_i, y_i), $i = 1, 2, \cdots, n$，寻找一个函数（曲线）$\varphi(x)$，使得在某种准则下 $\varphi(x)$ 与所有数据点最为接近，即曲线拟合得最好。显然上述引例中并不需要近似函数曲线 $\varphi(x)$ 通过所有观测点，而只要求根据已知数据点 (x_i, y_i), $i = 1, 2, \cdots, n$，找出 x、y 之间的依赖关系，使得近似函数 $\varphi(x)$ 能充分反映函数 $f(x)$ 的大致面目，即与 $f(x)$ 有最好的拟合（或逼近），这是曲线拟合的本质。因为曲线拟合问题并不要求满足插值条件 $\varphi(x_i) = y_i$ $(i = 1, 2, \cdots, n)$，所以在数据点 x_i 处，$\varphi(x)$ 与 $f(x)$ 有误差 $r_i = y_i - \varphi(x_i)$，称 r_i 为用 $\varphi(x)$ 拟合 $f(x)$ 在 x_i 处的**偏差**（**deviation**）。

4.4.2 最小二乘原理

引例 4.4 为测刀具的磨损速度，经过一定时间 t，测一下刀具厚度 y，测量数据如表 4.18 所示。试建立 y 与 t 的关系 $y = f(t)$。

表 4.18 刀具厚度随时间变化的测量数据

t	0	1	2	3	4	5	6	7
y	27.0	26.8	26.5	26.3	26.1	25.7	25.3	24.5

分析 将数据点标在坐标上，画出散点图 4.8。从图 4.8 可以看出刀具厚度 y 与时间 t 近似直线关系（如图 4.9 所示）。设 $y = a + bt$，其中 a、b 待定。因为 y 与 t 不是严格的直线关系，所以无论 a、b 怎样选择都不可能使直线通过所有已知数据点。那如何选择 a、b 使得直线与实际情况尽可能接近？下面讨论这个问题。

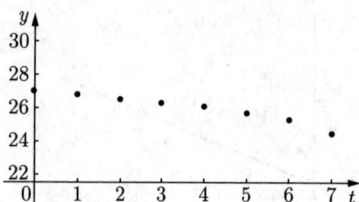

图 4.8　根据表 4.18 中数据画出的散点图

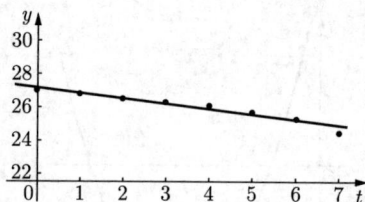

图 4.9　根据图 4.8 中散点图得到的拟合直线

将给定的数据点代入 $y = a + bt$，得到方程组

$$\begin{cases} a & = 27.0 \\ a + & b = 26.8 \\ a + 2b = 26.5 \\ \vdots \\ a + 7b = 24.5 \end{cases}$$

这是一个矛盾方程组，即无法得到满足所有条件的 a 和 b。如果能按某种方法确定 a、b，那么对任意 t_i 就能求出相应函数值 y_i^*。因 a、b 都是近似值，所以 y_i^* 也是近似值，记 $r_i = y_i - y_i^* = y_i - (a + bt_i)$。要使 y_i^* 逼近 y_i 且整体误差最小，常可采取以下三个标准：

（1）使得 $\max\limits_{1 \leqslant i \leqslant n} |y_i^* - y_i|$ 最小；

（2）使得 $\sum\limits_{i=1}^{n} |y_i^* - y_i|$ 最小；

（3）使得 $\sum\limits_{i=1}^{n} |y_i^* - y_i|^2$ 最小。

其中，确定 a 和 b 使得误差平方和达到最小的求拟合曲线的方法称为**最小二乘法**（**least square method**）。

最小二乘法可以用来求解矛盾方程组。设有如下方程组

$$\sum_{j=1}^{m} a_{ij}x_j = b_i, \ i = 1, 2, \cdots, n, \tag{4.31}$$

其中 $n > m$，即方程个数大于未知数个数。通常情况下，方程组无解，称为**矛盾方程组**（**contradictory equation system**）。最小二乘法是求解矛盾方程组的一个常用方法。

下面利用最小二乘法求 $x_1, x_2, \cdots, x_m$，使得矛盾方程组 (4.31) 两端近似相等。令

$$\varphi(x_1, x_2, \cdots, x_m) = \sum_{i=1}^{n} \left(\sum_{j=1}^{m} a_{ij}x_j - b_i \right)^2 。$$

选择 $x_1, x_2, \cdots, x_m$，使得 $\varphi(x_1, x_2, \cdots, x_m)$ 达到最小。由多元函数极值理论知

$$\frac{\partial \varphi}{\partial x_k} = 0, \ k = 1, 2, \cdots, m。$$

即

$$\frac{\partial \varphi}{\partial x_k} = 2 \sum_{i=1}^{n} \left(\sum_{j=1}^{m} a_{ij} x_j - b_i \right) a_{ik} = 0, \ k = 1, 2, \cdots, m。$$

整理得

$$\sum_{j=1}^{m} \left(\sum_{i=1}^{n} a_{ij} a_{ik} \right) x_j = \sum_{i=1}^{n} a_{ik} b_i, \ k = 1, 2, \cdots, m。 \tag{4.32}$$

令

$$\boldsymbol{A} = \begin{pmatrix} a_{11} & a_{12} & \cdots & a_{1m} \\ a_{21} & a_{22} & \cdots & a_{2m} \\ \vdots & \vdots & \ddots & \vdots \\ a_{n1} & a_{n2} & \cdots & a_{nm} \end{pmatrix}, \quad \boldsymbol{b} = \begin{pmatrix} b_1 \\ b_2 \\ \vdots \\ b_n \end{pmatrix}, \quad \boldsymbol{x} = \begin{pmatrix} x_1 \\ x_2 \\ \vdots \\ x_n \end{pmatrix},$$

则式 (4.32) 可以写成矩阵形式

$$\boldsymbol{A}^{\mathrm{T}} \boldsymbol{A} \boldsymbol{x} = \boldsymbol{A}^{\mathrm{T}} \boldsymbol{b}, \tag{4.33}$$

称式 (4.33) 为矛盾方程组 (4.31) 的**正规方程组**（**normal equation system**）。若正规方程组 (4.33) 的系数矩阵 $\boldsymbol{A}^{\mathrm{T}} \boldsymbol{A}$ 可逆，则它存在唯一解 $\boldsymbol{x}$，称这个解为矛盾方程组 (4.31) 的**最小二乘解**（**least square solution**）。

例 4.15　用最小二乘法解下列矛盾方程组

$$\begin{cases} 2x + 3y = 5 \\ x + \ y = 2 \\ 2x + \ y = 4 \end{cases} \tag{4.34}$$

解　令

$$\boldsymbol{A} = \begin{pmatrix} 2 & 3 \\ 1 & 1 \\ 2 & 1 \end{pmatrix}, \boldsymbol{b} = \begin{pmatrix} 5 \\ 2 \\ 4 \end{pmatrix}, \boldsymbol{u} = \begin{pmatrix} x \\ y \end{pmatrix}。$$

则

$$\boldsymbol{A}^{\mathrm{T}} \boldsymbol{A} = \begin{pmatrix} 2 & 1 & 2 \\ 3 & 1 & 1 \end{pmatrix} \begin{pmatrix} 2 & 3 \\ 1 & 1 \\ 2 & 1 \end{pmatrix} = \begin{pmatrix} 9 & 9 \\ 9 & 11 \end{pmatrix},$$

$$\boldsymbol{A}^{\mathrm{T}} \boldsymbol{b} = \begin{pmatrix} 2 & 1 & 2 \\ 3 & 1 & 1 \end{pmatrix} \begin{pmatrix} 5 \\ 2 \\ 4 \end{pmatrix} = \begin{pmatrix} 20 \\ 21 \end{pmatrix}。$$

故相应正规方程组为

$$\begin{pmatrix} 9 & 9 \\ 9 & 11 \end{pmatrix} \begin{pmatrix} x \\ y \end{pmatrix} = \begin{pmatrix} 20 \\ 21 \end{pmatrix}。 \tag{4.35}$$

解方程组 (4.35) 即可得到矛盾方程组 (4.34) 的最小二乘解

$$x = \frac{31}{18}, \ y = \frac{1}{2}。$$

4.4.3 线性拟合

线性拟合（linear fitting）用线性函数 $y = a + bt$ 来拟合观测数据点 (t_i, y_i)，$i = 1, 2, \cdots, n$，使得误差平方和达到最小，即确定 a 和 b 使得误差

$$R = \sum_{i=1}^{n} r_i^2 = \sum_{i=1}^{n} \left(y_i - (a + bt_i) \right)^2$$

最小。根据多元函数极值理论，要使 R 达到极小，必有

$$\begin{cases} \dfrac{\partial R}{\partial a} = 0 \\ \dfrac{\partial R}{\partial b} = 0 \end{cases}$$

即

$$\begin{cases} \dfrac{\partial R}{\partial a} & = -2 \sum_{i=1}^{n} \left(y_i - (a + bt_i) \right) & = 0 \\ \dfrac{\partial R}{\partial b} & = -2 \sum_{i=1}^{n} \left(y_i - (a + bt_i) \right) t_i = 0 \end{cases}$$

整理得

$$\begin{cases} an & + b \sum_{i=1}^{n} t_i & = \sum_{i=1}^{n} y_i \\ a \sum_{i=1}^{n} t_i & + b \sum_{i=1}^{n} t_i{}^2 & = \sum_{i=1}^{n} t_i y_i \end{cases}$$

写成矩阵形式

$$\begin{pmatrix} n & \sum_{i=1}^{n} t_i \\ \sum_{i=1}^{n} t_i & \sum_{i=1}^{n} t_i{}^2 \end{pmatrix} \begin{pmatrix} a \\ b \end{pmatrix} = \begin{pmatrix} \sum_{i=1}^{n} y_i \\ \sum_{i=1}^{n} t_i y_i \end{pmatrix}。 \tag{4.36}$$

将引例 4.4 中的数据点 (t_i, y_i) 代入正规方程组 (4.36)，解得

$$a = 27.175,\ b = -0.328\ 6。$$

因此，所求 y 与 t 的近似关系为 $y^* = 27.175 - 0.328\ 6t$。

例 4.16　考查某种合成纤维的强度与其拉伸倍数的关系。表 4.19 是实际测定的 24 个纤维样品强度与相应拉伸倍数的数据记录。请用适当的函数对它们进行拟合。

表 4.19　纤维样品强度与相应拉伸倍数的测量数据

编号	拉伸倍数	强度/(kg/mm^2)	编号	拉伸倍数	强度/(kg/mm^2)
1	1.9	1.4	13	5.0	5.5
2	2.0	1.3	14	5.2	5.0
3	2.1	1.8	15	6.0	5.5
4	2.5	2.5	16	6.3	6.4
5	2.7	2.8	17	6.5	6.0
6	2.7	2.5	18	7.1	5.3
7	3.5	3.0	19	8.0	6.5
8	3.5	2.7	20	8.0	7.0
9	4.0	4.0	21	8.9	8.5
10	4.0	3.5	22	9.0	8.0
11	4.5	4.2	23	9.5	8.1
12	4.6	3.5	24	10.0	8.1

解　① 将拉伸倍数作为自变量 x，纤维强度作为因变量 y，在坐标图上标出数据点（如图 4.10 所示）。根据图 4.10 上数据点的分布可知，纤维强度随拉伸倍数的增加而增加，24 个数据点大致分布在一条直线附近（如图 4.11 所示），因此可认为纤维强度与拉伸倍数呈近似线性关系。

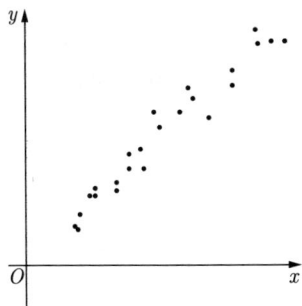

图 4.10　根据表 4.19 画出的散点图

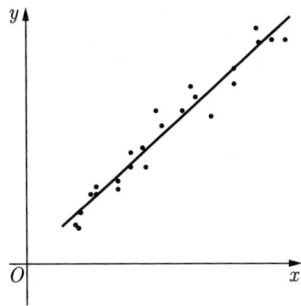

图 4.11　纤维强度 y 随拉伸倍数 x 的拟合直线

② 设拟合函数为 $y = a + bx$，其中 y 表示纤维强度，x 表示拉伸倍数。将表 4.19 中的数据代入得

$$\sum_{i=1}^{24} x_i = 127.5,\ \sum_{i=1}^{24} x_i^{\,2} = 829.61,$$

$$\sum_{i=1}^{24} y_i = 113.1, \quad \sum_{i=1}^{24} x_i y_i = 731.6。$$

因此正规方程组为

$$\begin{cases} 24a + 127.5b = 113.1 \\ 127.5a + 829.61b = 731.6 \end{cases}$$

解得 $a = 0.150\ 7$, $b = 0.858\ 7$。 因此数据的拟合曲线为 $y = 0.150\ 7 + 0.858\ 7x$。

综上所述，可以给出利用最小二乘法求解实际问题的步骤。

步 1 将已知数据点画在坐标上，得到一个散点图，根据散点图分析确定函数的近似关系；

步 2 写出近似函数的表达式——经验公式；

步 3 根据最小二乘法原理，确定拟合函数中的未知量。

注：在实际问题中，近似函数 $\varphi(x)$ 的选取只能凭经验得到。例如：

（1）加速度与时间的关系是线性关系，可选取 $\varphi(x) = a_0 + a_1 x$。

（2）炮弹在空中的高度与时间的关系近似抛物线，可选取 $\varphi(x) = a_0 + a_1 x + a_2 x^2$。

线性拟合变量间关系简单，待定参数仅有两个，使用起来也非常方便。但实际问题中，变量之间的关系大多数都不是线性关系，如果直接利用最小二乘法原理确定未知参数，会得到一个非线性方程组，而非线性方程组不易求解，计算复杂且精度不高。事实上，许多非线性关系有时可通过变量变换将复杂的非线性拟合转换为线性拟合的情况。具体示例如下。

（1）双曲线 $\left(\dfrac{1}{y} = a + \dfrac{b}{x}\right)$

令

$$y' = \frac{1}{y}, \ x' = \frac{1}{x},$$

则有 $y' = a + bx'$。

（2）指数函数 $(y = a\mathrm{e}^{bx})$

两边取对数得

$$\ln y = \ln a + bx。$$

令

$$y' = \ln y, \ x' = x, \ a' = \ln a,$$

则有 $y' = a' + bx'$。

（3）对数函数 $(y = a + b\lg x)$

令

$$y' = y, \ x' = \lg x,$$

则有 $y' = a + bx'$。

（4）幂函数 $(y = ax^b)$

两边取对数得

$$\ln y = \ln a + b \ln x。$$

令

$$y' = \ln y, \ x' = \ln x, \ a' = \ln a,$$

则有 $y' = a' + bx'$。

（5）S 曲线 $\left(y = \dfrac{1}{a + be^{-x}}\right)$

两边取倒数得

$$\frac{1}{y} = a + be^{-x}。$$

令

$$y' = \frac{1}{y}, \ x' = e^{-x},$$

则有 $y' = a + bx'$。

例 4.17 求一个经验函数 $\varphi(x) = ae^{mx}$（a、m 为常数），使它能与表 4.20 中数据相拟合。

表 4.20 例 4.17 给出的离散点数据

x_i	1	2	3	4	5	6	7	8
$\varphi(x_i)$	15.3	20.5	27.4	36.6	49.1	65.6	87.8	117.6

解 对经验公式两边取对数得

$$\ln \varphi(x) = \ln a + mx。$$

令

$$A = \ln a, \ y' = \ln \varphi(x),$$

则可将指数函数转换为线性函数

$$y' = A + mx。$$

代入表 4.20 中的数据得

$$\sum_{i=1}^{8} x_i = 36, \ \sum_{i=1}^{8} x_i{}^2 = 204,$$

$$\sum_{i=1}^{8} {y_i}' = \sum_{i=1}^{8} \ln \varphi(x_i) = 29.978\ 7, \quad \sum_{i=1}^{8} x_i {y_i}' = 147.194\ 8。$$

因此正规方程组为

$$\begin{cases} 8A + 36m = 29.978\ 7 \\ 36A + 204m = 147.194\ 8 \end{cases}$$

解得 $A = 11.36$, $m = 0.292\ 6$。由 $A = \ln a$ 可得 $a = \mathrm{e}^{11.36}$, 代入经验公式得

$$\varphi(x) = a\mathrm{e}^{0.292\ 6x} = \mathrm{e}^{0.292\ 6x + 11.36}。$$

4.4.4　多项式拟合

已知函数 $y = f(x)$ 的一组观测数据 (x_i, y_i), $i = 1, 2, \cdots, n$, 试用一个次数小于 $n-1$ 的 m 次多项式

$$P_m(x) = a_0 + a_1 x + \cdots + a_m x^m$$

来拟合它。这时，偏差平方和

$$R = \sum_{i=1}^{n} r_i^2 = \sum_{i=1}^{n} \left(P_m(x_i) - y_i \right)^2。$$

根据多元函数极值理论，要使 R 达到极小，必有

$$\begin{cases} \dfrac{\partial R}{\partial a_0} = 0 \\[2mm] \dfrac{\partial R}{\partial a_1} = 0 \\[1mm] \quad\vdots \qquad \vdots \\[1mm] \dfrac{\partial R}{\partial a_m} = 0 \end{cases}$$

下面详细讨论 $m = 2$ 的情形，即用二次函数

$$P_2(x) = a_0 + a_1 x + a_2 x^2$$

来拟合 $f(x)$。此时总偏差

$$\begin{aligned} R &= \sum_{i=1}^{n} r_i^2 = \sum_{i=1}^{n} \left(P_2(x_i) - y_i \right)^2 \\ &= \sum_{i=1}^{n} \left(a_0 + a_1 x_i + a_2 x_i^2 - y_i \right)^2。 \end{aligned}$$

其正规方程组为

$$\begin{cases} \dfrac{\partial R}{\partial a_0} = 2\sum_{i=1}^{n}\left(a_0 + a_1 x_i + a_2 x_i^2 - y_i\right) &= 0 \\[2mm] \dfrac{\partial R}{\partial a_1} = 2\sum_{i=1}^{n} x_i\left(a_0 + a_1 x_i + a_2 x_i^2 - y_i\right) &= 0 \\[2mm] \dfrac{\partial R}{\partial a_2} = 2\sum_{i=1}^{n} x_i^2\left(a_0 + a_1 x_i + a_2 x_i^2 - y_i\right) &= 0 \end{cases}$$

即

$$\begin{cases} a_0 n & + a_1 \sum_{i=1}^{n} x_i & + a_2 \sum_{i=1}^{n} x_i{}^2 & = \sum_{i=1}^{n} y_i \\[2mm] a_0 \sum_{i=1}^{n} x_i & + a_1 \sum_{i=1}^{n} x_i^2 & + a_2 \sum_{i=1}^{n} x_i{}^3 & = \sum_{i=1}^{n} x_i y_i \\[2mm] a_0 \sum_{i=1}^{n} x_i{}^2 & + a_1 \sum_{i=1}^{n} x_i{}^3 & + a_2 \sum_{i=1}^{n} x_i{}^4 & = \sum_{i=1}^{n} x_i^2 y_i \end{cases} \tag{4.37}$$

只有当方程组 (4.37) 的系数行列式不为零时,它才存在唯一解。解此方程组得 a_0、a_1、a_2 的值, 即可求得拟合函数 $P_2(x)$。下面继续讨论一般情形。

一般地, 对于多项式拟合函数 $P_m(x)$, 类似 $m = 2$ 的推导, 可得一个 $m + 1$ 阶正规方程组

$$\begin{cases} a_0 n & + a_1 \sum_{i=1}^{n} x_i & + \cdots + a_m \sum_{i=1}^{n} x_i{}^m & = \sum_{i=1}^{n} y_i \\[2mm] a_0 \sum_{i=1}^{n} x_i & + a_1 \sum_{i=1}^{n} x_i^2 & + \cdots + a_m \sum_{i=1}^{n} x_i{}^{m+1} & = \sum_{i=1}^{n} x_i y_i \\[2mm] & \vdots & & \vdots \\[2mm] a_0 \sum_{i=1}^{n} x_i{}^m & + a_1 \sum_{i=1}^{n} x_i{}^{m+1} & + \cdots + a_m \sum_{i=1}^{n} x_i{}^{2m} & = \sum_{i=1}^{n} x_i^m y_i \end{cases}$$

写成矩阵形式

$$\begin{pmatrix} n & \sum_{i=1}^{n} x_i & \cdots & \sum_{i=1}^{n} x_i{}^m \\[2mm] \sum_{i=1}^{n} x_i & \sum_{i=1}^{n} x_i{}^2 & \cdots & \sum_{i=1}^{n} x_i{}^{m+1} \\[1mm] \vdots & \vdots & \ddots & \vdots \\[1mm] \sum_{i=1}^{n} x_i{}^m & \sum_{i=1}^{n} x_i{}^{m+1} & \cdots & \sum_{i=1}^{n} x_i{}^{2m} \end{pmatrix} \begin{pmatrix} a_0 \\ a_1 \\ \vdots \\ a_m \end{pmatrix} = \begin{pmatrix} \sum_{i=1}^{n} y_i \\[2mm] \sum_{i=1}^{n} x_i y_i \\[1mm] \vdots \\[1mm] \sum_{i=1}^{n} x_i{}^m y_i \end{pmatrix} \tag{4.38}$$

显然方程组 (4.38) 的系数矩阵是一个对称矩阵, 只有当其行列式不为零时, 方程组 (4.38) 才有唯一解。定理 4.6 保证了系数行列式不为零, 因此方程组 (4.38) 的解存在且唯一。

定理 4.6 方程组 (4.38) 的系数行列式不为零。

证明略。

例 4.18 用二次多项式函数拟合表 4.21 中的数据。

表 4.21 例 4.18 给出的离散点数据

x_i	-3	-2	-1	0	1	2	3
y_i	4	2	3	0	-1	-2	-5

解 设拟合二次多项式 $P_2(x) = a_0 + a_1 x + a_2 x^2$。 由题意知 $n = 7$。经计算有

$$\sum_{i=1}^{7} x_i = 0, \ \sum_{i=1}^{7} x_i^2 = 28, \ \sum_{i=1}^{7} x_i^3 = 0, \ \sum_{i=1}^{7} x_i^4 = 196,$$

$$\sum_{i=1}^{7} y_i = 1, \ \sum_{i=1}^{7} x_i y_i = -39, \ \sum_{i=1}^{7} x_i^2 y_i = -7。$$

所以正规方程组为

$$\begin{cases} 7a_0 + \ 0a_1 + \ 28a_2 = 1 \\ 0a_0 + 28a_1 + \ \ 0a_2 = -39 \\ 28a_0 \ + 0a_1 + 196a_2 = -7 \end{cases}$$

解得

$$a_0 = 0.666\,66, \ a_1 = -1.392\,86, \ a_2 = -0.130\,95。$$

所以拟合二次多项式

$$P_2(x) = 0.666\,66 - 1.392\,86x - 0.130\,95x^2。$$

拟合曲线的误差平方和

$$R = \sum_{i=1}^{7} r_i^2 = \sum_{i=1}^{7} \left(P_2(x_i) - y_i \right)^2 = 3.095\,24。$$

本章主要介绍了插值与拟合两部分内容, 它们都需要根据已知数据构造函数, 并且可利用得到的近似函数计算未知节点的函数值, 在实际中有着广泛的应用价值。不同的是, 插值需要构造的函数正好通过各插值节点, 拟合则不需要, 只要求拟合曲线能大致反映各数据点的基本变化趋势, 整体上其偏差在某种度量下达到最小即可。对实验数据进行拟合时, 拟合函数形式通常由经验得出, 仅需要拟合参数值。

习题四

1. 已知 $f(x) = 0.5e^{0.2x}$ 在区间 $[1,6]$ 上的数据，如表 4.22 所示。写出过 5 个节点的拉格朗日插值多项式并讨论其截断误差（保留三位小数）。

表 4.22　习题 1 中函数 $f(x) = 0.5e^{0.2x}$ 的离散点数据

x	1	2	3	5	6
$f(x)$	0.610 7	0.745 9	0.911 1	1.359 1	1.660 1

2. 当 $x = -1.7, 0.3, 1.7$ 时，其函数值分别为 $f(x) = 2.6, 0.26, 6.8$，求 $f(x)$ 的二次插值多项式。

3. 设 $x_i, i = 0, 1, \cdots, n$ 是互异节点，对应的拉格朗日插值函数为 $L_n(x)$，拉格朗日插值基函数为 $l_i(x), i = 0, 1, \cdots, n$。请证明下式：

① $\sum\limits_{i=0}^{n} (x_i - x)^k l_i(x) = 0, \ k = 0, 1, \cdots, n$。

② $\sum\limits_{i=0}^{n} x_i^k l_i(x) = x^k, \ k = 0, 1, \cdots, n$。

4. 已知函数 $f(x) = \ln x$ 的离散点数据，如表 4.23 所示。

表 4.23　习题 4 中函数 $f(x) = \ln x$ 的离散点数据

x	1.4	1.6	1.7	1.75
$\ln x$	0.336 5	0.470 0	0.530 6	0.559 6

（1）利用拉格朗日插值公式求函数 $f(x)$ 在 $x = 1.726$ 的近似值，并估计其误差。

（2）分别使用线性插值、二次插值和三次插值进行计算，并比较它们的误差。

5. 已知 $f(x) = 147x^6 + 258x^5 + 369x^2 + 13$，求 $f[2^0, 2^1, 2^2]$，$f[2^0, 2^1, \cdots, 2^6]$，$f[2^0, 2^1, \cdots, 2^7]$ 和 $f[2^0, 2^1, \cdots, 2^8]$ 的值。

6. 已知函数 $f(x)$ 的离散点数据，如表 4.24 所示。

表 4.24　习题 6 中函数 $f(x)$ 的离散点数据

x	2.6	2.9	3.2	3.3	3.4
$f(x)$	0.515 5	0.239 2	−0.058 4	−0.157 8	−0.255 6

（1）利用牛顿插值公式求 $f(2.89)$，并估计其误差。

（2）分别使用线性插值、二次插值和三次插值进行计算，并比较它们的误差。

7. 已知函数 $f(x)$ 的离散点数据，如表 4.25 所示。

（1）利用牛顿后插公式求 $f(3.96)$，并估计其误差。

（2）分别使用线性插值、二次插值和三次插值进行计算，并比较它们的误差。

8. 已知函数 $f(x)$ 的离散点数据，如表 4.26 所示。

表 4.25 习题 7 中函数 $f(x)$ 的离散点数据

x	3.6	3.7	3.8	3.9	4.0
$f(x)$	36.598 2	40.447 3	44.701 1	49.402 5	54.598 2

表 4.26 习题 8 中函数 $f(x)$ 的离散点数据

x	0.6	1.6	1.9	2.8
$f(x)$	1.822	4.953	6.686	16.445

请建立 $f(x)$ 的三次样条插值函数 $S(x)$，并近似估计 $f(1.86)$ 的值。已知边界条件 $S'(0.6) = 1.822, S'(2.8) = 16.445$。

9. 已知

$$S(x) = \begin{cases} ax^3 + x^2, & 0 \leqslant x \leqslant 1 \\ 2x^3 + 2bx^2 + cx - 1, & 1 \leqslant x \leqslant 6 \end{cases}$$

是以 0、1、6 为插值节点的三次样条函数，请计算 a、b、c 的值。

10. 使用最小二乘法对表 4.27 中的数据进行拟合，求出拟合函数并计算 $x = 0.36$ 时的函数值。

表 4.27 习题 10 中函数 $f(x)$ 的离散点数据

x	0.20	0.25	0.30	0.35	0.40	0.45	0.50
$f(x)$	54.0	48.8	45.3	40.1	35.2	32.3	27.5

11. 用最小二乘法解矛盾方程组

$$\begin{cases} 2x + 3y = 54 \\ x + 5y = 9 \\ x + y = 23 \\ x + 2y = 102 \\ x + y = 4。 \end{cases}$$

12. 求一个经验函数 $\varphi(x) = ae^{mx}$（a、m 为常数），使它能与表 4.28 中的数据相拟合。

表 4.28 习题 12 中的离散点数据

x	1	2	3	4	5	6	7	8	9	10
$\varphi(x)$	21.0	30.0	43.0	63.0	90.0	130.0	188.0	270.0	389.0	560.0

13. 已知一组实验数据 (x_i, y_i) 及权 ω_i，如表 4.29 所示。若 x 与 y 之间有线性关系 $y = a + bx$，试用最小二乘法确定系数 a 和 b。

表 4.29　习题 13 中的实验数据及权

n	1	2	3	4	5
x_i	0.6	1.0	1.3	1.5	1.9
y_i	6.1	8.6	8.9	9.7	10.4
ω_i	0.06	0.29	0.21	0.25	0.19

14. 从 2012 年开始，全国的新能源汽车销售量 $\varphi(t)$ 随年份 t 逐年增加，大致呈现指数形式，其经验函数为 $\varphi(t) = ae^{mt}$（a、m 为常数），表 4.30 记录了具体的统计数据。请利用最小二乘法拟合该趋势，并预测第 11 年的全国新能源汽车销售量（保留两位小数）。

表 4.30　新能源汽车销售量 $\varphi(t)$ 随年份 t 的统计数据

年份t/年	1	2	3	4	5	6	7	8	9
销售量$\varphi(t)$/万辆	1.28	1.76	7.48	33.11	50.70	77.70	125.60	120.60	136.60

第 5 章　数值积分与数值微分

5.1　引言

积分问题最早起源于几何形体的面积、体积计算，是经典力学中的重要问题，也是数学科学的中心课题之一，许多实际问题常常也都需要计算积分才能求解。由高等数学中的微积分知识可知，利用牛顿-莱布尼茨（Newton-Leibniz）公式可得定积分

$$I(f) = \int_a^b f(x)\mathrm{d}x = F(b) - F(a),$$

其中 $f(x) \in C[a,b]$ 是被积函数，$F' = f(x)$，即 $F(x)$ 是 $f(x)$ 的原函数。利用牛顿-莱布尼茨公式求定积分时，要求被积函数 $f(x)$ 的原函数 $F(x)$ 有解析表达式且为初等函数。事实上，这两个条件要求非常苛刻。在处理实际问题时，牛顿-莱布尼茨公式往往用处不大。一般来说，实际应用时可能会出现下列三种情形：

（1）原函数 $F(x)$ 不能用初等函数表达，例如，$\sin x^2$，$\cos x^2$，$\dfrac{\sin x}{x}$，$\dfrac{1}{\ln x}$，$\sqrt{1+x^3}$，e^{-x^2}。

（2）有些被积函数其原函数虽然可以用初等函数表示成有限形式，但表达式相当复杂，计算极不方便。例如，函数 $x^2\sqrt{2x^2+3}$ 比较简单，但它的原函数

$$\frac{1}{4}x^2\sqrt{2x^2+3} + \frac{3}{16}x^2\sqrt{2x^2+3} - \frac{9}{16\sqrt{2}}\ln\left(\sqrt{2}x + \sqrt{2x^2+3}\right)$$

却十分复杂，这在使用牛顿-莱布尼茨公式计算定积分时计算代价较大。

（3）被积函数 $f(x)$ 没有解析表达式，只有数表形式。

显然，通过原函数计算积分有其局限性，因此必须研究积分的数值计算方法。

5.1.1　数值积分的基本思想

1. 数值积分的理论依据

连续函数 $f(x)$ 在区间 $[a,b]$ 上的定积分 $I(f) = \int_a^b f(x)\,\mathrm{d}x$ 的几何意义是函数曲线 $y = f(x)$ 与 x 轴、直线 $y = a$ 和 $y = b$ 围成的曲边梯形面积，如图 5.1 所示。由积分第一中值定理可知，区间 $[a,b]$ 上至少存在一点 ξ，使得

$$I(f) = \int_a^b f(x)\,\mathrm{d}x = (b-a)f(\xi),$$

即底为 $b - a$，高为 $f(\xi)$ 的矩形面积恰好等于所求曲边梯形面积 $I(f)$（如图 5.2 所示），称 $f(\xi)$ 为 $f(x)$ 在区间 $[a,b]$ 上的**平均高度（average height）**。显然 ξ 的选取并不容易，因而难以准确计算出 $f(\xi)$ 的值。我们只能给出平均高度 $f(\xi)$ 的近似计算方法，进

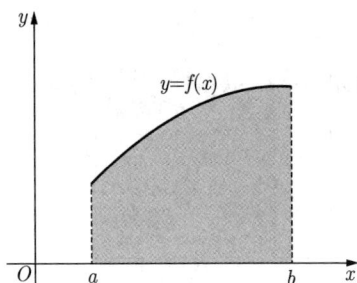

图 5.1　定积分 $I(f) = \int_a^b f(x)\,\mathrm{d}x$ 的几何意义

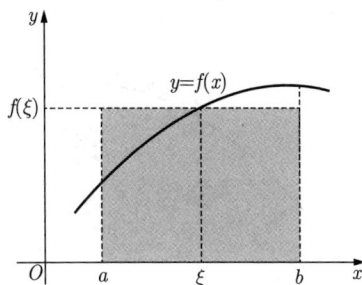

图 5.2　$I(f) = (b-a)f(\xi)$ 的几何意义

而获得相应的数值积分方法。数值积分的方法有很多，本章主要介绍三种常用的求积方法：机械求积法、龙贝格（Romberg）求积法和高斯（Gauss）求积法。

2. 机械求积公式的构造

下面讨论平均高度 $f(\xi)$ 的一点、两点、三点和多点近似计算方法，继而构造相应的求积公式——机械求积公式。

（1）选取区间 $[a,b]$ 端点 a、b 或中点 $\dfrac{a+b}{2}$ 的函数值近似平均高度，可得**一点求积公式**（**one-point quadrature formula**）。若用积分区间左端点 a 的函数值 $f(a)$ 近似平均高度，则得**左矩形公式**（**left rectangle formula**）

$$I(f) \approx (b-a)f(a),$$

如图 5.3 所示。若用积分区间右端点 b 的函数值 $f(b)$ 近似平均高度，则得**右矩形公式**（**right rectangle formula**）

$$I(f) \approx (b-a)f(b),$$

如图 5.4 所示。若用积分区间中点 $\dfrac{a+b}{2}$ 的函数值 $f\left(\dfrac{a+b}{2}\right)$ 近似平均高度，则得**中矩形公式**（**mid-rectangle formula**）

$$I(f) \approx (b-a)f\left(\frac{a+b}{2}\right),$$

如图 5.5 所示。

（2）取区间两端点 a、b，并令 $f(\xi) \approx \dfrac{f(a)+f(b)}{2}$，则可得**两点求积公式**（**two-point quadrature formula**）

$$I(f) \approx (b-a)\left[\frac{f(a)+f(b)}{2}\right] = \frac{b-a}{2}\left[f(a)+f(b)\right], \tag{5.1}$$

也称为**梯形公式**（**trapezoidal formula**）。其几何意义是用连接两点 $(a, f(a))$ 和 $(b, f(b))$ 的直线下梯形面积近似代替曲线 $y = f(x)$ 围成的曲边梯形面积，如图 5.6 所示。

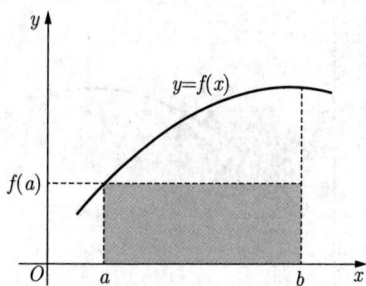

图 5.3 左矩形公式的几何意义

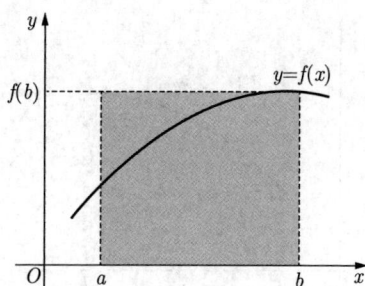

图 5.4 右矩形公式的几何意义

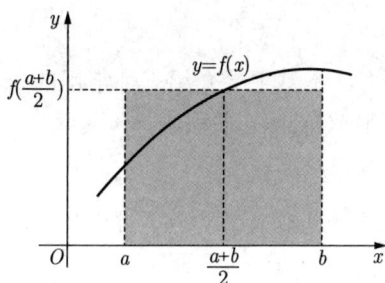

图 5.5 中矩形公式的几何意义

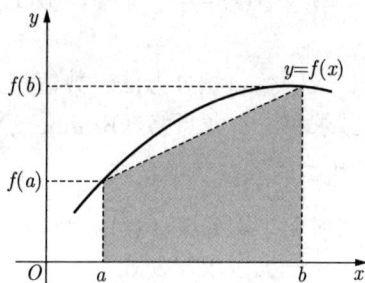

图 5.6 梯形公式的几何意义

（3）取三点 a、b、$\dfrac{a+b}{2}$，并令 $f(\xi) \approx \dfrac{f(a) + 4f\left(\dfrac{a+b}{2}\right) + f(b)}{6}$，则可得**三点求积公式**（**three-point quadrature formula**）

$$I(f) \approx (b-a)\left[\frac{f(a) + 4f\left(\dfrac{a+b}{2}\right) + f(b)}{6}\right],$$

也称为**辛普森（Simpson）公式**。其几何意义是由过三点 $(a, f(a))$、$(b, f(b))$ 和 $\left(\dfrac{a+b}{2}, f\left(\dfrac{a+b}{2}\right)\right)$ 的抛物线下曲边梯形面积近似代替曲线 $y = f(x)$ 围成的曲边梯形面积，如图 5.7 所示，因此三点求积公式也称为**抛物线求积公式**（**parabolic quadrature formula**）。

（4）一般地，在区间 $[a, b]$ 上适当选取 $n+1$ 个节点 $x_0, x_1, \cdots, x_n$，通过其函数值 $f(x_0), f(x_1), \cdots, f(x_n)$ 的加权平均近似估计平均高度 $f(\xi)$，即

$$f(\xi) \approx \sum_{k=0}^{n} \lambda_k f(x_k),$$

相应的求积公式为

$$I(f) \approx (b-a)\sum_{k=0}^{n} \lambda_k f(x_k)。$$

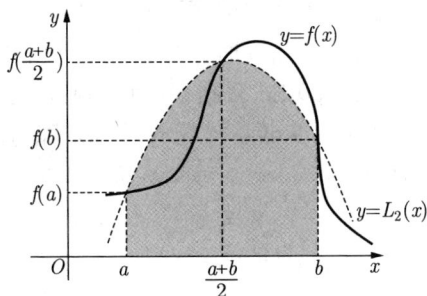

图 5.7　抛物线求积公式的几何意义

观察上述（1）、（2）、（3）、（4）四种情形下的近似求积公式，它们都是利用被积函数在节点上函数值的线性组合来近似计算积分。由此可得数值求积公式的一般形式

$$I_n(f) = \sum_{k=0}^{n} A_k f(x_k) \tag{5.2}$$

形如式 (5.2) 的数值求积方法称为**机械求积**（**mechanical quadrature**），其中 x_k 为**求积节点**（**quadrature node**），A_k 为**求积系数**（**quadrature coefficient**）或**伴随节点 x_k 的权**，它只与节点 x_k 的选取有关，不依赖被积函数 $f(x)$ 的具体形式，称

$$R(f) = I(f) - I_n(f) = \int_a^b f(x)\,\mathrm{d}x - \sum_{k=0}^{n} A_k f(x_k)$$

为式 (5.2) 的**截断误差**或**求积余项**，它是衡量求积公式准确度的重要依据。

对于求积系数 $\{A_k\}_{k=0}^{n}$ 和求积节点 $\{x_k\}_{k=0}^{n}$，不同设置可得不同的求积公式，这些公式都避开了牛顿-莱布尼茨公式要求原函数的困难。问题是在构造一个求积公式时，如何确定其中的求积节点 x_k 和求积系数 A_k？构造求积公式的方法有很多，如何衡量这些求积公式的好坏？其标准是什么？如何估计求积公式的误差并对其进行收敛性分析？下面我们逐步回答这些问题。

5.1.2　求积公式的代数精度

下面引入代数精度的概念，它在确定求积系数和求积节点、衡量求积公式的准确度等方面都起着重要的作用。

定义 5.1 (代数精度)　称式 (5.2) 具有 m **次代数精度**（m **order algebraic accuracy**），如果它满足如下两个条件：

（ⅰ）对所有次数不超过 m 的多项式 $P(x)$，均有 $R(P) = I(P) - I_n(P) = 0$;

（ⅱ）存在一个 $m+1$ 次多项式 $P_{m+1}(x)$，使得

$$R(P_{m+1}) = I(P_{m+1}) - I_n(P_{m+1}) \neq 0。$$

求积公式的代数精度越高，它能准确计算次数越高的多项式积分，精确度也越高，从而具有更好的实际计算意义。代数精度利用截断误差进行定义，精度越高，越高次数

的多项式求积时误差为零，使得越高次数的多项式利用求积公式计算数值积分时精度越高。在实际分析和判断求积公式代数精度时，代数精度定义中的两个条件缺一不可，即不仅要验证所有次数不超过 m 的多项式截断误差均为零，还要对某个 $m+1$ 次多项式保证其误差不为零。但对于条件 (i) 来说，实际计算不可能穷尽所有次数不超过 m 的多项式。事实上，定义 5.1 中的条件 (i)、(ii) 分别等价于下述条件中的 (i)、(ii)。

(i) $R\left(x^k\right) = I\left(x^k\right) - I_n\left(x^k\right) = 0,\ k = 0, 1, \cdots, m$；

(ii) $R\left(x^{m+1}\right) = I\left(x^{m+1}\right) - I_n\left(x^{m+1}\right) \neq 0$。

设多项式 $P_m\left(x\right) = a_0 + a_1 x + \cdots + a_m x^m$，则

$$\int_a^b P_m\left(x\right) \mathrm{d}x = \int_a^b \left(a_0 + a_1 x + \cdots + a_m x^m\right) \mathrm{d}x$$

$$= a_0 \int_a^b 1\,\mathrm{d}x + a_1 \int_a^b x\,\mathrm{d}x + \cdots + a_m \int_a^b x^m\,\mathrm{d}x$$

$$= a_0 \sum_{k=0}^n A_k + a_1 \sum_{k=0}^n A_k x + \cdots + a_m \sum_{k=0}^n A_k x^m$$

$$= \sum_{k=0}^n \left(a_0 A_k + a_1 A_k x + \cdots + a_m A_k x^m\right)$$

$$= \sum_{k=0}^n A_k \left(a_0 + a_1 x + \cdots + a_m x^m\right)$$

$$= \sum_{k=0}^n A_k P_m\left(x\right)。$$

因此，判断代数精度只需用最简多项式 $x^k,\ k = 0, 1, \cdots, m+1$。一般地，要使求积公式 (5.2) 至少具有 m 次代数精度，则令求积公式分别对 $f(x) = 1, x, \cdots, x^m$ 都准确成立，即

$$\begin{cases} \sum_{k=0}^n A_k = b - a \\ \sum_{k=0}^n A_k x_k = \dfrac{1}{2}(b^2 - a^2) \\ \quad\vdots \qquad \vdots \\ \sum_{k=0}^n A_k x_k^m = \dfrac{1}{m+1}(b^{m+1} - a^{m+1}) \end{cases}$$

若要使求积公式的代数精度准确到 m 次，则再增加 $f(x) = x^{m+1}$ 时，

$$\sum_{k=0}^{n} A_k x_k^{m+1} \neq \frac{1}{m+2}(b^{m+2} - a^{m+2})$$

即可。

由上述讨论可得以下结论。

定理 5.1　式 (5.2) 具有 m 次代数精度的充要条件是当 $f(x)$ 分别为 $1, x, \cdots, x^m$ 时，有 $I(f) = I_n(f)$，且当 $f(x) = x^{m+1}$ 时，有 $I(f) \neq I_n(f)$。

例 5.1　分析梯形公式 (5.1) 的代数精度。

解　当 $f(x) = 1$ 时，有

$$\int_a^b f(x)\, \mathrm{d}x = \int_a^b 1\, \mathrm{d}x = b - a,$$

$$\frac{b-a}{2}\Big[f(a) + f(b)\Big] = \frac{b-a}{2}(1+1) = b - a,$$

所以

$$\int_a^b f(x)\, \mathrm{d}x = \frac{b-a}{2}\Big[f(a) + f(b)\Big]。$$

当 $f(x) = x$ 时，有

$$\int_a^b f(x)\, \mathrm{d}x = \int_a^b x\, \mathrm{d}x = \frac{1}{2}\left(b^2 - a^2\right),$$

$$\frac{b-a}{2}\Big[f(a) + f(b)\Big] = \frac{b-a}{2}(a+b) = \frac{1}{2}\left(b^2 - a^2\right),$$

所以

$$\int_a^b f(x)\, \mathrm{d}x = \frac{b-a}{2}\Big[f(a) + f(b)\Big]。$$

当 $f(x) = x^2$ 时，有

$$\int_a^b f(x)\, \mathrm{d}x = \int_a^b x^2\, \mathrm{d}x = \frac{1}{3}\left(b^3 - a^3\right),$$

$$\frac{b-a}{2}\Big[f(a) + f(b)\Big] = \frac{b-a}{2}\left(a^2 + b^2\right) \neq \frac{1}{3}\left(b^3 - a^3\right)。$$

由定理 5.1 知，梯形公式 (5.1) 具有 1 次代数精度。

例 5.2 确定下列求积公式

$$\int_{-h}^{h} f(x)\,\mathrm{d}x = A_{-1}f(-h) + A_0 f(0) + A_1 f(h) \tag{5.3}$$

中待定参数 A_{-1}、A_0 和 A_1，使其具有尽可能高的代数精度，并指明求积公式所具有的代数精度。

解 （1）将 $f(x) = 1, x, x^2$ 分别代入式 (5.3) 得关于 A_{-1}、A_0 和 A_1 的方程组

$$\begin{cases} A_{-1} + \quad A_0 + \quad A_1 = 2h \\ -h \times A_{-1} + 0 \times A_0 + h \times A_1 = 0 \\ h^2 \times A_{-1} + 0 \times A_0 + h^2 \times A_1 = \dfrac{2}{3}h^3 \end{cases}$$

解得 $A_{-1} = A_1 = \dfrac{1}{3}h, A_0 = \dfrac{4}{3}h$。因此由参数 A_{-1}、A_0 和 A_1 确定的求积公式为

$$\int_{-h}^{h} f(x)\,\mathrm{d}x = \frac{1}{3}hf(-h) + \frac{4}{3}hf(0) + \frac{1}{3}hf(h)。 \tag{5.4}$$

（2）将 $f(x) = x^3$ 代入式 (5.4) 得

$$\int_{-h}^{h} f(x)\,\mathrm{d}x = \frac{1}{4}x^4 \big|_{-h}^{h} = 0,$$

$$\frac{1}{3}hf(-h) + \frac{4}{3}hf(0) + \frac{1}{3}hf(h) = \frac{1}{3}h(-h^3) + \frac{1}{3}hh^3 = 0,$$

即当 $f(x) = x^3$ 时，式 (5.4) 的左右两边相等。

（3）将 $f(x) = x^4$ 代入式 (5.4) 得

$$\int_{-h}^{h} f(x)\,\mathrm{d}x = \frac{1}{5}x^5 \big|_{-h}^{h} = \frac{2}{5}h^5,$$

$$\frac{1}{3}hf(-h) + \frac{4}{3}hf(0) + \frac{1}{3}hf(h) = \frac{1}{3}hh^4 + \frac{1}{3}hh^4 = \frac{2}{3}h^5,$$

即当 $f(x) = x^4$ 时，式 (5.4) 的左右两边不等。

由定理 5.1 知，式 (5.3) 具有 3 次代数精度。

例 5.3 验证求积公式

$$\begin{aligned} I(f) = \int_a^b f(x)\,\mathrm{d}x &= I_3(f) + R(\sigma, f) \\ &= \frac{b-a}{6}\left[f(a) + 4f\left(\frac{a+b}{2}\right) + f(b) \right] + R(\sigma, f) \end{aligned} \tag{5.5}$$

具有 3 次代数精度。

证明　当 $f(x) = 1$ 时,

$$I(f) = \int_a^b f(x)\, \mathrm{d}x = b - a,$$

$$I_3(f) = \frac{b-a}{6}\left[f(a) + 4f\left(\frac{a+b}{2}\right) + f(b)\right] = \frac{b-a}{6}(1+4+1) = b-a,$$

显然有 $R(\sigma, 1) = 0$。

当 $f(x) = x$ 时,

$$I(f) = \int_a^b x\, \mathrm{d}x = \frac{1}{2}\left(b^2 - a^2\right),$$

$$I_3(f) = \frac{b-a}{6}\left[a + 4\left(\frac{a+b}{2}\right) + b\right] = \frac{1}{2}\left(b^2 - a^2\right),$$

显然截断误差 $R(\sigma, x) = 0$。

当 $f(x) = x^2$ 时,

$$I(f) = \int_a^b x^2\, \mathrm{d}x = \frac{1}{3}\left(b^3 - a^3\right),$$

$$I_3(f) = \frac{b-a}{6}\left[a^2 + 4\left(\frac{a+b}{2}\right)^2 + b^2\right] = \frac{1}{3}\left(b^3 - a^3\right),$$

显然 $R(\sigma, x^2) = 0$。

当 $f(x) = x^3$ 时,

$$I(f) = \int_a^b x^3\, \mathrm{d}x = \frac{1}{4}\left(b^4 - a^4\right),$$

$$I_3(f) = \frac{b-a}{6}\left[a^3 + 4\left(\frac{a+b}{2}\right)^3 + b^3\right] = \frac{1}{4}\left(b^4 - a^4\right),$$

显然 $R(\sigma, x^3) = 0$。

当 $f(x) = x^4$ 时,

$$I(f) = \int_a^b x^4\, \mathrm{d}x = \frac{1}{5}\left(b^5 - a^5\right),$$

$$I_3(f) = \frac{b-a}{6}\left[a^4 + 4\left(\frac{a+b}{2}\right)^4 + b^4\right] \neq \frac{1}{5}\left(b^5 - a^5\right),$$

因此有 $R(\sigma, x^4) \neq 0$。

由定理 5.1 知, 式 (5.5) 具有 3 次代数精度。　　■

5.2 插值型求积公式

在积分区间 $[a,b]$ 上取 $n+1$ 个节点 $x_0, x_1, \cdots, x_n$，构造被积函数 $f(x)$ 的 n 次代数插值多项式（用拉格朗日插值多项式表示）

$$L_n(x) = \sum_{k=0}^{n} l_k(x) f(x_k),$$

则有

$$f(x) = L_n(x) + R_n(x),$$

其中 $R_n(x) = \dfrac{f^{(n+1)}(\xi)}{(n+1)!} \omega_{n+1}(x)$ 为插值余项，$\omega_{n+1}(x) = \prod\limits_{k=0}^{n}(x-x_k)$。于是

$$
\begin{aligned}
\int_a^b f(x)\,\mathrm{d}x &= \int_a^b L_n(x)\,\mathrm{d}x + \int_a^b R_n(x)\,\mathrm{d}x \\
&= \int_a^b \sum_{k=0}^{n} l_k(x) f(x_k)\,\mathrm{d}x + \int_a^b R_n(x)\,\mathrm{d}x \\
&= \sum_{k=0}^{n}\left[\left(\int_a^b l_k(x)\,\mathrm{d}x\right) f(x_k)\right] + \int_a^b R_n(x)\,\mathrm{d}x。
\end{aligned}
$$

取

$$\int_a^b f(x)\,\mathrm{d}x \approx \sum_{k=0}^{n}\left[f(x_k)\left(\int_a^b l_k(x)\,\mathrm{d}x\right)\right]。$$

令求积系数

$$A_k = \int_a^b l_k(x)\,\mathrm{d}x = \int_a^b \prod_{\substack{i=0 \\ i\neq k}}^{n} \frac{x-x_i}{x_k-x_i}\,\mathrm{d}x,$$

显然 A_k 由插值节点决定，与被积函数 $f(x)$ 无关。

定义 5.2 (插值型求积公式) 积分区间 $[a,b]$ 上有 $n+1$ 个节点 $x_0, x_1, \cdots, x_n$，则可用插值多项式 $L_n(x) = \sum\limits_{k=0}^{n} l_k(x) f(x_k)$ 的积分近似代替 $\int_a^b f(x)\,\mathrm{d}x$ 的值，即

$$
\begin{aligned}
\int_a^b f(x)\,\mathrm{d}x &\approx \int_a^b \left[\sum_{k=0}^{n} l_k(x) f(x_k)\right]\mathrm{d}x \\
&= \sum_{k=0}^{n}\left[f(x_k)\int_a^b l_k(x)\,\mathrm{d}x\right] \\
&= \sum_{k=0}^{n} A_k f(x_k),
\end{aligned}
\tag{5.6}
$$

形如式 (5.6) 中用插值多项式近似被积函数得到的求积公式被称为**插值型求积公式**（**interpolation type quadrature formula**）。

易知插值型求积公式 (5.6) 也是一种机械求积公式，其求积节点就是插值节点，求积系数

$$A_k = \int_a^b l_k(x)\,\mathrm{d}x = \int_a^b \prod_{\substack{i=0\\i\neq k}}^n \frac{x-x_i}{x_k-x_i}\,\mathrm{d}x。$$

插值型求积公式 (5.6) 的截断误差

$$
\begin{aligned}
R(f) &= \int_a^b f(x)\,\mathrm{d}x - \sum_{k=0}^n A_k f(x_k)\\
&= \int_a^b \left[f(x) - L_n(x) \right]\mathrm{d}x\\
&= \int_a^b \frac{f^{(n+1)}(\xi)}{(n+1)!}\prod_{k=0}^n (x-x_k)\,\mathrm{d}x。
\end{aligned}
$$

定理 5.2　形如 $\displaystyle\sum_{k=0}^n A_k f(x_k)$ 的求积公式至少具有 n 次代数精度，当且仅当该公式

为插值求积公式（即 $A_k = \displaystyle\int_a^b l_k(x)\,\mathrm{d}x$ ）。

证明　（1）**必要性**（"⇒"）

已知求积公式 $I_n(f) = \displaystyle\sum_{k=0}^n A_k f(x_k)$ 至少具有 n 次代数精度。由代数精度定义 5.1

知，当 $f(x)$ 为次数不超过 n 的多项式时，有 $I(f) = I_n(f)$。将 $f(x) = l_k(x)$ 代入求积公式得

$$\int_a^b l_k(x)\,\mathrm{d}x = \sum_{j=0}^n A_j l_k(x_j) = A_0 l_k(x_0) + A_1 l_k(x_1) + \cdots + A_n l_k(x_n)。$$

由插值基函数 $l_k(x)$ 的性质

$$
l_k(x_j) = \begin{cases} 0, & k \neq j;\\ 1, & k = j, \end{cases}
$$

可得

$$\int_a^b l_k(x)\,\mathrm{d}x = A_k。$$

因此求积公式 $I_n(f) = \displaystyle\sum_{k=0}^n A_k f(x_k)$ 是插值型求积公式。

（2）充分性（"⇐"）

已知 $I_n(f) = \sum\limits_{k=0}^{n} A_k f(x_k)$ 是插值型求积公式，则其截断误差为

$$R(f) = \int_a^b f(x)\,\mathrm{d}x - \sum_{k=0}^{n} A_k f(x_k)$$

$$= \int_a^b \left[\, f(x) - L_n(x) \,\right]\mathrm{d}x$$

$$= \int_a^b \frac{f^{(n+1)}(\xi)}{(n+1)!} \prod_{k=0}^{n} (x - x_k)\,\mathrm{d}x\text{。}$$

将 $f(x) = 1, x, \cdots, x^n$ 依次代入截断误差公式得

$$R(f) = I(f) - I_n(f)$$

$$= I(x^m) - I_n(x^m)$$

$$= \int_a^b \frac{(x^m)^{(n+1)}}{(n+1)!} \prod_{k=0}^{n} (x - x_k)\,\mathrm{d}x = 0 \ (m \leqslant n),$$

即当 $m \leqslant n$ 时，$I(x^m) = I_n(x^m)$，求积公式准确成立。而当 $f(x) = x^{n+1}$ 时，

$$R(f) = I\left(x^{n+1}\right) - I_n\left(x^{n+1}\right)$$

$$= \int_a^b \frac{(x^{n+1})^{(n+1)}}{(n+1)!} \prod_{k=0}^{n} (x - x_k)\,\mathrm{d}x$$

$$= \int_a^b \prod_{k=0}^{n} (x - x_k)\,\mathrm{d}x,$$

不能保证一定有 $R(x^{n+1}) = 0$。所以，求积公式 $I_n(f) = \sum\limits_{k=0}^{n} A_k f(x_k)$ 至少具有 n 次代数精度。 ∎

推论 5.1 求积系数 A_k 满足 $\sum\limits_{k=0}^{n} A_k = b - a$。

例 5.4 求积公式

$$\int_{-1}^{1} f(x)\,\mathrm{d}x \approx f\left(-\frac{1}{\sqrt{3}}\right) + f\left(\frac{1}{\sqrt{3}}\right) \tag{5.7}$$

是否为插值型的？为什么？

解法 1 式 (5.7) 是机械求积公式，求积节点

$$x_0 = -\frac{1}{\sqrt{3}},\ x_1 = \frac{1}{\sqrt{3}},$$

求积系数

$$A_0 = 1,\ A_1 = 1。$$

设 $l_0(x)$、$l_1(x)$ 分别是节点 x_0、x_1 的拉格朗日插值基函数，经计算得

$$\int_{-1}^{1} l_0(x)\,\mathrm{d}x = \int_{-1}^{1} \frac{x - x_1}{x_0 - x_1}\,\mathrm{d}x = 1 = A_0,$$

$$\int_{-1}^{1} l_1(x)\,\mathrm{d}x = \int_{-1}^{1} \frac{x - x_0}{x_1 - x_0}\,\mathrm{d}x = 1 = A_1,$$

即求积系数 $A_k = \displaystyle\int_a^b l_k(x)\,\mathrm{d}x$。由定理 5.2 知，式 (5.7) 是插值型求积公式。

解法 2　当 $f(x) = 1$ 时，

$$\int_{-1}^{1} f(x)\,\mathrm{d}x = 2 = f\left(-\frac{1}{\sqrt{3}}\right) + f\left(\frac{1}{\sqrt{3}}\right)。$$

当 $f(x) = x$ 时，

$$\int_{-1}^{1} f(x)\,\mathrm{d}x = 0 = f\left(-\frac{1}{\sqrt{3}}\right) + f\left(\frac{1}{\sqrt{3}}\right)。$$

当 $f(x) = x^2$ 时，

$$\int_{-1}^{1} f(x)\,\mathrm{d}x = \frac{2}{3} = f\left(-\frac{1}{\sqrt{3}}\right) + f\left(\frac{1}{\sqrt{3}}\right)。$$

当 $f(x) = x^3$ 时，

$$\int_{-1}^{1} f(x)\,\mathrm{d}x = 0 = f\left(-\frac{1}{\sqrt{3}}\right) + f\left(\frac{1}{\sqrt{3}}\right)。$$

但当 $f(x) = x^4$ 时，

$$\int_{-1}^{1} f(x)\,\mathrm{d}x = \frac{2}{5} \neq f\left(-\frac{1}{\sqrt{3}}\right) + f\left(\frac{1}{\sqrt{3}}\right)。$$

根据定理 5.1，式 (5.7) 的代数精度为 3。由定理 5.2 知，式 (5.7) 是插值型求积公式。

5.3　牛顿-柯特斯（Newton-Cotes）求积公式

在实际计算过程中，常会遇到插值节点等距的情形，这时插值型求积公式的形式会更简洁，计算也更为简单。

5.3.1　柯特斯系数

设求积节点在区间 $[a, b]$ 上为等距分布，即 $x_k = a + kh$，$h = \dfrac{b-a}{n}$，$k = 0, 1, \cdots, n$，这时插值型求积公式

$$\int_a^b f(x)\, \mathrm{d}x \approx \int_a^b L_n(x)\, \mathrm{d}x = \int_a^b \sum_{k=0}^n l_k(x)\, f(x_k)\, \mathrm{d}x$$

$$= \sum_{k=0}^n \left[f(x_k) \int_a^b l_k(x)\, \mathrm{d}x \right] = \sum_{k=0}^n \left[f(x_k) \int_a^b \prod_{\substack{i=0 \\ i \neq k}}^n \frac{x - x_i}{x_k - x_i}\, \mathrm{d}x \right]_。 \tag{5.8}$$

令 $x = a + th$（$0 \leqslant t \leqslant n$），则 $x - x_i = (t-i)h$，$x_k - x_i = (k-i)h$，$\mathrm{d}x = h\, \mathrm{d}t$。于是式 (5.8) 可简化为

$$= \sum_{k=0}^n f(x_k) \left[\int_0^n \prod_{\substack{i=0 \\ i \neq k}}^n \frac{(t-i)\,h}{(k-i)\,h}\, h\, \mathrm{d}t \right]$$

$$= h \sum_{k=0}^n f(x_k) \left(\int_0^n \prod_{\substack{i=0 \\ i \neq k}}^n \frac{t-i}{k-i}\, \mathrm{d}t \right)$$

$$= h \sum_{k=0}^n \left[\frac{1}{k\,(k-1)\cdots 1\,(-1)\cdots(k-n)} \left(\int_0^n \prod_{\substack{i=0 \\ i \neq k}}^n (t-i)\, \mathrm{d}t \right) f(x_k) \right]$$

$$= \frac{b-a}{n} \sum_{k=0}^n \left[\frac{(-1)^{n-k}}{k!\,(n-k)!} \left(\int_0^n \prod_{\substack{i=0 \\ i \neq k}}^n (t-i)\, \mathrm{d}t \right) f(x_k) \right]$$

$$= (b-a) \sum_{k=0}^n \left[\frac{(-1)^{n-k}}{n k!\,(n-k)!} \left(\int_0^n \prod_{\substack{i=0 \\ i \neq k}}^n (t-i)\, \mathrm{d}t \right) f(x_k) \right]_。$$

令

$$\mathrm{C}_k^{(n)} = \frac{(-1)^{n-k}}{n k!\,(n-k)!} \int_0^n \prod_{\substack{i=0 \\ i \neq k}}^n (t-i)\, \mathrm{d}t,$$

则

$$I_n(f) = (b-a) \sum_{k=0}^n \mathrm{C}_k^{(n)} f(x_k), \tag{5.9}$$

称等距节点下的插值型求积公式 (5.9) 为**n 阶牛顿-柯特斯公式**（**n order Newton-**

Cotes formula），其中 $\mathrm{C}_k^{(n)}$ 为**柯特斯系数**（**Cotes coefficient**）。

注意，由式

$$\mathrm{C}_k^{(n)} = \frac{(-1)^{n-k}}{nk!\,(n-k)!} \int_0^n \prod_{\substack{i=0 \\ i \neq k}}^n (t-i)\,\mathrm{d}t$$

确定的柯特斯系数只与 k 和 n 有关，与 $f(x)$ 和积分区间 $[a,b]$ 无关，且满足

① $\mathrm{C}_k^{(n)} = \mathrm{C}_{n-k}^{(n)}$；

② $\sum\limits_{k=0}^n \mathrm{C}_k^{(n)} = 1$。

下面讨论几个常用的低阶柯特斯系数。

（1）当 $n=1$ 时，即在区间 $[a,b]$ 上取两个插值节点 $x_0=a, x_1=b$。这时有

$$\mathrm{C}_0^{(1)} = \frac{(-1)^{1-0}}{1 \times 0! \times (1-0)!} \int_0^1 \left[\prod_{\substack{i=0 \\ i \neq 0}}^1 (t-i) \right] \mathrm{d}t$$

$$= -\int_0^1 (t-1)\,\mathrm{d}t = -\frac{1}{2}t^2 + t \bigg|_0^1 = \frac{1}{2},$$

$$\mathrm{C}_1^{(1)} = \frac{(-1)^{1-1}}{1 \times 1! \times (1-1)!} \int_0^1 \left[\prod_{\substack{i=0 \\ i \neq 1}}^1 (t-i) \right] \mathrm{d}t$$

$$= \int_0^1 t\,\mathrm{d}t = \frac{1}{2}t^2 \bigg|_0^1 = \frac{1}{2}。$$

代入 n 阶牛顿-柯特斯公式 (5.9) 得求积公式

$$I_1(f) = (b-a)\left[\frac{f(x_0)+f(x_1)}{2} \right] = (b-a)\left[\frac{f(a)+f(b)}{2} \right],$$

即为**梯形公式**，通常记为

$$T(f) = (b-a)\left[\frac{f(a)+f(b)}{2} \right]。$$

其几何意义是用梯形面积近似地代替曲边梯形面积（如图 5.6 所示）。

（2）当 $n=2$ 时，即在区间 $[a,b]$ 上取三个等距节点 $x_0=a, x_1=\dfrac{a+b}{2}, x_2=b$。于是

$$\mathrm{C}_0^{(2)} = \frac{(-1)^{2-0}}{2 \times 0! \times (2-0)!} \int_0^2 \left[\prod_{\substack{i=0 \\ i \neq 0}}^2 (t-i) \right] \mathrm{d}t$$

$$= \frac{1}{4} \int_0^2 (t-1)(t-2)\,\mathrm{d}t = \frac{1}{4}\left(\frac{1}{3}t^3 - \frac{3}{2}t^2 + 2t \right) \bigg|_0^2$$

$$= \frac{1}{4}\left(\frac{1}{3}\times 2^3 - \frac{3}{2}\times 2^2 + 2\times 2\right) = \frac{1}{6},$$

$$C_1^{(2)} = \frac{(-1)^{2-1}}{2\times 1!\times (2-1)!}\int_0^2 \left[\prod_{\substack{i=0\\i\neq 1}}^{2}(t-i)\right]\mathrm{d}t$$

$$= -\frac{1}{2}\int_0^2 t\,(t-2)\,\mathrm{d}t = -\frac{1}{2}\left(\frac{1}{3}t^3 - t^2\right)\bigg|_0^2 = \frac{4}{6},$$

$$C_2^{(2)} = \frac{(-1)^{2-2}}{2\times 2!\times (2-2)!}\int_0^2 \left[\prod_{\substack{i=0\\i\neq 2}}^{2}(t-i)\right]\mathrm{d}t$$

$$= \frac{1}{4}\int_0^2 t\,(t-1)\,\mathrm{d}t = \frac{1}{4}\left(\frac{1}{3}t^3 - \frac{1}{2}t^2\right)\bigg|_0^2 = \frac{1}{6}.$$

代入 n 阶牛顿-柯特斯公式 (5.9) 得求积公式

$$I_2(f) = \frac{b-a}{6}\left[f(x_0) + 4f(x_1) + f(x_2)\right] = \frac{b-a}{6}\left[f(a) + 4f\left(\frac{a+b}{2}\right) + f(b)\right],$$

即为**辛普森公式**或**抛物线求积公式**，通常记为

$$S(f) = \frac{b-a}{6}\left[f(a) + 4f\left(\frac{a+b}{2}\right) + f(b)\right].$$

其几何意义如图 5.7 所示。

（3）当 $n=3$ 时，即在 $[a,b]$ 上取四个等距节点 $x_k = a+kh,\ h=\dfrac{b-a}{3},\ k=0,1,2,3$。
这时有

$$C_0^{(3)} = \frac{(-1)^{3-0}}{3\times 0!\times (3-0)!}\int_0^3 \left[\prod_{\substack{i=0\\i\neq 0}}^{3}(t-i)\right]\mathrm{d}t$$

$$= -\frac{1}{18}\int_0^3 (t-1)(t-2)(t-3)\,\mathrm{d}t = -\frac{1}{18}\left(\frac{1}{4}t^4 - 2t^3 + \frac{11}{2}t^2 - 6t\right)\bigg|_0^3 = \frac{1}{8},$$

$$C_1^{(3)} = \frac{(-1)^{3-1}}{3\times 1!\times (3-1)!}\int_0^3 \left[\prod_{\substack{i=0\\i\neq 1}}^{3}(t-i)\right]\mathrm{d}t$$

$$= \frac{1}{6}\int_0^3 t\,(t-2)\,(t-3)\,\mathrm{d}t = \frac{1}{6}\left(\frac{1}{4}t^4 - \frac{5}{3}t^3 + 3t^2\right)\bigg|_0^3 = \frac{3}{8},$$

$$C_2^{(3)} = \frac{(-1)^{3-2}}{3 \times 2! \times (3-2)!} \int_0^3 \left[\prod_{\substack{i=0 \\ i \neq 2}}^3 (t-i) \right] \mathrm{d}t$$

$$= -\frac{1}{6} \int_0^3 t\,(t-1)\,(t-3)\,\mathrm{d}t = -\frac{1}{6} \left(\frac{1}{4}t^4 - \frac{4}{3}t^3 + \frac{3}{2}t^2 \right) \Big|_0^3 = \frac{3}{8},$$

$$C_3^{(3)} = \frac{(-1)^{3-3}}{3 \times 3! \times (3-3)!} \int_0^3 \left[\prod_{\substack{i=0 \\ i \neq 3}}^3 (t-i) \right] \mathrm{d}t$$

$$= \frac{1}{18} \int_0^3 t\,(t-1)\,(t-2)\,\mathrm{d}t = \frac{1}{18} \left(\frac{1}{4}t^4 - t^3 + t^2 \right) \Big|_0^3 = \frac{1}{8}。$$

代入 n 阶牛顿-柯特斯公式 (5.9) 得求积公式

$$I_3(f) = \frac{b-a}{8} \left[f\,(x_0) + 3f\,(x_1) + 3f\,(x_2) + f\,(x_3) \right]。$$

（4）同理可得 $n = 4$ 时的柯特斯系数

$$C_0^{(4)} = \frac{7}{90}, \ C_1^{(4)} = \frac{32}{90}, \ C_2^{(4)} = \frac{12}{90}, \ C_3^{(4)} = \frac{32}{90}, \ C_4^{(4)} = \frac{7}{90}。$$

此时，求积公式

$$I_4(f) = \frac{b-a}{90} \left[7f\,(x_0) + 32f\,(x_1) + 12f\,(x_2) + 32f\,(x_3) + 7f\,(x_4) \right], \tag{5.10}$$

称式 (5.10) 为柯特斯求积公式（**Cotes quadrature formula**），通常记为

$$C(f) = \frac{b-a}{90} \left[7f\,(x_0) + 32f\,(x_1) + 12f\,(x_2) + 32f\,(x_3) + 7f\,(x_4) \right]。$$

（5）类似地可求出 $n = 5, 6, \cdots$ 时的柯特斯系数，从而建立相应的求积公式，具体结果如表 5.1 所示。从表 5.1 可以看出，当 $n \leqslant 7$ 时，柯特斯系数为正。从 $n \geqslant 8$ 开始，柯特斯系数有正有负。对应求积公式的误差有可能传播扩大，因此高阶牛顿-柯特斯公式不宜采用。

例 5.5　分别用梯形公式和辛普森公式近似计算积分 $\displaystyle\int_{0.5}^1 \sqrt{x}\,\mathrm{d}x$。

解　（1）由梯形公式

$$T(f) = (b-a) \left[\frac{f\,(a) + f\,(b)}{2} \right]$$

表 5.1 $n \leqslant 8$ 时的柯特斯系数

n	$C_k^{(n)}$
1	$\dfrac{1}{2}, \dfrac{1}{2}$
2	$\dfrac{1}{6}, \dfrac{4}{6}, \dfrac{1}{6}$
3	$\dfrac{1}{8}, \dfrac{3}{8}, \dfrac{3}{8}, \dfrac{1}{8}$
4	$\dfrac{7}{90}, \dfrac{32}{90}, \dfrac{12}{90}, \dfrac{32}{90}, \dfrac{7}{90}$
5	$\dfrac{19}{288}, \dfrac{75}{288}, \dfrac{50}{288}, \dfrac{50}{288}, \dfrac{75}{288}, \dfrac{19}{288}$
6	$\dfrac{41}{840}, \dfrac{216}{840}, \dfrac{27}{840}, \dfrac{272}{840}, \dfrac{27}{840}, \dfrac{216}{840}, \dfrac{41}{840}$
7	$\dfrac{751}{17\,280}, \dfrac{3577}{17\,280}, \dfrac{1323}{17\,280}, \dfrac{2989}{17\,280}, \dfrac{2989}{17\,280}, \dfrac{1323}{17\,280}, \dfrac{3577}{17\,280}, \dfrac{750}{17\,280}$
8	$\dfrac{989}{28\,350}, \dfrac{5888}{28\,350}, \dfrac{-928}{28\,350}, \dfrac{10\,496}{28\,350}, \dfrac{-4540}{28\,350}, \dfrac{10\,496}{28\,350}, \dfrac{-928}{28\,350}, \dfrac{5888}{28\,350}, \dfrac{989}{28\,350}$

得

$$\int_{0.5}^{1} \sqrt{x}\, \mathrm{d}x \approx (1 - 0.5)\left(\frac{\sqrt{0.5} + 1}{2}\right) \approx 0.426\,776\,67。$$

（2）由辛普森公式

$$S(f) = \frac{b - a}{6}\left[f(a) + 4f\left(\frac{a + b}{2}\right) + f(b)\right]$$

得

$$\int_{0.5}^{1} \sqrt{x}\, \mathrm{d}x = \frac{1 - 0.5}{6}\left[f(0.5) + 4f\left(\frac{0.5 + 1}{2}\right) + f(1)\right]$$

$$= \frac{1 - 0.5}{6}\left(\sqrt{0.5} + 4\sqrt{\frac{0.5 + 1}{2}} + 1\right)$$

$$\approx 0.083\,33\,(0.707\,11 + 4 \times 0.866\,03 + 1) \approx 0.430\,934\,03。$$

图 5.8 和图 5.9 分别给出了例 5.5 中 $\displaystyle\int_{0.5}^{1} \sqrt{x}\,\mathrm{d}x$ 用梯形公式和辛普森公式近似计算的示意图。事实上，原积分的准确值

$$\int_{0.5}^{1} \sqrt{x}\,\mathrm{d}x = \frac{2}{3}x^{\frac{3}{2}}\Big|_{0.5}^{1} \approx 0.430\ 964\ 41。$$

因此，辛普森公式与梯形公式相比，前者的计算结果更为准确。

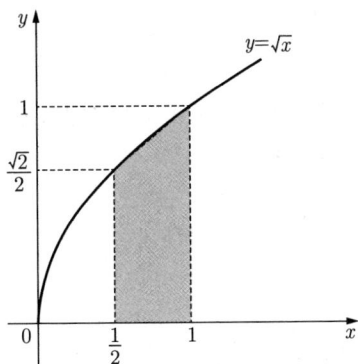

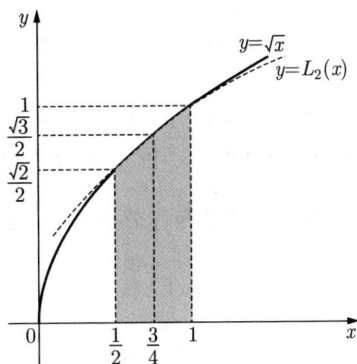

图 5.8　梯形公式近似计算 $\int_{0.5}^{1}\sqrt{x}\mathrm{d}x$ 的示意图　图 5.9　辛普森公式近似计算 $\int_{0.5}^{1}\sqrt{x}\mathrm{d}x$ 的示意图

5.3.2　牛顿-柯特斯公式的代数精度

n 阶牛顿-柯特斯公式是等距节点下的插值型求积公式，由定理 5.2 知至少具有 n 次代数精度，而实际的代数精度是否可以进一步提高呢？

定理 5.3　当 n 为偶数时，n 阶牛顿-柯特斯公式 (5.9) 至少具有 $n+1$ 次代数精度。

证明　只需验证当 n 为偶数时，n 阶牛顿-柯特斯公式 (5.9) 对 $f(x)=x^{n+1}$ 的截断误差为零即可。

由于 $f^{(n+1)}(\xi)=(n+1)!$，因此截断误差

$$R(f) = \int_a^b \frac{f^{(n+1)}(\xi)}{(n+1)!}\prod_{k=0}^{n}(x-x_k)\,\mathrm{d}x$$

$$= \frac{h^{n+2}}{(n+1)!}\int_0^n f^{(n+1)}(\xi)\prod_{k=0}^{n}(t-k)\,\mathrm{d}t$$

$$= h^{n+2}\int_0^n \prod_{k=0}^{n}(t-k)\,\mathrm{d}t。$$

引入变换 $t=u+\dfrac{n}{2}$。因为 n 为偶数，故 $\dfrac{n}{2}$ 为整数。于是

$$R(f) = h^{n+2}\int_{-\frac{n}{2}}^{\frac{n}{2}}\prod_{k=0}^{n}\left(u+\frac{n}{2}-k\right)\,\mathrm{d}u。$$

对于被积函数 $\varphi(u)$ 有

$$\varphi\left(u\right) = \prod_{k=0}^{n}\left(u + \frac{n}{2} - k\right)$$

$$= (u + \frac{n}{2})(u + \frac{n}{2} - 1)\cdots(u+1)u(u-1)\cdots(u - \frac{n}{2} + 1)(u - \frac{n}{2})$$

$$= u(u^2 - 1)\cdots\left[u^2 - \left(\frac{n}{2} - 1\right)^2\right]\left(u^2 - \frac{n^2}{4}\right)。$$

显然 $\varphi(-u) = -\varphi(u)$， 即 $\varphi(u)$ 是奇函数，因此可断定 $R(f) = 0$。由定理 5.1 知，当 n 为偶数时，n 阶牛顿-柯特斯公式至少具有 $n + 1$ 次代数精度。 ∎

例 5.6　验证辛普森公式（$n = 2$）具有 3 次代数精度。

证明　当 $f(x) = 1$ 时，

$$\int_a^b 1\,\mathrm{d}x = b - a = S(f) = \frac{b-a}{6}\left(1 + 4 + 1\right)。$$

当 $f(x) = x$ 时，

$$\int_a^b x\,\mathrm{d}x = \frac{1}{2}\left(b^2 - a^2\right) = S(f) = \frac{b-a}{6}\left(a + 4 \times \frac{a+b}{2} + b\right)。$$

当 $f(x) = x^2$ 时，

$$\int_a^b x^2\,\mathrm{d}x = \frac{1}{3}\left(b^3 - a^3\right) = S(f) = \frac{b-a}{6}\left[a^2 + 4 \times \left(\frac{a+b}{2}\right)^2 + b^2\right]。$$

当 $f(x) = x^3$ 时，

$$\int_a^b x^3\,\mathrm{d}x = \frac{1}{4}\left(b^4 - a^4\right) = S(f) = \frac{b-a}{6}\left[a^3 + 4 \times \left(\frac{a+b}{2}\right)^3 + b^3\right]。$$

当 $f(x) = x^4$ 时，

$$\int_a^b x^4\,\mathrm{d}x = \frac{1}{5}\left(b^5 - a^5\right) \neq \frac{b-a}{6}\left[a^4 + 4 \times \left(\frac{a+b}{2}\right)^4 + b^4\right] = S(f)。$$

由定理 5.1 知，辛普森公式具有 3 次代数精度。 ∎

5.3.3　牛顿-柯特斯公式的截断误差

当函数 $f(x)$ 具有 $n + 1$ 阶导数时，牛顿-柯特斯公式的截断误差为

$$R(f) = \int_a^b f(x)\,\mathrm{d}x - \sum_{k=0}^{n} A_k f(x_k)$$

$$= \int_a^b \left[f(x) - L_n(x)\right]\mathrm{d}x$$

$$= \int_a^b \frac{f^{(n+1)}\left(\xi\right)}{(n+1)!}\prod_{k=0}^{n}(x - x_k)\,\mathrm{d}x。 \tag{5.11}$$

令 $x = a + th\, (0 \leqslant t \leqslant n)$, $x_k = a + kh$, $\mathrm{d}x = h\, \mathrm{d}t$。这时式 (5.11) 可简化为

$$R(f) = \frac{h^{n+2}}{(n+1)!} \int_0^n f^{(n+1)}(\xi) \prod_{k=0}^n (t-k)\, \mathrm{d}t, \quad \text{其中} \xi \in (a,b) \text{依赖于} x。$$

下面讨论三种低阶牛顿-柯特斯公式的截断误差。

（1）$n = 1$ 时，求积公式为梯形公式，即

$$I(f) = \int_a^b f(x)\, \mathrm{d}x \approx (b-a)\left[\frac{f(a)+f(b)}{2}\right] = T(f)。$$

根据式 (5.11)，梯形公式的截断误差为

$$R_T(f) = I(f) - T(f) = \int_a^b \frac{f''(\xi_x)}{2!}(x-a)(x-b)\, \mathrm{d}x。 \tag{5.12}$$

在式 (5.12) 中，对 $\forall x \in [a,b]$，有 $(x-a)(x-b) \leqslant 0$（保号），$f''(\xi_x)$ 可以看作关于 x 的连续函数。根据推广的积分第一中值定理可知，至少存在一点 $\eta \in (a,b)$，使得

$$
\begin{aligned}
R_T(f) &= \frac{f''(\eta)}{2} \int_a^b (x-a)(x-b)\, \mathrm{d}x \\
&= \frac{f''(\eta)}{2} \times \left(\frac{1}{3}x^3 - \frac{a+b}{2}x^2 + abx\right)\bigg|_a^b \\
&= \frac{f''(\eta)}{2} \times \left[-\frac{1}{6}(b-a)^3\right] \\
&= -\frac{(b-a)^3}{12} f''(\eta) \\
&= -\frac{1}{12} h^3 f''(\eta),\ h = \frac{b-a}{1}。
\end{aligned}
\tag{5.13}
$$

（2）$n = 2$ 时，求积公式为辛普森公式，即

$$I(f) = \int_a^b f(x)\, \mathrm{d}x \approx \frac{b-a}{6}\left[f(a) + 4f\left(\frac{a+b}{2}\right) + f(b)\right] = S(f)。$$

根据式 (5.11)，辛普森公式的截断误差为

$$
\begin{aligned}
R_S(f) &= I(f) - S(f) \\
&= \int_a^b \frac{f^{(3)}(\xi_x)}{3!}(x-a)\left(x - \frac{a+b}{2}\right)(x-b)\, \mathrm{d}x。
\end{aligned}
$$

下面利用代数精度的性质来推导其截断误差的具体表达式。首先构造次数小于或等于 3 的多项式 $H(x)$，使其满足

$$H(a) = f(a),\ H(b) = f(b),\ H(c) = f(c),\ H'(c) = f'(c), \tag{5.14}$$

其中 $c = \dfrac{a+b}{2}$。由定理 5.3 知，辛普森公式具有 3 次代数精度，所以对于多项式 $H(x)$，有

$$
\begin{aligned}
\int_a^b H(x)\,\mathrm{d}x &= \frac{b-a}{6}\left[H(a) + 4H\left(\frac{a+b}{2}\right) + H(b)\right] \\
&= \frac{b-a}{6}\left[f(a) + 4f\left(\frac{a+b}{2}\right) + f(b)\right] \\
&= S(f)。
\end{aligned}
$$

因此，辛普森公式的截断误差

$$
\begin{aligned}
R_S(f) &= I(f) - S(f) \\
&= \int_a^b f(x)\,\mathrm{d}x - \int_a^b H(x)\,\mathrm{d}x \\
&= \int_a^b \left[f(x) - H(x)\right]\mathrm{d}x。
\end{aligned}
$$

根据插值条件 (5.14)，可设被积函数

$$
f(x) - H(x) = k(x)(x-a)(x-c)^2(x-b),
$$

其中 $k(x)$ 为待定函数。构造函数

$$
\varphi(t) = f(t) - H(t) - k(x)(t-a)(t-c)^2(t-b),
$$

显然 $\varphi(a) = 0$，$\varphi(b) = 0$，$\varphi(c) = 0$，$\varphi(x) = 0$ 且 $\varphi'(c) = 0$。故 $\varphi(t)$ 在区间 (a,b) 上有五个零点（c 为二重零点）。反复应用罗尔中值定理得，$\varphi^{(4)}(t)$ 在 (a,b) 上至少存在一个零点 ξ，即

$$
\varphi^{(4)}(\xi) = f^{(4)}(\xi) - 4!k(x) = 0。
$$

于是，

$$
k(x) = \frac{f^{(4)}(\xi)}{4!}。
$$

因此，截断误差

$$
R_S(f) = \int_a^b \left[\frac{f^{(4)}(\xi)}{4!}(x-a)(x-c)^2(x-b)\right]\mathrm{d}x。
$$

在被积函数中，对 $\forall x \in [a,b]$，有 $(x-a)(x-c)^2(x-b) \leqslant 0$（保号）。根据推广的积分第一中值定理，有

$$
\begin{aligned}
R_S(f) &= \frac{f^{(4)}(\eta)}{4!}\int_a^b \left[(x-a)(x-c)^2(x-b)\right]\mathrm{d}x \\
&= -\frac{f^{(4)}(\eta)}{2\,880}(b-a)^5 \\
&= -\frac{1}{90}h^5 f^{(4)}(\eta),\ \eta \in (a,b),\ h = \frac{b-a}{2}。
\end{aligned}
\tag{5.15}
$$

（3）$n = 4$ 时，在 $[a,b]$ 上取五个等距节点 $x_k = a + kh$, $h = \dfrac{b-a}{4}$, $k = 0,1,2,3,4$。求积公式为柯特斯公式，即

$$I(f) = \int_a^b f(x)\,\mathrm{d}x \approx \frac{b-a}{90}\left[7f(x_0) + 32f(x_1) + 12f(x_2) + 32f(x_3) + 7f(x_4)\right] = C(f)。$$

根据式 (5.11)，柯特斯公式的截断误差为

$$R_C(f) = I(f) - C(f)$$

$$= \int_a^b \frac{f^{(5)}(\xi)}{5!}\prod_{k=0}^4 (x - x_k)\,\mathrm{d}x。$$

对于柯特斯公式截断误差的具体表达式，这里不再推导，只列出其结果如下：

$$R_C(f) = -\frac{8}{945}h^7 f^{(6)}(\eta), \ \eta \in (a,b), \ h = \frac{b-a}{4}。$$

5.3.4　牛顿-柯特斯公式的稳定性

用牛顿-柯特斯公式 $I_n(f) = (b-a)\sum\limits_{k=0}^n C_k^{(n)}f(x_k)$ 近似计算积分 $I = \int_a^b f(x)\,\mathrm{d}x$ 时，设计算函数值 $f(x_k)$ 有误差 ε_k $(k = 0,1,\cdots,n)$，计算 $C_k^{(n)}$ 没有误差，中间计算过程中的舍入误差也不考虑，则在 $I_n(f)$ 的计算中，由 ε_k 引起的误差为

$$e_n = (b-a)\sum_{k=0}^n C_k^{(n)}f(x_k) - (b-a)\sum_{k=0}^n C_k^{(n)}\left[f(x_k) + \varepsilon_k\right] = -(b-a)\sum_{k=0}^n C_k^{(n)}\varepsilon_k。$$

令 $\varepsilon = \max\limits_{0 \leqslant k \leqslant n}|\varepsilon_k|$，则

$$|e_n| = \left|-(b-a)\sum_{k=0}^n C_k^{(n)}\varepsilon_k\right| \leqslant \varepsilon(b-a)\sum_{k=0}^n \left|C_k^{(n)}\right|。$$

当 $n \leqslant 7$ 时，$C_k^{(n)}$ 都是正数，则

$$|e_n| \leqslant \varepsilon(b-a)\sum_{k=0}^n \left|C_k^{(n)}\right| = \varepsilon(b-a)\sum_{k=0}^n C_k^{(n)} = \varepsilon(b-a)，$$

故 e_n 有界，即由 ε_k 引起的误差可控，不超过 ε 的 $b-a$ 倍，保证了数值计算的稳定性。

当 $n \geqslant 8$ 时，$C_k^{(n)}$ 会出现负数，$\sum\limits_{k=0}^n \left|C_k^{(n)}\right|$ 将随着 n 增大而增大，因而不能保证数值稳定性。所以，实际计算时，高阶牛顿-柯特斯公式不宜采用，有实用价值的也就几种低阶求积公式。

5.4　复化求积公式

　　在实际计算时，高阶牛顿-柯特斯公式会出现数值不稳定，直接在积分区间上选用少数节点使用低阶牛顿-柯特斯公式又不能满足精度要求。借鉴函数插值中分段低次插值的思想，将积分区间 $[a,b]$ 分成若干子区间，在每个子区间上使用低阶牛顿-柯特斯公式（通过增加子区间的个数就能提高整个积分的精度），然后再对子区间上求积结果叠加求和，这就是复化求积的思想。

5.4.1　复化求积公式的推导

　　下面介绍三种常用的复化求积公式。

1. 复化梯形公式的推导

　　将积分区间 $[a,b]$ 分成 n 个子区间，步长 $h = \dfrac{b-a}{n}$，$x_k = a + kh$，$k = 0, 1, \cdots, n$。在每个子区间 $[x_k, x_{k+1}]$ 上用梯形公式近似积分，即

$$\int_{x_k}^{x_{k+1}} f(x)\,\mathrm{d}x \approx (x_{k+1} - x_k)\left[\frac{f(x_k) + f(x_{k+1})}{2}\right],\ k = 0, 1, \cdots, n-1。$$

于是

$$\int_a^b f(x)\,\mathrm{d}x \approx \sum_{k=0}^{n-1}(x_{k+1} - x_k)\left[\frac{f(x_k) + f(x_{k+1})}{2}\right] = \frac{h}{2}\left[f(a) + 2\sum_{k=1}^{n-1}f(x_k) + f(b)\right],$$

记为

$$T_n(f) = \frac{h}{2}\left[f(a) + 2\sum_{k=1}^{n-1}f(x_k) + f(b)\right], \tag{5.16}$$

　　称式 (5.16) 为 $n+1$ 个节点的**复化梯形公式（composite trapezoid formula）**。为方便起见，有时也将 $T_n(f)$ 简记为 T_n。

　　从式 (5.16) 可以看出，复化梯形公式属于机械求积公式。它的几何意义如图 5.10 所示，将整个积分区间分成若干子区间，在每个子区间上利用梯形公式近似计算子区间的积分，复化梯形公式就是用这些子区间上的梯形数值积分累加来近似被积函数 $f(x)$ 的积分。

2. 复化辛普森公式的推导

　　类似复化梯形公式的推导过程，在每个子区间 $[x_k, x_{k+1}]$ 上使用辛普森公式近似积分，即

$$\int_{x_k}^{x_{k+1}} f(x)\,\mathrm{d}x \approx \frac{h}{6}\left[f(x_k) + 4f\left(x_{k+\frac{1}{2}}\right) + f(x_{k+1})\right],$$

则整个区间 $[a,b]$ 上的积分

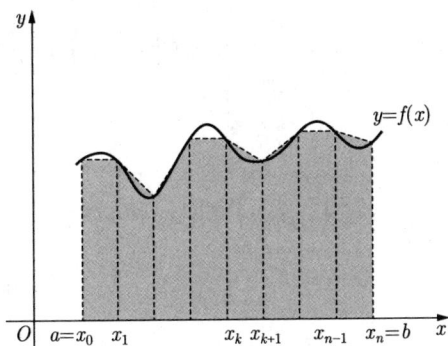

图 5.10　复化梯形公式的几何意义

$$\int_a^b f(x)\,\mathrm{d}x \approx \sum_{k=0}^{n-1} \frac{h}{6}\left[f(x_k) + 4f\left(x_{k+\frac{1}{2}}\right) + f(x_{k+1})\right]$$

$$= \frac{h}{6}\left[f(a) + 4\sum_{k=0}^{n-1} f\left(x_{k+\frac{1}{2}}\right) + 2\sum_{k=1}^{n-1} f(x_k) + f(b)\right],$$

记为

$$S_n(f) = \frac{h}{6}\left[f(a) + 4\sum_{k=0}^{n-1} f\left(x_{k+\frac{1}{2}}\right) + 2\sum_{k=1}^{n-1} f(x_k) + f(b)\right], \tag{5.17}$$

称式 (5.17) 为 $n+1$ 个节点的**复化辛普森公式（composite Simpson formula）**，有时也将 $S_n(f)$ 简记为 S_n。

　　式 (5.17) 表明，复化辛普森公式也是机械求积公式，其几何意义如图 5.11 所示。它是利用分段二次插值多项式近似被积函数 $f(x)$ 的求积公式，即将整个积分区间划分成若干子区间，在每个子区间上使用辛普森公式近似计算子区间的积分，复化辛普森公式就是用这些子区间上的辛普森数值积分累加来近似 $f(x)$ 的积分。

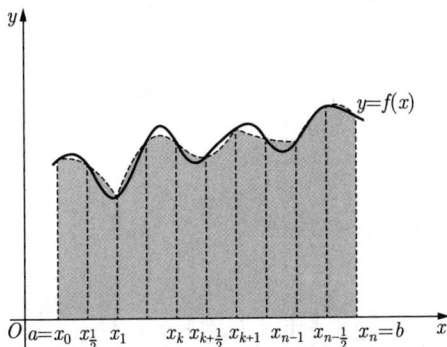

图 5.11　复化辛普森公式的几何意义

3. 复化柯特斯公式的推导

同样类似复化梯形公式的推导过程，在每个子区间 $[x_k, x_{k+1}]$ 上使用柯特斯公式，即

$$\int_{x_k}^{x_{k+1}} f(x)\,\mathrm{d}x \approx \frac{h}{90}\left[7f(x_k)+32f\left(x_{k+\frac{1}{4}}\right)+12f\left(x_{k+\frac{1}{2}}\right)+32f\left(x_{k+\frac{3}{4}}\right)+7f(x_{k+1})\right],$$

则整个区间 $[a,b]$ 上的积分

$$\int_a^b f(x)\,\mathrm{d}x \approx \sum_{k=0}^{n-1}\frac{h}{90}\left[7f(x_k)+32f\left(x_{k+\frac{1}{4}}\right)+12f\left(x_{k+\frac{1}{2}}\right)+32f\left(x_{k+\frac{3}{4}}\right)+7f(x_{k+1})\right],$$

记为

$$C_n(f) = \sum_{k=0}^{n-1}\frac{h}{90}\left[7f(x_k)+32f\left(x_{k+\frac{1}{4}}\right)+12f\left(x_{k+\frac{1}{2}}\right)+32f\left(x_{k+\frac{3}{4}}\right)+7f(x_{k+1})\right],$$

$$(5.18)$$

称式 (5.18) 为 $n+1$ 个节点的**复化柯特斯公式**（**composite Cotes formula**），有时也将 $C_n(f)$ 简记为 C_n。

由式 (5.18) 的形式可知，复化柯特斯公式也是机械求积公式，它是利用分段 4 次插值多项式近似代替被积函数 $f(x)$ 得到的求积公式。

例 5.7 对于函数 $f(x) = \dfrac{4}{1+x^2}$，已知 $n=8$ 时对应等距节点的被积函数值，如表 5.2 所示。利用复化梯形公式和复化辛普森公式分别计算定积分 $\int_0^1 f(x)\,\mathrm{d}x$。

表 5.2 函数 $f(x) = \dfrac{4}{1+x^2}$ 在等距节点上的函数值

x_k	0	$\frac{1}{8}$	$\frac{1}{4}$	$\frac{3}{8}$	$\frac{1}{2}$	$\frac{5}{8}$	$\frac{3}{4}$	$\frac{7}{8}$	1
$f(x_k)$	4	3.938 46	3.764 76	3.506 85	3.200 0	2.876 4	2.560 0	2.265 49	2.000

解 （1）将积分区间 $[0,1]$ 进行 8 等分，即 $n=8$，$h=\dfrac{1}{8}$。应用复化梯形公式 (5.16) 得

$$T_8 = \frac{h}{2}\left[f(a)+2\sum_{k=1}^{n-1}f(x_k)+f(b)\right]$$

$$= \frac{\frac{1}{8}}{2}\left[f(0)+2\sum_{k=1}^{7}f(x_k)+f(1)\right]$$

$$= \frac{1}{16}\left[f(0)+2f\left(\frac{1}{8}\right)+2f\left(\frac{1}{4}\right)+2f\left(\frac{3}{8}\right)+2f\left(\frac{1}{2}\right)+2f\left(\frac{5}{8}\right)+2f\left(\frac{3}{4}\right)+\right.$$
$$\left.2f\left(\frac{7}{8}\right)+f(1)\right]$$

$$= 3.138\ 995。$$

（2）将积分区间 $[0,1]$ 进行 4 等分，即 $n=4$, $h=\dfrac{1}{4}$。应用复化辛普森公式 (5.17) 得

$$
\begin{aligned}
S_4 &= \frac{h}{6}\left[f(a) + 4\sum_{k=0}^{n-1}f\left(x_{k+\frac{1}{2}}\right) + 2\sum_{k=1}^{n-1}f(x_k) + f(b)\right] \\
&= \frac{\frac{1}{4}}{6}\left[f(0) + 4\sum_{k=0}^{3}f\left(x_{k+\frac{1}{2}}\right) + 2\sum_{k=1}^{3}f(x_k) + f(1)\right] \\
&= \frac{1}{24}\left\{f(0) + 4\left[f\left(\frac{1}{8}\right) + f\left(\frac{3}{8}\right) + f\left(\frac{5}{8}\right) + f\left(\frac{7}{8}\right)\right] + 2\left[f\left(\frac{1}{4}\right) + f\left(\frac{1}{2}\right) + \right.\right. \\
&\quad \left.\left. f\left(\frac{3}{4}\right)\right] + f(1)\right\} \\
&= 3.141\ 596\ 7。
\end{aligned}
$$

比较上述两个结果 T_8 和 S_4，它们的计算工作量基本相同，都需要 9 个节点上的函数值，但与积分的准确解

$$
I(f) = \int_0^1 f(x)\,\mathrm{d}x = \int_0^1 \frac{4}{1+x^2}\,\mathrm{d}x = 4\arctan x\,\Big|_0^1 = \pi \approx 3.141\ 59
$$

相比，准确度却相差较大，复化梯形法的结果 $T_8 = 3.138\ 995$ 有两位有效数字，而复化辛普森法的结果 $S_4 = 3.141\ 596\ 7$ 却有六位有效数字。

5.4.2　复化求积公式的截断误差

定义 5.3 (p 阶收敛)　若一个求积公式的误差 $R(f)$ 满足

$$
\lim_{h\to 0}\frac{R(f)}{h^p} = C < \infty,
$$

且 $C \neq 0$，则称该公式 **p 阶收敛 (p order convergence)**。

从定义 5.3 可以看出，一个求积公式的收敛阶数 p 越高，随着 h 的减小其误差 $R(f)$ 减少的速度就越快，它可以更明确地衡量和区分等距节点求积公式的误差大小。

下面讨论复化求积公式的截断误差。

（1）梯形公式的截断误差

$$
R_T(f) = I(f) - T(f) = -\frac{(b-a)^3}{12}f''(\eta)。
$$

于是，复化梯形公式的截断误差

$$
\begin{aligned}
R_{T_n}(f) = I(f) - T_n(f) &= \sum_{k=0}^{n-1}\left[-\frac{h^3}{12}f''(\eta_k)\right] \\
&= -\frac{h^3}{12}\sum_{k=0}^{n-1}f''(\eta_k) = -\frac{h^3}{12}\cdot n\cdot\frac{1}{n}\sum_{k=0}^{n-1}f''(\eta_k),
\end{aligned}
$$

其中 $h = \dfrac{b-a}{n}$, $\eta_k \in (x_k, x_{k+1})$ $(k = 0, 1, \cdots, n-1)$。由连续函数的"中值定理"（介值定理）知，当 $f''(x) \in C[a, b]$ 时，必存在 $\eta \in (a, b)$，使得

$$f''(\eta) = \frac{1}{n}\sum_{k=0}^{n-1} f''(\eta_k)。$$

因此

$$
\begin{aligned}
R_{T_n}(f) &= -\frac{h^2}{12}(b-a)f''(\eta) \approx -\frac{h^2}{12}\int_a^b f''(x)\,\mathrm{d}x \\
&= -\frac{h^2}{12}\Big[f'(b) - f'(a)\Big] = O(h^2)。
\end{aligned}
\tag{5.19}
$$

复化梯形公式的误差与 h^2 同阶，由定义 5.3 知，此公式 2 阶收敛。

（2）辛普森公式的截断误差

$$R_S(f) = I(f) - S(f) = -\frac{(b-a)^5}{2\,880}f^{(4)}(\eta)。$$

类似可推导出复化辛普森公式的截断误差

$$
\begin{aligned}
R_{S_n}(f) &= I(f) - S_n(f) \\
&= -\frac{b-a}{2\,880}h^4 f^{(4)}(\eta) \\
&\approx -\frac{1}{180}\left(\frac{h}{2}\right)^4\Big[f^{(3)}(b) - f^{(3)}(a)\Big] \\
&= O\left(h^4\right)。
\end{aligned}
\tag{5.20}
$$

复化辛普森公式的误差与 h^4 同阶，由定义 5.3 知，此公式 4 阶收敛。

（3）柯特斯公式的截断误差

$$R_C(f) = I(f) - C(f) = -\frac{2(b-a)}{945}\left(\frac{h}{4}\right)^6 f^{(6)}(\eta)。$$

类似可得复化柯特斯公式的截断误差

$$
\begin{aligned}
R_{C_n}(f) &= I(f) - C_n(f) \\
&= -\frac{2(b-a)}{945}\left(\frac{h}{4}\right)^6 f^{(6)}(\eta) \\
&\approx -\frac{2}{945}\left(\frac{h}{4}\right)^6\Big[f^{(5)}(b) - f^{(5)}(a)\Big] \\
&= O\left(h^6\right)。
\end{aligned}
\tag{5.21}
$$

复化柯特斯公式的误差与 h^6 同阶，由定义 5.3 知，此公式 6 阶收敛。

比较误差公式式 (5.19)、式 (5.20) 和式 (5.21)，复化梯形法、复化辛普森法和复化柯特斯法分别为 2 阶、4 阶和 6 阶收敛。因此，若将步长 h 减半，则三种方法的误差分别减至原有误差的 $\dfrac{1}{4}$、$\dfrac{1}{16}$ 和 $\dfrac{1}{64}$，并且当 $n \to \infty$，即 $h \to 0$ 时，T_n、S_n 和 C_n 都收敛于 $\displaystyle\int_a^b f(x)\,\mathrm{d}x$，而且收敛速度一个比一个快。显然，截断误差和步长 h 密切相关，只要让 h 足够小，就可以达到事先设定的精度要求。

例 5.8　用复化梯形公式和复化辛普森公式分别计算积分 $\displaystyle\int_0^1 \mathrm{e}^x \,\mathrm{d}x$ 时，积分区间要等分多少份才能保证误差不超过 $\dfrac{1}{2} \times 10^{-5}$？

解　（1）由复化梯形公式的截断误差 (5.19) 得

$$R_{T_n}(f) = -\frac{\left(\dfrac{b-a}{n}\right)^2}{12}(b-a)f''(\eta) = -\frac{(b-a)^3}{12n^2}f''(\eta)。$$

又 $f(x) = \mathrm{e}^x$ 且 $x \in [0,1]$，所以

$$|f''(x)| = \mathrm{e}^x < \mathrm{e}。$$

结合题意得

$$|R_{T_n}(f)| \leqslant \frac{\mathrm{e}}{12n^2} \leqslant \frac{1}{2} \times 10^{-5}，$$

即 $6n^2 \geqslant \mathrm{e} \times 10^5$，解得 $n \geqslant 212.85$，取 $n = 213$。这时 $h = \dfrac{b-a}{n} = \dfrac{1}{213}$，相应的复化梯形公式为

$$T_{213} = \frac{1}{2 \times 213}\left[f(0) + 2\sum_{k=1}^{213-1} f(x_k) + f(1)\right]。$$

（2）由复化辛普森公式的截断误差 (5.20) 得

$$\begin{aligned} R_{S_n}(f) &= -\frac{b-a}{2\,880}h^4 f^{(4)}(\eta),\ \eta \in [a,b] \\ &= -\frac{b-a}{2\,880}\left(\frac{b-a}{n}\right)^4 f^{(4)}(\eta) \\ &= -\frac{(b-a)^5}{2\,880n^4}f^{(4)}(\eta)。 \end{aligned}$$

于是

$$|R_{S_n}(f)| \leqslant \frac{\mathrm{e}}{2\,880n^4} \leqslant \frac{1}{2} \times 10^{-5}，$$

解得 $n \geqslant 3.706$，即用复化辛普森公式只需取 $n = 4$ 就能达到相同的精度。

上述结果表明，在精度要求相同的情况下，复化辛普森法比复化梯形法的计算工作量会大大减少。根据例 5.7 的分析，两种方法在工作量相当的情况下，复化辛普森法要比复化梯形法的准确度高很多。因而，在实际计算时，更多地使用复化辛普森法。

5.4.3 变步长复化求积方法

利用复化梯形公式、复化辛普森公式和复化柯特斯公式计算定积分时，如何选取合适的步长 h？步长太大，则计算精度难以保证；步长太小，则需要增加过多的额外计算量。实际计算时常常采用变步长的策略，即将积分区间逐次对分，反复比较对分前后两次复化求积的近似值，直到相邻两次近似值误差的绝对值小于指定的精度为止，取最后一次复化求积结果为所求积分值，这就是变步长数值积分的基本思想。

下面以复化梯形公式为例，探讨变步长复化求积方法的具体过程。

（1）首先将区间 $[a,b]$ 进行 n 等分，步长 $h=\dfrac{b-a}{n}$，则

$$T_n = \frac{h}{2}\left[f(a) + 2\sum_{k=1}^{n-1} f(x_k) + f(b)\right].$$

（2）再将区间 $[a,b]$ 进行 $2n$ 等分，即步长减半，步长 $h_1 = \dfrac{b-a}{2n} = \dfrac{h}{2}$。考查子区间 $[x_k, x_{k+1}]$，每个子区间 $[x_k, x_{k+1}]$ 经过对分后只增加一个节点 $x_{k+\frac{1}{2}} = \dfrac{1}{2}(x_k + x_{k+1})$。再用复化梯形公式求得子区间 $[x_k, x_{k+1}]$ 上的积分值

$$\frac{h_1}{2}\left[f(x_k) + 2f\left(x_{k+\frac{1}{2}}\right) + f(x_{k+1})\right],$$

其中 $f\left(x_{k+\frac{1}{2}}\right) = f\left(x_k + \dfrac{h}{2}\right)$。将每个子区间上积分值相加得

$$\begin{aligned}
T_{2n} &= \sum_{k=0}^{n-1} \frac{h_1}{2}\left[f(x_k) + 2f\left(x_{k+\frac{1}{2}}\right) + f(x_{k+1})\right]\\
&= \frac{h}{4}\sum_{k=0}^{n-1}\left[f(x_k) + 2f\left(x_{k+\frac{1}{2}}\right) + f(x_{k+1})\right]\\
&= \frac{h}{4}\sum_{k=0}^{n-1}\left[f(x_k) + f(x_{k+1})\right] + \frac{h}{2}\sum_{k=0}^{n-1} f\left(x_{k+\frac{1}{2}}\right),
\end{aligned}$$

则可导出 T_{2n} 与 T_n 的递推公式

$$T_{2n} = \frac{1}{2}T_n + \frac{h}{2}\sum_{k=0}^{n-1} f\left(x_{k+\frac{1}{2}}\right), \tag{5.22}$$

其中 h 为对分前的步长，称式 (5.22) 为**递推化复化梯形公式**（**recursive composite trapezoid formula**），它能在 T_n 的基础上得到区间对分后的复化梯形积分值 T_{2n}，其

中只需计算对分后新增的节点函数值即可。

（3）终止条件

由复化梯形公式的截断误差 (5.19) 知，T_n 的截断误差为

$$I - T_n = -\frac{b-a}{12}\left(\frac{b-a}{n}\right)^2 f''(\eta_1),\ \eta_1 \in (a,b),$$

T_{2n} 的截断误差为

$$I - T_{2n} = -\frac{b-a}{12}\left(\frac{b-a}{2n}\right)^2 f''(\eta_2),\ \eta_2 \in (a,b)。$$

若 $f''(x)$ 在 (a,b) 上变化不大，即 $f''(\eta_1) \approx f''(\eta_2)$ 时，两式相除得

$$\frac{I - T_n}{I - T_{2n}} = \frac{-\dfrac{b-a}{12}\left(\dfrac{b-a}{n}\right)^2 f''(\eta_1)}{-\dfrac{b-a}{12}\left(\dfrac{b-a}{2n}\right)^2 f''(\eta_2)} \approx 4,$$

解得

$$I \approx \frac{4}{3}T_{2n} - \frac{1}{3}T_n = T_{2n} + \frac{1}{4-1}(T_{2n} - T_n)。 \tag{5.23}$$

式 (5.23) 表明，T_{2n} 的实际误差 $I - T_{2n} \approx \dfrac{1}{4-1}(T_{2n} - T_n)$，误差控制条件为

$$\left|\frac{1}{4-1}(T_{2n} - T_n)\right| < \varepsilon,$$

其中 ε 为预先设定的精度。即若

$$|T_{2n} - T_n| < \varepsilon' = 3\varepsilon,$$

则迭代停止，取 T_{2n} 为近似积分值。否则，继续对分区间并计算。

同理可得，对于复化辛普森公式，$f^{(4)}(x)$ 在 $[a,b]$ 上变化不大时，有

$$I \approx S_{2n} + \frac{1}{4^2-1}(S_{2n} - S_n)。$$

对于复化柯特斯公式，$f^{(6)}(x)$ 在 $[a,b]$ 上变化不大时，有

$$I \approx C_{2n} + \frac{1}{4^3-1}(C_{2n} - C_n)。$$

例 5.9　函数 $f(x) = \dfrac{\sin x}{x}$ 在等距节点上的函数值如表 5.3 所示，利用变步长梯形法计算积分值 $I = \displaystyle\int_0^1 \frac{\sin x}{x}\,\mathrm{d}x$。

解　（1）先对整个积分区间 $[0,1]$ 使用梯形公式，得到

表 5.3 函数 $f(x) = \dfrac{\sin x}{x}$ 在等距节点上的函数值

$x_k f(x_k)$	x_k	$f(x_k)$	
0	1	$\dfrac{5}{8}$	0.936 155 6
$\dfrac{1}{8}$	0.997 397 8	$\dfrac{3}{4}$	0.908 851 7
$\dfrac{1}{4}$	0.989 615 8	$\dfrac{7}{8}$	0.877 192 6
$\dfrac{3}{8}$	0.976 726 7	1	0.841 471 0
$\dfrac{1}{2}$	0.958 851 1		

$$T_1 = \frac{f(0) + f(1)}{2} = 0.920\ 735\ 5 。$$

（2）对分区间 $[0, 1]$，求出中点函数值 $f\left(\dfrac{1}{2}\right) = 0.958\ 851\ 1$。由式 (5.22) 得

$$T_2 = \frac{1}{2}T_1 + \frac{h}{2}f\left(x_{k+\frac{1}{2}}\right) = \frac{1}{2}T_1 + \frac{1}{2}f\left(\frac{1}{2}\right) = 0.939\ 793\ 3 。$$

（3）继续对分区间 $\left[0, \dfrac{1}{2}\right]$ 和 $\left[\dfrac{1}{2}, 1\right]$，求出中点函数值 $f\left(\dfrac{1}{4}\right) = 0.989\ 615\ 8$，$f\left(\dfrac{3}{4}\right) = 0.908\ 851\ 7$，则

$$T_4 = \frac{1}{2}T_2 + \frac{1}{4}\left[f\left(\frac{1}{4}\right) + f\left(\frac{3}{4}\right)\right]$$

$$= \frac{1}{2} \times 0.939\ 793\ 3 + \frac{1}{4}(0.989\ 615\ 8 + 0.908\ 851\ 7) = 0.944\ 513\ 5 。$$

依次类推，不断对分，求出对分中点函数值，利用式 (5.22) 计算得表 5.4，其中 k 为对分次数，$n = 2^k$。积分 $I = \displaystyle\int_0^1 \frac{\sin x}{x}\,\mathrm{d}x$ 的准确值是 0.946 083 1，利用变步长梯形法对分 9 次得到准确解。

表 5.4 利用变步长梯形法求 $\displaystyle\int_0^1 \frac{\sin x}{x}\,\mathrm{d}x$ 的计算结果

kT_n	k	T_n	
0	0.920 735 5	5	0.946 076 9
1	0.939 793 3	6	0.946 081 5
2	0.944 513 5	7	0.946 082 7
3	0.945 690 9	8	0.946 083 0
4	0.946 059 6	9	0.946 083 1

5.5 龙贝格积分法

由式 (5.23) 知，用复化梯形公式近似计算积分值 I 时，T_{2n} 的误差大约为 $\frac{1}{3}(T_{2n}-T_n)$。借鉴误差补偿的思想，令

$$I \approx T_{2n} + \frac{1}{3}(T_{2n}-T_n) = \frac{4T_{2n}-T_n}{3}。 \tag{5.24}$$

由式 (5.22) 知

$$T_{2n} = \frac{1}{2}T_n + \frac{b-a}{2n}\sum_{k=0}^{n-1} f\left(x_{k+\frac{1}{2}}\right), \tag{5.25}$$

将式 (5.25) 代入式 (5.24) 得

$$
\begin{aligned}
I &\approx \frac{4T_{2n}-T_n}{3} \\
&= \frac{4\left[\frac{1}{2}T_n + \frac{b-a}{2n}\sum_{k=0}^{n-1} f\left(x_{k+\frac{1}{2}}\right)\right] - T_n}{3} \\
&= \frac{2T_n + 4 \times \frac{b-a}{2n}\sum_{k=0}^{n-1} f\left(x_{k+\frac{1}{2}}\right) - T_n}{3} \\
&= \frac{T_n + 4 \times \frac{b-a}{2n}\sum_{k=0}^{n-1} f\left(x_{k+\frac{1}{2}}\right)}{3} \\
&= \frac{T_n}{3} + \frac{2(b-a)}{3n}\sum_{k=0}^{n-1} f\left(x_{k+\frac{1}{2}}\right)。
\end{aligned} \tag{5.26}
$$

将复化梯形公式 (5.16)

$$T_n = \frac{b-a}{2n}\left[f(a) + 2\sum_{k=1}^{n-1} f(x_k) + f(b)\right]$$

代入式 (5.26) 得

$$
\begin{aligned}
I &\approx \frac{b-a}{6n}\left[f(a) + 2\sum_{k=1}^{n-1} f(x_k) + f(b)\right] + \frac{2(b-a)}{3n}\sum_{k=0}^{n-1} f\left(x_{k+\frac{1}{2}}\right) \\
&= \frac{b-a}{6n}\left[f(a) + 2\sum_{k=1}^{n-1} f(x_k) + 4\sum_{k=0}^{n-1} f\left(x_{k+\frac{1}{2}}\right) + f(b)\right] \\
&= S_n,
\end{aligned}
$$

称

$$S_n = \frac{4T_{2n} - T_n}{3} = \frac{4T_{2n} - T_n}{4 - 1} = T_{2n} + \frac{1}{4 - 1}(T_{2n} - T_n) = T_{2n} + \frac{1}{3}(T_{2n} - T_n) \quad (5.27)$$

为**梯形加速公式**（**trapezoidal acceleration formula**）。式 (5.27) 说明，利用复化梯形公式前后两次的积分近似值 T_n 和 T_{2n}，按照式 (5.27) 的线性组合可得到具有更高精度的积分值，这就是龙贝格积分法的基本思想。

例 5.10 利用梯形加速公式计算 $\int_0^1 \frac{\sin x}{x} \mathrm{d}x$。

解 由例 5.9 知，$T_2 = 0.939\,793\,3$, $T_4 = 0.944\,513\,5$。利用式 (5.27) 中线性组合方式得

$$T = \frac{4T_{2n} - T_n}{3} = 0.946\,084\,9。$$

积分 $\int_0^1 \frac{\sin x}{x} \mathrm{d}x$ 的准确值为 $0.946\,083\,1$。利用梯形加速公式 (5.27) 加速 1 次即可得到具有五位有效数字的结果。

为什么 T_{2n} 与 T_n 的线性组合会提高精度？线性组合的公式是否起了质的变化？是否具有普遍性？读者可自行思考。

类似梯形加速公式 (5.27) 的计算过程，可得

$$I \approx S_{2n} + \frac{1}{4^2 - 1}(S_{2n} - S_n) = \frac{4^2 S_{2n} - S_n}{4^2 - 1},$$

$$I \approx C_{2n} + \frac{1}{4^3 - 1}(C_{2n} - C_n) = \frac{4^3 C_{2n} - C_n}{4^3 - 1}。$$

称

$$C_n = \frac{4^2 S_{2n} - S_n}{4^2 - 1} = S_{2n} + \frac{1}{4^2 - 1}(S_{2n} - S_n) = S_{2n} + \frac{1}{15}(S_{2n} - S_n) \quad (5.28)$$

为**辛普森加速公式**（**Simpson acceleration formula**）。
称

$$R_n = \frac{4^3 C_{2n} - C_n}{4^3 - 1} = C_{2n} + \frac{1}{4^3 - 1}(C_{2n} - C_n) = C_{2n} + \frac{1}{63}(C_{2n} - C_n) \quad (5.29)$$

为**柯特斯加速公式**（**Cotes acceleration formula**），也称柯特斯加速公式 (5.29) 为**龙贝格求积公式**（**Romberg quadrature formula**）。

定义 5.4 (龙贝格积分) 利用三个加速公式式 (5.27)、式 (5.28) 和式 (5.29) 将变步长梯形法得到的粗糙积分近似值迅速加工成精度较高的积分近似值的求积方法称为**龙贝格积分法**（**Romberg quadrature method**）。

综上所述，可以给出龙贝格积分法的计算步骤如下。

步 1　准备

对分次数 $k=0$, 给定预先指定的精度 ε。用梯形公式计算积分近似值

$$T_1 = \frac{b-a}{2}\big[f(a)+f(b)\big]。$$

步 2　区间对分求值

令 $h=\dfrac{b-a}{2^k}$, $n=2^k$,

$$T_{2n} = \frac{1}{2}T_n + \frac{b-a}{2n}\sum_{k=0}^{n-1} f\left(x_{k+\frac{1}{2}}\right),$$

令 $k=k+1$。

步 3　加速求值

$$\text{梯形加速公式}\qquad S_n = T_{2n} + \frac{1}{3}(T_{2n}-T_n),$$

$$\text{辛普森加速公式}\quad C_n = S_{2n} + \frac{1}{15}(S_{2n}-S_n),$$

$$\text{龙贝格求积公式}\quad R_n = C_{2n} + \frac{1}{63}(C_{2n}-C_n)。$$

步 4　精度控制

若 $|R_{2n}-R_n| < \varepsilon$, 停止, 取 R_{2n} 为积分近似值; 否则转步 2。

例 5.11　用龙贝格积分法计算定积分 $I = \displaystyle\int_0^1 \frac{4}{1+x^2}\,\mathrm{d}x$, 要求相邻两次龙贝格积分值的偏差不超过 10^{-5}。

解　由题意得 $a=0$, $b=1$, $f(x)=\dfrac{4}{1+x^2}$。 于是

$$T_1 = \frac{1-0}{2}\left[f(0)+f(1)\right] = \frac{1}{2}(4+2) = 3,$$

$$T_2 = \frac{1}{2}T_1 + \frac{1}{2}f\left(\frac{1}{2}\right) = \frac{1}{2}\times 3 + \frac{1}{2}\times\frac{16}{5} = 3.1,$$

$$T_4 = \frac{1}{2}T_2 + \frac{1}{4}\left[f\left(\frac{1}{4}\right)+f\left(\frac{3}{4}\right)\right] = \frac{1}{2}\times 3.1 + \frac{1}{4}\times\left(\frac{64}{17}+\frac{64}{25}\right) = 3.131\,18,$$

$$T_8 = \frac{1}{2}T_4 + \frac{1}{8}\left[f\left(\frac{1}{8}\right)+f\left(\frac{3}{8}\right)+f\left(\frac{5}{8}\right)+f\left(\frac{7}{8}\right)\right]$$

$$= \frac{1}{2}\times 3.131\,18 + \frac{1}{8}\times\left(\frac{256}{65}+\frac{256}{73}+\frac{256}{89}+\frac{256}{113}\right) = 3.138\,99,$$

$$T_{16} = \frac{1}{2}T_8 + \frac{1}{16}\left[f\left(\frac{1}{16}\right)+f\left(\frac{3}{16}\right)+f\left(\frac{5}{16}\right)+f\left(\frac{7}{16}\right)+f\left(\frac{9}{16}\right)+f\left(\frac{11}{16}\right)+\right.$$

$$\left. f\left(\frac{13}{16}\right)+f\left(\frac{15}{16}\right)\right]$$

$$=\frac{1}{2}\times 3.138\ 9+\frac{1}{16}\left(\frac{1024}{257}+\frac{1024}{265}+\frac{1024}{281}+\frac{1024}{305}+\frac{1024}{337}+\frac{1024}{377}+\frac{1024}{425}+\frac{1024}{481}\right)$$

$$=3.140\ 94。$$

由梯形加速公式 (5.27)

$$S_n=T_{2n}+\frac{1}{3}(T_{2n}-T_n)$$

得

$$S_1=T_2+\frac{1}{3}(T_2-T_1)=\frac{4}{3}T_2-\frac{1}{3}T_1=\frac{4}{3}\times 3.1-\frac{1}{3}\times 3=3.133\ 3,$$

$$S_2=T_4+\frac{1}{3}(T_4-T_2)=\frac{4}{3}T_4-\frac{1}{3}T_2=\frac{4}{3}\times 3.131\ 18-\frac{1}{3}\times 3.1=3.141\ 57,$$

$$S_4=T_8+\frac{1}{3}(T_8-T_4)=\frac{4}{3}T_8-\frac{1}{3}T_4=\frac{4}{3}\times 3.138\ 99-\frac{1}{3}\times 3.131\ 18=3.141\ 59,$$

$$S_8=T_{16}+\frac{1}{3}(T_{16}-T_8)=\frac{4}{3}T_{16}-\frac{1}{3}T_8=\frac{4}{3}\times 3.140\ 94-\frac{1}{3}\times 3.138\ 99=3.141\ 59。$$

由辛普森加速公式 (5.28)

$$C_n=S_{2n}+\frac{1}{15}(S_{2n}-S_n)$$

得

$$C_1=S_2+\frac{1}{15}(S_2-S_1)=\frac{16}{15}S_2-\frac{1}{15}S_1=\frac{16}{15}\times 3.141\ 57-\frac{1}{15}\times 3.133\ 3=3.142\ 12,$$

$$C_2=S_4+\frac{1}{15}(S_4-S_2)=\frac{16}{15}S_4-\frac{1}{15}S_2=\frac{16}{15}\times 3.141\ 59-\frac{1}{15}\times 3.141\ 57=3.141\ 59,$$

$$C_4=S_8+\frac{1}{15}(S_8-S_4)=\frac{16}{15}S_8-\frac{1}{15}S_4=\frac{16}{15}\times 3.141\ 59-\frac{1}{15}\times 3.141\ 59=3.141\ 59。$$

由柯特斯加速公式 (5.29)

$$R_n=C_{2n}+\frac{1}{63}(C_{2n}-C_n)$$

得

$$R_1=C_2+\frac{1}{63}(C_2-C_1)=\frac{64}{63}C_2-\frac{1}{63}C_1=\frac{64}{63}\times 3.141\ 59-\frac{1}{63}\times 3.142\ 12=3.141\ 58,$$

$$R_2=C_4+\frac{1}{63}(C_4-C_2)=\frac{64}{63}C_4-\frac{1}{63}C_2=\frac{64}{63}\times 3.141\ 59-\frac{1}{63}\times 3.141\ 59=3.141\ 59。$$

因为 $|R_2-R_1|\leqslant 10^{-5}$，所以 $I=\int_0^1\frac{4}{1+x^2}\,\mathrm{d}x\approx R_2=3.141\ 59。$

5.6　高斯求积公式

5.6.1　高斯积分问题的提出

n 阶牛顿-柯特斯公式采用等距节点作为求积节点，代数精度至少可达到 n。那么，在节点个数一定的情况下，是否可以在积分区间 $[a,b]$ 上自由选择节点的位置，使得求积公式的代数精度提得更高？回答是肯定的。对于插值型求积公式 (5.6)，其代数精度可达到上界 $2n+1$。

定理 5.4　形如

$$\int_a^b f(x)\,\mathrm{d}x = \sum_{k=0}^n A_k f(x_k)$$

的插值型求积公式的代数精度最高不超过 $2n+1$ 次。

证明　根据代数精度定义 5.1，只需找到一个 $2n+2$ 次多项式，使得插值型求积公式不能准确成立即可。

令

$$\omega_{n+1}(x) = (x-x_0)(x-x_1)\cdots(x-x_n) = \prod_{k=0}^n (x-x_k),$$

显然 $\omega_{n+1}(x)$ 是一个 $n+1$ 次多项式。于是 $f(x) = \omega_{n+1}^2(x)$ 是一个 $2n+2$ 次多项式，且只在 x_k，$k = 0,1,\cdots,n$ 处函数值为零，所以

$$\int_a^b f(x)\,\mathrm{d}x = \int_a^b \omega_{n+1}^2(x)\,\mathrm{d}x > 0。$$

而 $\sum_{k=0}^n A_k f(x_k) = 0$，因此，对于 $2n+2$ 次多项式 $f(x)$，插值型求积公式不能准确成立。∎

5.6.2　高斯求积公式概述

定理 5.4 表明，插值型求积公式的代数精度最高不超过 $2n+1$，那这个上界能达到吗？只要适当选取插值节点 x_k，$k = 0,1,\cdots,n$，就有可能使求积公式具有 $2n+1$ 次代数精度，这类求积公式就是高斯求积公式。

定义 5.5 (高斯求积公式)　若一组节点 $x_0,x_1,\cdots,x_n \in [a,b]$，使得插值型求积公式 (5.6) 具有 $2n+1$ 次代数精度，则称此组节点为**高斯点**（**Gauss point**），并称相应的求积公式 (5.6) 为**高斯求积公式**（**Gauss quadrature formula**）。

高斯求积公式 (5.6) 中含有 $2n+2$ 个待定参数 A_k,x_k $(k = 0,1,\cdots,n)$。根据定理 5.1，令被积函数分别为 $1,x,\cdots,x^m$ $(m \geqslant 2n+1)$ 时，通过求积公式的准确性可以

确定这 $2n+2$ 个参数和公式的代数精度。

例 5.12　确定 A、B、C 和 α，使得求积公式

$$\int_{-2}^{2} f(x)\,\mathrm{d}x = Af(-\alpha) + Bf(0) + Cf(\alpha) \tag{5.30}$$

具有尽可能高的代数精度，并判断它是否为高斯求积公式。

解　将 $f(x) = 1, x, x^2, x^3$ 分别代入式 (5.30) 得方程组

$$\begin{cases} A + B + C = 4 & ① \\ -\alpha A + \alpha C = 0 & ② \\ \alpha^2 A + \alpha^2 C = \dfrac{16}{3} & ③ \\ -\alpha^3 A + \alpha^3 C = 0 & ④ \end{cases}$$

④ 与②线性相关，需要再增加一个方程。将 $f(x) = x^4$ 代入式 (5.30) 得

$$\alpha^4 A + \alpha^4 C = \frac{64}{5} \qquad ⑤$$

联立方程①、②、③、⑤得方程组

$$\begin{cases} A + B + C = 4 \\ -\alpha A + \alpha C = 0 \\ \alpha^2 A + \alpha^2 C = \dfrac{16}{3} \\ \alpha^4 A + \alpha^4 C = \dfrac{64}{5} \end{cases}$$

解得　$A = C = \dfrac{10}{9}$，$B = \dfrac{16}{9}$，$\alpha = \pm\sqrt{\dfrac{12}{5}}$。

将 $f(x) = x^5$ 代入式 (5.30)，得

$$-\alpha^5 A + \alpha^5 C = 0,$$

与②、④线性相关，显然等式成立。将 $f(x) = x^6$ 代入式 (5.30)，等式不成立。根据定理 5.1，式 (5.30) 的代数精度为 5。式 (5.30) 有 3 个求积节点，即 $n = 2$，达到 $2n+1 = 5$ 次代数精度。所以，它是高斯求积公式。

注意到利用定理 5.1 求高斯点和求积系数时，一般情况下需要解一个非线性方程组。当 n 较大时，解方程组的计算量很大，这种方法难以求解。下面先分析讨论高斯公式和高斯点的特性，再构造高斯求积公式。

定理 5.5　对于插值型求积公式 (5.6)，求积节点 $x_k \in [a, b]$ $(k = 0, 1, \cdots, n)$，则

式 (5.6) 为高斯求积公式的充要条件是以求积节点为零点的多项式

$$\omega_{n+1}(x) = (x - x_0)(x - x_1) \cdots (x - x_n) = \prod_{k=0}^{n}(x - x_k)$$

与任意次数不超过 n 的多项式 $P(x)$ 正交, 即

$$\int_a^b \omega_{n+1}(x) P(x)\,\mathrm{d}x = 0。 \tag{5.31}$$

证明 (1) **必要性** ("$\Rightarrow$")

设 $P(x)$ 是任意次数不超过 n 的多项式, 则 $\omega_{n+1}(x)P(x)$ 的次数不超过 $2n+1$。由高斯求积公式定义 5.5 知, 插值型求积公式 (5.6) 对 $\omega_{n+1}(x)P(x)$ 能准确成立, 即

$$\int_a^b \omega_{n+1}(x) P(x)\,\mathrm{d}x = \sum_{k=0}^{n} A_k \omega_{n+1}(x_k) P(x_k)。$$

又 $\omega_{n+1}(x_k) = 0,\ k = 0, 1, \cdots, n$, 所以式 (5.31) 成立。

(2) **充分性** ("$\Leftarrow$")

对任意次数不超过 $2n+1$ 的多项式 $f(x)$, 用 $\omega_{n+1}(x)$ 除 $f(x)$, 记商为 $P(x)$, 余式为 $Q(x)$, 即

$$f(x) = P(x)\omega_{n+1}(x) + Q(x), \tag{5.32}$$

其中 $P(x)$ 和 $Q(x)$ 都是次数不超过 n 的多项式。由正交性条件 (5.31) 可得

$$
\begin{aligned}
\int_a^b f(x)\,\mathrm{d}x &= \int_a^b \left[P(x)\omega_{n+1}(x) + Q(x) \right]\mathrm{d}x \\
&= \int_a^b P(x)\omega_{n+1}(x)\,\mathrm{d}x + \int_a^b Q(x)\,\mathrm{d}x \\
&= \int_a^b Q(x)\,\mathrm{d}x。
\end{aligned}
$$

又插值型求积公式 (5.6) 对所有次数不超过 n 的多项式都能准确成立, 即

$$\int_a^b Q(x)\,\mathrm{d}x = \sum_{k=0}^{n} A_k Q(x_k)。$$

注意到 $\omega_{n+1}(x)$ 是以求积节点 $x_k\ (k = 0, 1, \cdots, n)$ 为零点的多项式, 所以 $\omega_{n+1}(x_k) = 0$。进而对于式 (5.32) 有

$$f(x_k) = P(x_k)\omega_{n+1}(x_k) + Q(x_k) = Q(x_k)。$$

于是

$$\int_a^b f(x)\,\mathrm{d}x = \int_a^b Q(x)\,\mathrm{d}x = \sum_{k=0}^{n} A_k Q(x_k) = \sum_{k=0}^{n} A_k f(x_k),$$

即插值型求积公式 (5.6) 对于任意次数不超过 $2n+1$ 的多项式都能准确成立。由高斯求积公式定义 5.5 知，式 (5.6) 是高斯求积公式。∎

上述定理的证明过程已提供了构造高斯求积公式和高斯点的方法，即只要在 $[a,b]$ 上寻找 $n+1$ 次正交多项式的 $n+1$ 个零点即可。这里不再赘述，感兴趣的读者可参考文献 [2]。

5.7　数值微分

当函数用表格形式给出，要求某节点导数值时，不能再使用高等数学中导数的定义和求导法则来求解，而只能用近似的方法——数值微分对列表函数求导。根据函数在若干节点处的函数值来近似计算导数的近似值称为**数值微分（numerical differentiation）**。

5.7.1　差商与数值微分

在微积分中，导数表示函数在某节点上的瞬时变化率，它是平均变化率的极限。在几何上，导数是曲线的斜率。在物理上，导数是物体变化的速率。下面用差商来近似计算导数并分析其截断误差。

设 $f'(x)$ 存在，根据导数定义的三种形式

$$f'(x) = \lim_{h \to 0} \frac{f(x+h) - f(x)}{h},$$

$$f'(x) = \lim_{h \to 0} \frac{f(x) - f(x-h)}{h},$$

$$f'(x) = \lim_{h \to 0} \frac{f(x+h) - f(x-h)}{2h}$$

知，当 $h \to 0$ 时，向前、向后和中心差商的极限都是 $f'(x)$，故可用这三种差商逼近微商。

（1）用向前差商近似导数，即

$$f'(x_0) \approx \frac{f(x_0 + h) - f(x_0)}{h}, \tag{5.33}$$

称式 (5.33) 为**向前差商公式（forward difference quotient formula）**，其截断误差就是精确导数和近似导数之间的误差，即

$$R(x_0) = f'(x_0) - \frac{f(x_0 + h) - f(x_0)}{h}。$$

由泰勒展开式

$$f(x_0 + h) = f(x_0) + hf'(x_0) + \frac{h^2}{2!}f''(\xi),\ x_0 \leqslant \xi \leqslant x_0 + h,$$

移项得

$$f'(x_0) = \frac{f(x_0 + h) - f(x_0)}{h} - \frac{h}{2!}f''(\xi)。$$

于是，向前差商公式 (5.33) 的截断误差

$$R(x_0) = f'(x_0) - \frac{f(x_0 + h) - f(x_0)}{h} = -\frac{h}{2!}f''(\xi)。$$

因此，向前差商公式 1 阶收敛，其截断误差为 $O(h)$。

（2）用向后差商近似导数，即

$$f'(x_0) \approx \frac{f(x_0) - f(x_0 - h)}{h}, \tag{5.34}$$

称式 (5.34) 为**向后差商公式**（**backward difference quotient formula**）。与向前差商公式截断误差的计算方法类似，利用泰勒展开式可得向后差商公式 (5.34) 的截断误差

$$R(x_0) = f'(x_0) - \frac{f(x_0) - f(x_0 - h)}{h} = \frac{h}{2!}f''(\xi),\ x_0 - h \leqslant \xi \leqslant x_0。$$

因此，向后差商公式 1 阶收敛，其截断误差为 $O(h)$。

（3）用中心差商近似导数，即

$$f'(x_0) \approx \frac{f(x_0 + h) - f(x_0 - h)}{2h}, \tag{5.35}$$

称式 (5.35) 为**中心差商公式**（**central difference quotient formula**）或**中点公式**（**midpoint formula**）。

由泰勒展开式

$$f(x_0 + h) = f(x_0) + hf'(x_0) + \frac{h^2}{2!}f''(x_0) + \frac{h^3}{3!}f^{(3)}(\xi_1),\ x_0 \leqslant \xi_1 \leqslant x_0 + h, \tag{5.36}$$

$$f(x_0 - h) = f(x_0) - hf'(x_0) + \frac{h^2}{2!}f''(x_0) - \frac{h^3}{3!}f^{(3)}(\xi_2),\ x_0 - h \leqslant \xi_2 \leqslant x_0, \tag{5.37}$$

式 (5.36) 减去式 (5.37) 合并处理后得到中心差商公式 (5.35) 的截断误差

$$R(x_0) = f'(x_0) - \frac{f(x_0 + h) - f(x_0 - h)}{2h}$$

$$= -\frac{h^2}{12}\left[f^{(3)}(\xi_1) + f^{(3)}(\xi_2)\right]$$

$$= -\frac{h^2}{6}f^{(3)}(\xi),\ x_0 - h \leqslant \xi \leqslant x_0 + h。$$

因此，中心差商公式 2 阶收敛，其截断误差为 $O(h^2)$。

　　从几何图形上看，上述三种导数的近似值分别表示弦 AB、AC 和 BC 的斜率（如图 5.12 所示），将这三条弦的斜率与切线 AT 的斜率进行比较后，发现弦 BC 的斜率更接近切线 AT 的斜率 $f'(x_0)$。因此从精度方面看，用中心差商近似代替导数值效果会更好。使用中心差商近似导数的方法称为求 $f'(x_0)$ 的**中点方法**。

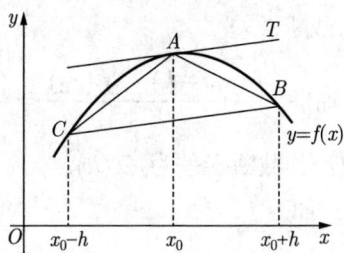

图 5.12 向前差商、向后差商和中心差商近似导数的几何意义

5.7.2 插值型求导公式

已知区间 $[a,b]$ 上的 $n+1$ 个插值节点 $x_0, x_1, \cdots, x_n$。构造 n 次插值多项式 $P_n(x)$，并用其近似代替 $f(x)$，用 $P_n(x)$ 导数近似代替 $f(x)$ 导数。这种利用插值多项式的导数近似代替函数导数的求导公式称为**插值型求导公式**（**interpolation type derivative formula**）。根据插值多项式 $P_n(x)$ 和函数 $f(x)$ 的关系可得

$$f(x) = P_n(x) + R_n(x),$$

其中 $R_n(x) = \dfrac{f^{(n+1)}(\xi_x)}{(n+1)!}\omega_{n+1}(x)$。对等式两边求导得

$$f'(x) = P_n'(x) + R_n'(x),$$

其中

$$R_n'(x) = \frac{f^{(n+1)}(\xi_x)}{(n+1)!}\omega_{n+1}'(x) + \frac{\mathrm{d}}{\mathrm{d}x}\left[\frac{f^{(n+1)}(\xi_x)}{(n+1)!}\right]\omega_{n+1}(x)。 \tag{5.38}$$

由于 $f^{(n+1)}(\xi_x)$ 的表达式未知，对其求导无法进行，所以 $R_n'(x)$ 不能计算。但是当 $x = x_i \ (i = 0, 1, \cdots, n)$ 时，即在插值节点上有 $\omega_{n+1}(x_i) = 0$。因此

$$R_n'(x_i) = \frac{f^{(n+1)}(\xi_x)}{(n+1)!}\omega_{n+1}'(x_i), \tag{5.39}$$

即插值节点上的误差可通过式 (5.39) 计算得到。

若选用拉格朗日插值公式，则 $f(x) = L_n(x) + R_n(x)$，对其求导得 $f'(x) = L_n'(x) + R_n'(x)$。考虑到只能得到插值节点上的截断误差，所以仅列出节点 $x_i \ (i = 0, 1, \cdots, n)$ 上的导数值

$$f'(x_i) = L_n'(x_i) + R_n'(x_i) = L_n'(x_i) + \frac{f^{(n+1)}(\xi_x)}{(n+1)!}\omega_{n+1}'(x_i)。$$

下面讨论等距情形下常用的数值微分公式及其截断误差。

1. 两点公式（$n=1$）

已知两个节点 (x_0, y_0) 和 (x_1, y_1)，且 $x_1 = x_0 + h$。构造两个插值节点的线性插值函数

$$L_1\left(x\right)=\frac{x-x_1}{x_0-x_1}\times y_0+\frac{x-x_0}{x_1-x_0}\times y_1$$

$$=\frac{xy_1-x_0y_1-xy_0+x_1y_0}{x_1-x_0}$$

$$=\frac{x\left(y_1-y_0\right)+\left(x_1y_0-x_0y_1\right)}{x_1-x_0}\text{。}$$

对其求导得

$$L_1'\left(x\right)=\frac{y_1-y_0}{x_1-x_0}=\frac{y_1-y_0}{h}\text{。}$$

于是，节点 x_0 和 x_1 处的导数

$$f'\left(x_0\right)=f'\left(x_1\right)\approx L_1'\left(x_0\right)=L_1'\left(x_1\right)=\frac{y_1-y_0}{h},\tag{5.40}$$

称式 (5.40) 为数值微分的**两点公式**。由式 (5.38) 得两点公式的截断误差

$$R_1'\left(x\right)=\frac{f''\left(\xi\right)}{2!}\left[\left(x-x_0\right)+\left(x-x_1\right)\right]+\frac{\mathrm{d}}{\mathrm{d}x}\left[\frac{f''\left(\xi\right)}{2!}\right]\left(x-x_0\right)\left(x-x_1\right)\text{。}$$

由式 (5.39) 得插值节点上的截断误差

$$\begin{cases}R_1'\left(x_0\right)=\dfrac{f''\left(\xi\right)}{2!}\omega_2'\left(x_0\right)=\dfrac{1}{2}f''\left(\xi\right)\left[\left(x_0-x_0\right)+\left(x_0-x_1\right)\right]=-\dfrac{h}{2}f''\left(\xi\right),\\[3mm] R_1'\left(x_1\right)=\dfrac{f''\left(\xi\right)}{2!}\omega_2'\left(x_1\right)=\dfrac{1}{2}f''\left(\xi\right)\left[\left(x_1-x_0\right)+\left(x_1-x_1\right)\right]=\dfrac{h}{2}f''\left(\xi\right),\end{cases}\tag{5.41}$$

其中 $x_0\leqslant\xi\leqslant x_1$。

2. 三点公式（$n=2$）

已知三个节点 (x_0,y_0)、(x_1,y_1) 和 (x_2,y_2)，且 $x_1=x_0+h$, $x_2=x_0+2h$。过三个插值节点的 2 次插值多项式

$$L_2\left(x\right)=l_0\left(x\right)y_0+l_1\left(x\right)y_1+l_2\left(x\right)y_2$$

$$=\frac{\left(x-x_1\right)\left(x-x_2\right)}{\left(x_0-x_1\right)\left(x_0-x_2\right)}\times y_0+\frac{\left(x-x_0\right)\left(x-x_2\right)}{\left(x_1-x_0\right)\left(x_1-x_2\right)}\times y_1+\frac{\left(x-x_0\right)\left(x-x_1\right)}{\left(x_2-x_0\right)\left(x_2-x_1\right)}\times y_2$$

$$=\frac{\left(x-x_1\right)\left(x-x_2\right)}{2h^2}\times y_0-\frac{\left(x-x_0\right)\left(x-x_2\right)}{h^2}\times y_1+\frac{\left(x-x_0\right)\left(x-x_1\right)}{2h^2}\times y_2\text{。}$$

对其求导得

$$L_2'\left(x\right)=\frac{\left(x-x_1\right)+\left(x-x_2\right)}{2h^2}\times y_0-\frac{\left(x-x_0\right)+\left(x-x_2\right)}{h^2}\times y_1+\frac{\left(x-x_0\right)+\left(x-x_1\right)}{2h^2}\times y_2\text{。}$$

分别将 x_0、x_1、x_2 代入得

$$\begin{cases} f'(x_0) \approx L_2'(x_0) = \dfrac{-3y_0 + 4y_1 - y_2}{2h}, \\[2mm] f'(x_1) \approx L_2'(x_1) = \dfrac{y_2 - y_0}{2h}, \\[2mm] f'(x_2) \approx L_2'(x_2) = \dfrac{y_0 - 4y_1 + 3y_2}{2h}, \end{cases} \tag{5.42}$$

称式 (5.42) 为数值微分的**三点公式**。插值节点 x_i（$i = 0, 1, 2$）上的截断误差

$$R_2'(x_i) = \frac{f^{(3)}(\xi)}{3!} \omega_3'(x_i), \ x_0 \leqslant \xi \leqslant x_2 。$$

即

$$\begin{cases} R_2'(x_0) = \dfrac{h^2}{3} f^{(3)}(\xi), \\[2mm] R_2'(x_1) = -\dfrac{h^2}{6} f^{(3)}(\xi), \qquad x_0 \leqslant \xi \leqslant x_2 。 \\[2mm] R_2'(x_2) = \dfrac{h^2}{3} f^{(3)}(\xi), \end{cases} \tag{5.43}$$

例 5.13 设 $f(x) = \ln x$，已知 h 值，用两点公式求 $f'(1.8)$ 的值并估计其截断误差。

解 取 $x_0 = 1.8$，由两点公式 (5.40) 得

$$f'(1.8) \approx \frac{\ln(1.8 + h) - \ln 1.8}{h},$$

其截断误差

$$R_1'(1.8) = -\frac{h}{2} f''(\xi), \quad |R_1'(1.8)| = \left| \frac{h}{2} f''(\xi) \right| = \left| \frac{h}{2} \xi^{-2} \right| \leqslant \frac{h}{2 \times 1.8^2} 。$$

表 5.5 列出了步长 h 取不同值的误差上限。

表 5.5　步长 h 取不同值时，误差绝对值 $|R_1'(1.8)|$ 的上限

h	1	0.1	0.01	0.001
$|R_1'(1.8)|$	0.154 32	0.015 432	0.001 543 2	0.000 154 32

习题五

1. 分析数值求积公式

$$\int_{x_0}^{x_3} f(x) \, \mathrm{d}x \approx \frac{3h}{8} (y_0 + 3y_1 + 3y_2 + y_3)$$

的代数精度。

2. 已知求积公式

$$\int_{-2}^{2} f(x)\,\mathrm{d}x \approx \frac{f(x_0) + 2f(x_1) + 3f(2)}{3},$$

试确定该公式中插值节点 x_0 与 x_1 的值，使公式的代数精度尽可能高，并分析其代数精度。

3. 利用梯形公式和辛普森公式计算积分 $\int_{1}^{2} \ln x\,\mathrm{d}x$ 的值并分析其误差。

4. 使用复化梯形公式和复化辛普森公式计算 $\int_{1}^{2} \ln x\,\mathrm{d}x$，要求先将区间分成四段，在每段上使用梯形公式和辛普森公式进行复化求积分，保留到小数点后四位。

5. 利用复化梯形公式计算 $\int_{0}^{\pi} \sin x^2\,\mathrm{d}x$，精确到小数点后六位时，所需划分的子区间个数是多少？若使用复化辛普森公式，达到相同的精度应该进行多少等分？

6. 使用龙贝格求积公式计算积分

$$I = \int_{0}^{1} \mathrm{e}^{-x}\,\mathrm{d}x,$$

误差阈值为 10^{-5}。

7. 使用中心差分公式计算 $f(x) = \sqrt{x}$ 在 $x = 3$ 时的 1 阶导数，分析步长 h 取不同值 $(h = 10^{-1}, 10^{-2}, \cdots, 10^{-12})$ 时结果的准确度情况，并分析其规律及原因。

8. 已知函数 $f(x) = \dfrac{1}{(1+x)^2}$ 在等距节点上的函数值，如表 5.6 所示。分别使用两点公式和三点公式计算 $f(x)$ 在节点 1.0、1.1、1.2 处的导数值并估计其相应误差。

表 5.6　函数 $f(x) = \dfrac{1}{(1+x)^2}$ 在等距节点上的函数值

x	1.0	1.1	1.2	1.3	1.4
$f(x)$	0.250 0	0.226 8	0.206 6	0.189 0	0.173 6

9. 卫星轨道是一个椭圆，椭圆周长 $s = 4\int_{0}^{\frac{\pi}{2}} \sqrt{a^2\cos^2\theta + b^2\sin^2\theta}\,\mathrm{d}\theta$，其中 a 是椭圆长轴半径，b 是短轴半径，c 是地球中心与椭圆轨道中心的距离。令 h 为近地点距离，H 为远地点距离，$R = 6371\mathrm{km}$ 为地球半径，则 $a = \dfrac{2R + H + h}{2}$，$c = \dfrac{H - h}{2}$，$b = \sqrt{a^2 - c^2}$。我国第一颗人造卫星"东方红 1 号"近地点距离 $h = 439\mathrm{km}$，远地点距离 $H = 2384\mathrm{km}$，使用数值积分算法计算该卫星的轨道周长。

第6章 常微分方程初值问题的数值解法

6.1 引言

微分方程是描述未知函数的导数及其自变量之间关系的方程，它可以精确地表达事物变化所遵循的基本规律。在很多科学与工程问题，例如，天体运动的轨迹、机器人的自动控制、化学反应过程的描述和控制以及电路瞬态过程分析等中，应用非常广泛。

微分方程中含有参数、未知函数和未知函数的导数。根据未知函数所含自变量的个数可将微分方程分为两类：常微分方程和偏微分方程。未知函数是一元函数的微分方程称为**常微分方程**（ordinary differential equation，ODE）；未知函数是多元函数的微分方程称为**偏微分方程**（partial differential equation，PDE）。微分方程中出现的未知函数最高阶导数的阶数称为微分方程的**阶**（order）。微分方程的解是满足微分方程的函数，有通解和特解两类。**通解**（general solution）是满足微分方程的函数表达式，通解中存在一些待定的常数。**特解**（particular solution）是通过初值条件确定了常数值得到的微分方程的解。例如，常微分方程

$$\frac{\mathrm{d}y}{\mathrm{d}x} = 2x + 1, \tag{6.1}$$

其通解为

$$y = x^2 + x + c_\circ \tag{6.2}$$

结合其他已知条件，可以解出特解。例如，求微分方程 (6.1) 满足 $\int_0^1 y\,\mathrm{d}y = 4$ 的解，把通解 (6.2) 代入得特解 $y = x^2 + x + \frac{35}{12}$。再如求通过节点 $(1,2)$ 的解，代入通解 (6.2) 得特解 $y = x^2 + x$。几何上，一阶常微分方程的通解是 xy 空间上的一簇曲线，称为微分方程的**积分曲线簇**（family of integral curve）。一阶常微分方程的特解是 xy 空间上的一条曲线，称为微分方程的**积分曲线**（integral curve）。

微分方程中，函数和/或其导数在某些节点的已知条件称为**约束条件**（constraint condition）。带有约束条件的微分方程求解问题称为**定解问题**（definite problem）。实际中求常微分方程的定解问题有两类：初值问题和边值问题。

1. 初值问题（initial value problem，IVP）

已知自变量初值上的已知函数值和/或其导数值，例如

$$\begin{cases} y' = f(x,y) \\ y(x_0) = y_0 \end{cases} \tag{6.3}$$

求解 $y(x)$。

2. 边值问题（boundary value problem，BVP）

已知自变量任一非初值上函数值和/或其导数值，例如

$$\begin{cases} y'' = f(x,y,y') \\ y(a) = \alpha \\ y(b) = \beta \end{cases}$$

求解 $y(x)$。一阶常微分方程的边值问题通常可以转换成初值问题来求解。

在实际求解常微分方程时，大多数情况下都不能解析求解，有时即使能用解析式表示，但表达式过于复杂，计算量太大而不实用。解决这个问题有两种方法：一种是求近似解，即满足精度要求的解的近似表达式；另一种是求数值解，一般只要求得到若干节点上解函数的近似值，即解函数的表格函数形式，称为常微分方程数值解。常微分方程的**数值解法**就是将常微分方程离散化，建立差分方程，给出一些离散节点上的函数近似值。即将解存在区间 $[a,b]$ 离散化，取 $a = x_0 < x_1 < \cdots < x_n = b$，步长 $h_i = x_{i+1} - x_i$，利用数值方法求得函数 $y(x)$ 在节点 x_i 上函数值 $y(x_i)$ 的近似值，用 y_i 表示，则 $y_0, y_1, \cdots, y_n$ 称为微分方程的**数值解**（numerical solution）。通常采用递推公式由 $y_0, y_1, \cdots, y_i$ 推出 y_{i+1}，常微分方程各种数值解法的核心就是构造递推公式。常微分方程初值问题的常见数值解法按照使用前面已得解元素的个数分为两类：单步法和多步法。**单步法**（one-step method）是利用前一步的信息 x_i, y_i 和 $f(x_i,y_i)$ 得到 y_{i+1}。常见的单步法有欧拉（Euler）法、龙格-库塔（Runge-kutta）法等。**多步法**（**multistep method**）是利用前几步离散节点有关信息求 y_{i+1}。常用的多步法有改进欧拉法、阿当姆斯（Adams）法等。

本章只讨论一阶常微分方程初值问题的数值解法。对于一阶常微分方程初值问题，下述的解存在定理 6.1 成立，其证明可以参考常微分方程的有关书籍。

定理 6.1　对于初值问题，若 $f(x,y)$ 在区域 $G = a < x < b, |y| < \infty$ 内连续，且关于 y 满足利普希茨（Lipschitz）条件，即存在利普希茨常数 L，使得

$$|f(x,y_1) - f(x,y_2)| \leqslant L|y_1 - y_2| \tag{6.4}$$

对 G 中任意两个 y_1、y_2 均成立，其中 L 是与 x、y 无关的常数，则初值问题 (6.3) 在 (a,b) 内存在唯一解且解连续可微。

6.2　欧拉法及其改进方法

6.2.1　欧拉法

1. 欧拉公式

设区间 $[a,b]$ 上给定 $n+1$ 个等距节点 $x_i = a + ih \ (i = 0, 1, \cdots, n)$，其中步长 $h = \dfrac{b-a}{n}$。由数值微分的向前差分公式

$$\frac{y(x_{i+1}) - y(x_i)}{h} \approx y'(x_i) = f(x_i, y(x_i))$$

得

$$y(x_{i+1}) \approx y(x_i) + hf(x_i, y(x_i))。$$

将其中的函数值替换为数值近似值，得初值问题 (6.3) 的递推公式

$$y_{i+1} = y_i + hf(x_i, y_i), \tag{6.5}$$

称式 (6.5) 为**欧拉公式**（**Euler formula**）。利用式 (6.5) 求解常微分方程初值问题的方法称为**欧拉法**（**Euler method**）。给定初值约束条件 $y_0 = y(x_0)$，利用式 (6.5) 可得近似解序列 $y_1, y_2, \cdots$。显然，在计算 y_{i+1} 时，欧拉法只使用了 x_i 的近似函数值 y_i 和导数值 $f(x_i, y_i)$，故它是一种单步法。

　　欧拉法的几何意义如图 6.1 所示，从 $P_0(x_0, y_0)$ 出发，以 $f(x_0, y_0)$ 为斜率作切线与直线 $x = x_1$ 交于点 $P_1(x_1, y_1)$，即 $y_1 = y_0 + hf(x_0, y_0)$；从 $P_1(x_1, y_1)$ 出发，以 $f(x_1, y_1)$ 为斜率作切线与直线 $x = x_2$ 交于点 $P_2(x_2, y_2)$，即 $y_2 = y_1 + hf(x_1, y_1)$；依次类推，从 $P_{n-1}(x_{n-1}, y_{n-1})$ 出发，以 $f(x_{n-1}, y_{n-1})$ 为斜率作切线与直线 $x = x_n$ 交于点 $P_n(x_n, y_n)$，即 $y_n = y_{n-1} + hf(x_{n-1}, y_{n-1})$。将交点 $P_0, P_1, \cdots, P_n$ 连接起来得到折线 $P_0 P_1 \cdots P_n$，这是积分曲线 $y = y(x)$ 的一条近似曲线，因此，欧拉法也称**欧拉折线法**（**Euler polygon method**）。

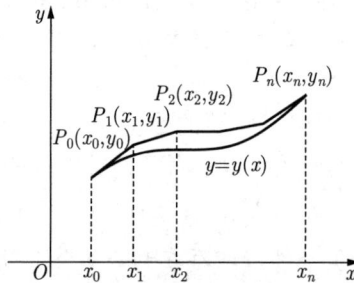

图 6.1　欧拉法的几何意义

例 6.1　利用欧拉法解初值问题

$$\begin{cases} y' = -2xy \\ y_0 = 1 \end{cases}$$

其中 $0 \leqslant x \leqslant 1.2, \ h = 0.2$。

　　解　由题意知

$$f(x, y) = -2xy, \ h = 0.2, \ x_0 = 0, \ x_i = x_0 + ih = 0.2i, \ i = 0, 1, \cdots, 6。$$

欧拉法的递推公式为

$$y_{i+1} = y_i + hf(x_i, y_i) = y_i + 0.2(-2x_iy_i) = (1 - 0.4x_i)y_i。 \tag{6.6}$$

将初值条件 $y_0 = 1$ 代入式 (6.6) 得近似解序列，如表 6.1 所示。

表 **6.1**　利用欧拉法解例 **6.1** 得到的近似解序列

x_i	y_i	$y(x_i)$
0	1	1
0.2	1	0.960 789
0.4	0.920 000	0.852 144
0.6	0.772 800	0.697 676
0.8	0.587 322	0.527 792
1.0	0.399 383	0.367 879
1.2	0.239 630	0.236 938

例 6.2　利用欧拉法解初值问题

$$\begin{cases} y' = \dfrac{1}{1+x^2} - 2y^2 \\ y(0) = 0 \end{cases}$$

在 $0 \leqslant x \leqslant 2$ 上的数值解。

解　由题意和欧拉公式 (6.5) 知

$$y(x_{i+1}) \approx y_{i+1} = y_i + hf(x_i, y_i) = y_i + h\left(\dfrac{1}{1+x_i^2} - 2y_i^2\right)。$$

取初值 $y_0 = y(0) = 0$，步长 h 分别取 0.2、0.1、0.05，计算结果如表 6.2 所示。

　　例 6.2 的计算结果表明，在常微分方程初值问题的数值求解过程中，步长 h 的设置对计算的准确度和计算量都有影响。步长越小，误差越小，计算量越大；反之，步长越大，误差也越大，但计算量越小。在实际数值求解过程中，如何设置合适的步长达到准确度和效率的最佳平衡是非常重要的一个问题。

2. 欧拉法的误差分析

　　在大多数实际问题中，截断误差是常微分方程数值求解中的主要误差。下面引入局部和整体两类截断误差来衡量欧拉法的准确度。

定义 6.1 (局部截断误差)　设 $y_i = y(x_i)$，用某种方法由 y_i 求解 y_{i+1} 产生的截断误差，称为该方法的**局部截断误差**（**local truncation error**），记为 $l_{i+1} = y(x_{i+1}) - y_{i+1}$。

　　下面利用泰勒公式来分析欧拉法的局部截断误差。设函数 $y(x)$ 二阶连续可微且 $y_i = y(x_i)$，则 $y(x)$ 在 x_{i+1} 处的泰勒公式

$$\begin{aligned} y(x_{i+1}) &= y(x_i + h) \\ &= y(x_i) + hy'(x_i) + \frac{h^2}{2!}y''(\xi_i) \\ &= y_i + hf(x_i, y_i) + \frac{h^2}{2!}y''(\xi_i), \ \xi_i \in (x_i, x_{i+1})。 \end{aligned}$$

表 6.2   利用欧拉法解例 6.2，在不同步长下的计算结果

h	x_i	y_i	$y(x_i)$	$y(x_i) - y_i$
	0.00	0.000 00	0.000 00	0.000 00
	0.40	0.376 31	0.344 83	$-0.031\ 48$
	0.80	0.542 28	0.487 80	$-0.054\ 48$
0.2	1.20	0.527 09	0.491 80	$-0.035\ 29$
	1.60	0.466 32	0.449 44	$-0.016\ 89$
	2.00	0.406 82	0.400 00	$-0.006\ 82$
	0.00	0.000 00	0.000 00	0.000 00
	0.40	0.360 85	0.344 83	$-0.016\ 03$
	0.80	0.513 71	0.487 80	$-0.025\ 90$
0.1	1.20	0.509 61	0.491 80	$-0.017\ 81$
	1.60	0.458 72	0.449 44	$-0.009\ 28$
	2.00	0.404 19	0.400 00	$-0.004\ 19$
	0.00	0.000 00	0.000 00	0.000 00
	0.40	0.352 87	0.344 83	$-0.008\ 04$
	0.80	0.500 49	0.487 80	$-0.012\ 68$
0.05	1.20	0.500 73	0.491 80	$-0.008\ 92$
	1.60	0.454 25	0.449 44	$-0.004\ 81$
	2.00	0.402 27	0.400 00	$-0.002\ 27$

与欧拉公式 (6.5) 相减得

$$y(x_{i+1}) - y_{i+1} = \frac{h^2}{2} y''(\xi_i) = O(h^2), \tag{6.7}$$

即欧拉法的局部截断误差为 $O(h^2)$，其中 $\dfrac{h^2}{2} y''(\xi_i)$ 称为**局部截断误差主项**。

局部截断误差是假定 y_i 为准确解的前提下估计欧拉法在 x_{i+1} 处的误差，它只考虑当前步计算产生的误差，忽略了前面若干步的误差对 x_{i+1} 处误差的影响。事实上，每步计算都会产生误差，这样整个计算过程中误差会积累。因此，我们需要引入整体截断误差的概念，它是对欧拉法误差的真实度量。

定义 6.2 (整体截断误差)   用某种方法求解 y_{i+1} 时产生的误差称为该方法的**整体截断误差**（**global truncation error**），也称为该方法的**精度**（**precision**），记为

$$\varepsilon_{i+1} = y(x_{i+1}) - y_{i+1}\text{。}$$

下面分析欧拉法的整体截断误差。设 $x_0, x_1, \cdots, x_n$ 是解区间 $[a, b]$ 上的 $n+1$ 个离散节点且 $x_i = x_0 + ih$，其中 $x_0 = a$, $x_n = b$, $h = \dfrac{b-a}{n}$ 为步长。设函数 $y(x)$ 二阶连续可微，$f(x, y)$ 关于 y 满足利普希茨条件 (6.4)。记 $M_2 = \max\limits_{a \leqslant x \leqslant b} |y''(x)|$，考虑 $y(x)$ 在 x_{i+1} 处的泰勒公式

$$y(x_{i+1}) = y(x_i + h)$$

$$= y(x_i) + hy'(x_i) + \frac{h^2}{2!}y''(\xi_i)$$

$$= y(x_i) + hf\big(x_i, y(x_i)\big) + \frac{h^2}{2}y''(\xi_i), \ \xi_i \in (x_i, x_{i+1})。$$

与欧拉公式 (6.5) 相减得

$$y(x_{i+1}) - y_{i+1} = y(x_i) - y_i + hf\big(x_i, y(x_i)\big) - hf(x_i, y_i) + \frac{h^2}{2}y''(\xi_i)。$$

因此

$$|y(x_{i+1}) - y_{i+1}| \leqslant |y(x_i) - y_i| + h\big|f\big(x_i, y(x_i)\big) - f(x_i, y_i)\big| + \left|\frac{h^2}{2}y''(\xi_i)\right|。$$

又 $f(x,y)$ 关于 y 满足利普希茨条件 (6.4)，即

$$\big|f(x_i, y(x_i)) - f(x_i, y_i)\big| \leqslant L|y(x_i) - y_i|。$$

令 $\varepsilon_i = y(x_i) - y_i$，则

$$|\varepsilon_{i+1}| \leqslant (1 + hL)|y(x_i) - y_i| + \frac{h^2}{2}M_2$$

$$= (1 + hL)|\varepsilon_i| + \frac{h^2}{2}M_2$$

$$\leqslant (1 + hL)^2|\varepsilon_{i-1}| + (1 + hL)\frac{h^2}{2}M_2 + \frac{h^2}{2}M_2$$

$$\leqslant \cdots$$

$$\leqslant (1 + hL)^{i+1}|\varepsilon_0| + \frac{h^2}{2}M_2\sum_{k=0}^{i}(1 + hL)^k。$$

由于 $\varepsilon_0 = y(x_0) - y_0 = 0$，故

$$|\varepsilon_{i+1}| \leqslant \frac{h^2}{2}M_2\sum_{k=0}^{i}(1 + hL)^k$$

$$= \frac{h}{2L}M_2\Big[(1 + hL)^{i+1} - 1\Big]。$$

利用公式

$$\mathrm{e}^x = 1 + x + \frac{x^2}{2!} + \cdots \geqslant 1 + x \ (x \geqslant 0)$$

可得

$$|\varepsilon_{i+1}| \leqslant \frac{h}{2L}M_2\Big[\mathrm{e}^{hL(i+1)} - 1\Big] \ (i = 0, 1, \cdots, n-1)。$$

又因为 $(i+1)h \leqslant nh = b - a$，所以

$$|\varepsilon_{i+1}| \leqslant \frac{h}{2L} M_2 \left[\mathrm{e}^{L(b-a)} - 1 \right] = O(h),$$

即欧拉法的整体截断误差为 $O(h)$，比局部截断误差低 1 阶。

定义 6.3 (数值解法的准确度) 若求解初值问题数值解法的局部截断误差 $l_{i+1} = O\left(h^{p+1}\right)$，则称该方法具有 p 阶准确度（*p*-order accuracy）。

数值解法准确度阶数 p 越大，说明该方法的精度越高。

求解常微分方程初值问题时，局部截断误差、整体截断误差和准确度阶数密切相关。实际上我们更关心的是整体截断误差，但我们需要通过估计和控制局部截断误差来分析整体截断误差。可以证明，在适当条件下，若某方法的局部截断误差为 $O(h^{p+1})$，则其整体截断误差为 $O(h^p)$。通过上述分析可知，欧拉法的局部截断误差为 $O(h^2)$，其整体截断误差为 $O(h)$，具有 1 阶准确度。

3. 欧拉法的收敛性

定义 6.4 (数值解法收敛) 对于某种数值解法，$x_i = x_0 + ih$，当 $h \to 0$（即 $i \to \infty$）时，若有 $\varepsilon_i = y(x_i) - y_i \to 0$，则称该方法**收敛**。

例 6.3 针对初值问题

$$\begin{cases} y' = \lambda y \\ y(0) = y_0 \end{cases}$$

考查欧拉公式的收敛性。已知问题的解析解为 $y(x) = y_0 \mathrm{e}^{\lambda x}$。

解 根据欧拉公式 (6.5) 有

$$y_{i+1} = y_i + h\lambda y_i = (1 + h\lambda) y_i,$$

解得

$$y_i = (1 + h\lambda)^i y_0。$$

对 $\forall x_i = ih$，有

$$y_i = y_0 (1 + h\lambda)^{\frac{x_i}{h}} = y_0 \left[(1 + h\lambda)^{\frac{1}{h\lambda}} \right]^{\lambda x_i}。$$

注意，当 $h \to 0$ 时，$(1 + h\lambda)^{\frac{1}{h\lambda}} \to \mathrm{e}$，即当 $i \to \infty$ 时，$y_i \to y_0 \mathrm{e}^{\lambda x_i}$。因此，当 $i \to \infty$ 时，$\varepsilon_i = y(x_i) - y_i \to 0$。根据定义 6.4，针对上述初值问题，欧拉法收敛。

4. 欧拉法的稳定性

在使用数值方法求解常微分方程初值问题时，每一步都会有误差。下面通过数值方法的稳定性来讨论这些误差在后续的递推过程中如何传播。

定义 6.5 (数值解法绝对稳定)　设 h 是某种数值解法的固定步长。假设初值有微小误差 δ_0，即实际初值是 $y_0 + \delta_0$，则引起第 i 步计算值有误差 δ_i，即实际计算值为 $y_i + \delta_i$。若 $|\delta_i| \leqslant |\delta_0|$ $(i = 1, 2, \cdots)$，则称该方法为**关于步长 h 绝对稳定**，即 $|\delta_i|$ 不随着 i 的增大无限扩大。

数值解法稳定性分析比较复杂，为简单起见，只考虑试验方程，即 $y' = \lambda y$。

例 6.4　对于欧拉法

$$y_{i+1} = y_i + h\left(\lambda y_i\right) = (1 + \lambda h)\, y_i = \cdots = (1 + \lambda h)^{i+1}\, y_0。$$

设初值有微小扰动 δ_0，则

$$y_{i+1} + \delta_{i+1} = (1 + \lambda h)^{i+1}\left(y_0 + \delta_0\right)。$$

两式相减得

$$\delta_{i+1} = (1 + \lambda h)^{i+1}\,\delta_0，$$

则欧拉法绝对稳定，当且仅当 $|1 + \lambda h| \leqslant 1$。

6.2.2　后退欧拉法

1. 后退欧拉公式

利用数值微分的向后差分近似函数导数，即

$$y'\left(x_{i+1}\right) \approx \frac{y\left(x_{i+1}\right) - y\left(x_i\right)}{h},$$

整理得

$$y\left(x_{i+1}\right) \approx y\left(x_i\right) + hy'\left(x_{i+1}\right) = y\left(x_i\right) + hf\left(x_{i+1}, y\left(x_{i+1}\right)\right),$$

将其中的函数值替换为数值近似值得

$$y_{i+1} = y_i + hf\left(x_{i+1}, y_{i+1}\right), \tag{6.8}$$

称式 (6.8) 为**后退欧拉公式**（backward Euler formula）。利用后退欧拉公式 (6.8) 求解初值问题的方法称为**后退欧拉法**（backward Euler method）。

欧拉公式 (6.5) 和后退欧拉公式 (6.8) 有着本质区别。前者是从 y_i 组成的式子直接得到 y_{i+1}，这类公式称为**显式公式**（explicit formula），因此，欧拉公式也称为**显式欧拉公式**。在后退欧拉公式 (6.8) 中，未知数 y_{i+1} 同时出现在等式两边，它实际上是个关于 y_{i+1} 的函数方程，必须求解这个方程才能得到 y_{i+1}，这类公式称为**隐式公式**（implicit formula），因此后退欧拉公式也称为**隐式欧拉公式**。

在实际情况下，常微分方程 (6.3) 中的 f 都是非线性函数，若采用隐式欧拉公式 (6.8) 求解，每计算一步都要求解一个非线性方程，因此隐式方法每步的计算量都要比显式方法大得多，但考虑到数值稳定性等因素，有时也会选择使用隐式方法。通常用迭代法对

隐式方程求解，迭代法的初值可以由显式欧拉法给出，其迭代公式为

$$\begin{cases} y_{i+1}^{(0)} = y_i + hf(x_i, y_i) \\ y_{i+1}^{(k+1)} = y_i + hf\left(x_{i+1}, y_{i+1}^{(k)}\right), \ k = 0, 1, \cdots 。 \end{cases} \quad (6.9)$$

将已知初值条件 $y(x_0) = y_0$ 代入式 (6.9) 中第一式，直接计算得 $y_1^{(0)}$。再将 $y_1^{(0)}$ 作为迭代式即式 (6.9) 中第二式 $i = 0$ 时的初值，反复进行迭代，若迭代过程收敛，则极限值 y_1 即为式 (6.8) 中 $i = 0$ 时的解。依次类推，用显式欧拉公式（式 (6.9) 中第一式）给出迭代初值 $y_{i+1}^{(0)}$，再将其代入式 (6.9) 中第二式，反复进行迭代，若迭代过程收敛，则极限值

$$y_{i+1} = \lim_{k \to \infty} y_{i+1}^{(k)}$$

即为式 (6.8) 的解，从而获得后退欧拉法的解。

式 (6.9) 是否收敛？为了分析迭代过程的收敛性，将式 (6.8) 与式 (6.9) 中第二式相减得

$$\begin{aligned} \left| y_{i+1} - y_{i+1}^{(k+1)} \right| &= h\left| f\left(x_{i+1}, y_{i+1}\right) - f\left(x_{i+1}, y_{i+1}^{(k)}\right) \right| \\ &\leqslant hL\left| y_{i+1} - y_{i+1}^{(k)} \right| \\ &\leqslant \cdots \\ &\leqslant (hL)^{k+1}\left| y_{i+1} - y_{i+1}^{(0)} \right|, \end{aligned}$$

其中 L 为 $f(x, y)$ 关于 y 的利普希茨常数。若选取步长 h 充分小，使得 $h < \dfrac{1}{L}$，则当 $k \to \infty$ 时，有

$$\left| y_{i+1} - y_{i+1}^{(k+1)} \right| \to 0,$$

即式 (6.9) 收敛。

2. 后退欧拉法的误差分析

下面考查后退欧拉法的局部截断误差。假设 $y_i = y(x_i)$，由后退欧拉公式 (6.8) 有

$$y_{i+1} = y(x_i) + hf\left(x_{i+1}, y_{i+1}\right)。 \quad (6.10)$$

又

$$f(x_{i+1}, y_{i+1}) = f\left(x_{i+1}, y(x_{i+1})\right) + f_y(x_{i+1}, \eta)\left[y_{i+1} - y(x_{i+1})\right], \quad (6.11)$$

其中 η 介于 y_{i+1} 和 $y(x_{i+1})$ 之间。将式 (6.11) 代入式 (6.10) 得

$$y_{i+1} = y(x_i) + hf\left(x_{i+1}, y(x_{i+1})\right) + hf_y(x_{i+1}, \eta)\left[y_{i+1} - y(x_{i+1})\right]。 \quad (6.12)$$

又

$$f\left(x_{i+1}, y(x_{i+1})\right) = y'(x_{i+1}) = y'(x_i) + hy''(x_i) + \cdots, \quad (6.13)$$

将式 (6.13) 代入式 (6.12) 得

$$y_{i+1} = hf_y(x_{i+1}, \eta)\Big[y_{i+1} - y(x_{i+1})\Big] + y(x_i) + hy'(x_i) + h^2 y''(x_i) + \cdots。 \tag{6.14}$$

注意到泰勒展开式

$$y(x_{i+1}) = y(x_i) + hy'(x_i) + \frac{h^2}{2}y''(x_i) + \cdots, \tag{6.15}$$

将式 (6.15) 与式 (6.14) 相减得

$$y(x_{i+1}) - y_{i+1} = hf_y(x_{i+1}, \eta)\Big[y(x_{i+1}) - y_{i+1}\Big] - \frac{h^2}{2}y''(x_i) + \cdots。$$

注意

$$\frac{1}{1 - hf_y(x_{i+1}, \eta)} = 1 + hf_y(x_{i+1}, \eta) + \cdots,$$

整理得

$$y(x_{i+1}) - y_{i+1} \approx -\frac{h^2}{2}y''(x_i) = O(h^2), \tag{6.16}$$

即后退欧拉法的局部截断误差为 $O(h^2)$，具有 1 阶准确度。

6.2.3　梯形法

在初值问题 (6.3) 中，对 $y' = f(x, y)$ 左右两边同时在区间 (x_i, x_{i+1}) 上积分，有

$$\int_{x_i}^{x_{i+1}} y'\,\mathrm{d}x = \int_{x_i}^{x_{i+1}} f(x, y)\,\mathrm{d}x,$$

解得

$$y(x_{i+1}) = y(x_i) + \int_{x_i}^{x_{i+1}} f\big(x, y(x)\big)\,\mathrm{d}x。 \tag{6.17}$$

对式 (6.17) 中右边积分应用不同数值积分公式即可得到 $y(x_{i+1})$ 不同的近似计算公式。

若采用左矩形求积公式

$$\int_{x_i}^{x_{i+1}} f\big(x, y(x)\big)\,\mathrm{d}x \approx hf(x_i, y_i),$$

则有

$$y(x_{i+1}) \approx y(x_i) + hf(x_i, y_i)。$$

将函数值取其近似值后即为欧拉公式 (6.5)。

若采用梯形求积公式，则有

$$y(x_{i+1}) \approx y(x_i) + \frac{h}{2}\Big[f\big(x_i, y(x_i)\big) + f\big(x_{i+1}, y(x_{i+1})\big)\Big],$$

将其中的函数值替换为数值近似值得

$$y_{i+1} = y_i + \frac{h}{2}\Big[f\left(x_i, y_i\right) + f\left(x_{i+1}, y_{i+1}\right)\Big], \tag{6.18}$$

称式 (6.18) 为**梯形公式**（**trapezoid formula**），相应方法称为**梯形法**（**trapezoid method**）。

梯形法是隐式方法，可以通过迭代法求解，其求解方法与后退欧拉法的解法相似。类似后退欧拉法，可得梯形法的迭代公式

$$\begin{cases} y_{i+1}^{(0)} = y_i + hf(x_i, y_i) \\ y_{i+1}^{(k+1)} = y_i + \dfrac{h}{2}\Big[f\left(x_i, y_i\right) + f\left(x_{i+1}, y_{i+1}^{(k)}\right)\Big], \ k = 0, 1, \cdots. \end{cases} \tag{6.19}$$

类似后退欧拉法局部截断误差的推导，可知梯形法的局部截断误差 $l_{i+1} = O(h^3)$，因此其整体截断误差为 $\varepsilon_{i+1} = O(h^2)$，梯形法具有 2 阶准确度。

6.2.4 欧拉预测校正法

1. 欧拉预测校正公式

本节前三部分介绍了显式欧拉法、隐式欧拉法和梯形法。这三种方法中，显式欧拉公式形式简洁、计算简单，但所得结果精度低。隐式欧拉公式和梯形公式都需要解方程才能得到函数值，计算相对复杂，计算量也较大，而且隐式欧拉公式的精度也较低。为了控制计算量，我们希望只迭代少量几次就可以转入下一步的计算。将显式欧拉公式和梯形公式结合使用可得**改进欧拉公式**（**improved Euler formula**），也称**欧拉预测校正公式**。这种使用两个公式构成一对"预测-校正"公式也是常见的常微分方程初值问题求解方法。欧拉预测校正法计算步骤如下。

步 1（预测）　用显式欧拉公式 (6.5) 作预测，计算 $\bar{y}_{i+1} = y_i + hf\left(x_i, y_i\right)$。

步 2（校正）　将 $\bar{y}_{i+1}$ 代入梯形公式 (6.18) 的右边作校正，得到

$$y_{i+1} = y_i + \frac{h}{2}\Big[f\left(x_i, y_i\right) + f\left(x_{i+1}, \bar{y}_{i+1}\right)\Big]。$$

结合步 1 和步 2 可得

$$y_{i+1} = y_i + \frac{h}{2}\Big[f\left(x_i, y_i\right) + f\Big(x_{i+1}, y_i + hf\left(x_i, y_i\right)\Big)\Big]。$$

综上有

$$\begin{cases} \bar{y}_{i+1} = y_i + hf(x_i, y_i) \\ y_{i+1} = y_i + \dfrac{h}{2}\Big[f(x_i, y_i) + f(x_{i+1}, \bar{y}_{i+1})\Big], \\ y_0 = \alpha \end{cases} \quad i = 0, 1, \cdots. \tag{6.20}$$

称式 (6.20) 为**欧拉预测校正公式**（**Euler predictor-corrector formula**），其中第一个公式称为**预测公式**，第二个公式称为**校正公式**。利用式 (6.20) 求初值问题 (6.3) 的数值

解法称为**欧拉预测校正法**（**Euler predictor-corrector method**）。

当 y_i 已知时，通过式 (6.20) 中第一式计算初值 $\bar{y}_{i+1}$，代入第二式进行一次校正，也可反复校正，迭代求得更精确解。在式 (6.20) 中，令 $k_1 = hf(x_i, y_i)$，则

$$\bar{y}_{i+1} = y_i + hf(x_i, y_i) = y_i + k_1。$$

令 $k_2 = hf(x_i + h, y_i + k_1)$，则

$$y_{i+1} = y_i + \frac{h}{2}\Big[f(x_i, y_i) + f(x_{i+1}, \bar{y}_{i+1})\Big] = y_i + \frac{1}{2}(k_1 + k_2)。$$

这样，式 (6.20) 可改写为

$$\begin{cases} y_{i+1} = y_i + \dfrac{1}{2}(k_1 + k_2) \\ k_1 = hf(x_i, y_i) \\ k_2 = hf(x_i + h, y_i + k_1) \\ y_0 = \alpha \end{cases} \quad i = 0, 1, \cdots。 \tag{6.21}$$

例 6.5 分别用欧拉法和欧拉预测校正法求初值问题

$$\begin{cases} y' = y - \dfrac{2x}{y} \\ y(0) = 1 \end{cases}$$

在 $0 \leqslant x \leqslant 1$ 上的数值解，取步长 $h = 0.1$，已知精确解 $y(x) = \sqrt{1+2x}$。

解 （1）利用欧拉公式 (6.5) 得

$$\begin{aligned} y_{i+1} &= y_i + hf(x_i, y_i) \\ &= y_i + 0.1\Big(y_i - \frac{2x_i}{y_i}\Big) \\ &= 1.1y_i - \frac{0.2x_i}{y_i},\ i = 0, 1, \cdots, 10。 \end{aligned} \tag{6.22}$$

（2）利用欧拉预测校正公式 (6.21) 得

$$\begin{cases} y_{i+1} = y_i + \dfrac{1}{2}(k_1 + k_2) \\ k_1 = 0.1\Big(y_i - \dfrac{2x_i}{y_i}\Big) \\ k_2 = 0.1\Big[y_i + k_1 - \dfrac{2(x_i + 0.1)}{y_i + k_1}\Big] \end{cases} \quad i = 0, 1, \cdots, 10。 \tag{6.23}$$

将初值 $y_0 = 1$ 分别代入式 (6.22) 和式 (6.23) 进行迭代，计算结果如表 6.3 所示。从表 6.3 可以看出，利用欧拉法和欧拉预测校正法求解常微分方程初值问题时，后者比前者在解的精度上有了明显的提高。

表 **6.3**   利用欧拉法和欧拉预测校正法求解例 **6.5** 的计算结果比较

i	x_i	欧拉法 y_i	欧拉预测校正法 y_i	精确解 $y(x_i)$
0	0.0	1	1	1
1	0.1	1.1	1.095 909	1.905 445
2	0.2	1.191 818	1.184 096	1.183 216
3	0.3	1.277 438	1.266 201	1.264 991
4	0.4	1.358 213	1.343 360	1.344 641
5	0.5	1.435 133	1.416 402	1.414 214
6	0.6	1.508 966	1.485 956	1.483 240
7	0.7	1.580 338	1.552 515	1.549 193
8	0.8	1. 649 783	1.616 476	1.612 452
9	0.9	1.717 779	1.678 168	1.673 320
10	1.0	1.784 770	1.737 869	1.732 051

2. 欧拉预测校正法的误差分析

下面考查欧拉预测校正法的局部截断误差。假设 $y_i = y(x_i)$，应用二元函数泰勒展开式，有

$$k_1 = hf(x_i, y_i) = hf\big(x_i, y(x_i)\big) = hy'(x_i),$$

$$k_2 = hf(x_i + h, y_i + k_1)$$

$$= h\Big[f(x_i, y_i) + hf_x(x_i, y_i) + k_1 f_y(x_i, y_i) + O(h^2)\Big]$$

$$= hy'(x_i) + h^2\Big[f_x(x_i, y_i) + y'(x_i)f_y(x_i, y_i)\Big] + O(h^3)_\circ$$

因为 $y'(x) = f(x, y)$，所以

$$y''(x) = \frac{\mathrm{d}}{\mathrm{d}x}f\big(x, y(x)\big) = f_x(x, y) + f_y(x, y)y'_\circ$$

于是

$$k_2 = hy'(x_i) + h^2 y''(x_i) + O(h^3)_\circ$$

将 k_1 和 k_2 代入欧拉预测校正公式 (6.21) 得

$$y_{i+1} = y_i + \frac{1}{2}(k_1 + k_2) = y_i + hy'(x_i) + \frac{h^2}{2}y''(x_i) + O(h^3)_\circ$$

注意泰勒展开式

$$y(x_{i+1}) = y(x_i) + hy'(x_i) + \frac{h^2}{2}y''(x_i) + \frac{h^3}{3!}y'''(\xi), \ x_i < \xi < x_{i+1}\circ$$

比较 $y(x_{i+1})$ 和 y_{i+1} 得

$$y(x_{i+1}) - y_{i+1} = O(h^3),$$

即欧拉预测校正法的局部截断误差为 $O(h^3)$，具有 2 阶准确度，比欧拉法的准确度高 1 阶。

6.3 龙格-库塔法

6.3.1 基本思想

根据拉格朗日中值定理，差商

$$\frac{y(x_{i+1}) - y(x_i)}{h} = y'(x_i + \theta h)$$

$$= f(x_i + \theta h, y(x_i + \theta h)), \qquad 0 < \theta < 1,$$

整理得

$$y(x_{i+1}) = y(x_i) + hy'(x_i + \theta h)$$

$$= y(x_i) + hf(x_i + \theta h, y(x_i + \theta h))。$$

令 $K^* = f(x_i + \theta h, y(x_i + \theta h))$，则上式可记为

$$y(x_{i+1}) = y(x_i) + hK^*, \qquad (6.24)$$

称 K^* 为 $y(x)$ 在区间 $[x_i, x_{i+1}]$ 上的**平均变化率**（**average change rate**）或平均斜率（**average gradient**）。通过对 K^* 的近似可以得到相应的计算公式。若令 $K^* \approx f(x_i, y_i)$，则得欧拉公式 (6.5)。若令 $k_1 = f(x_i, y_i)$，$k_2 = f(x_{i+1}, y_{i+1})$，$K^* \approx \frac{1}{2}(k_1 + k_2)$，则得梯形公式 (6.18)。若令 $k_1 = f(x_i, y_i)$，$k_2 = f(x_i + h, y_i + hk_1)$，$K^* \approx \frac{1}{2}(k_1 + k_2)$，则得欧拉预测校正公式 (6.21)。事实上，平均变化率 K^* 可以看作节点 x_i 的斜率 k_1 和 x_{i+1} 的斜率 k_2 的算术平均值，其中 x_{i+1} 的斜率 k_2 需要通过已知信息 y_i 来预测。依次类推，设法在 $[x_i, x_{i+1}]$ 上多找几个积分节点，设为 $x_i + \alpha_j h, j = 1, 2, \cdots, r, \alpha_1 < \alpha_2 < \cdots < \alpha_r$，用它们斜率的加权平均近似平均变化率 K^*，即令

$$K^* \approx \sum_{j=1}^{r} \omega_j f(x_i + \alpha_j h, y(x_i + \alpha_j h)), \qquad (6.25)$$

其中，r 是积分节点的个数，ω_j 是权系数，ω_j、α_j 都是待定系数。注意在式 (6.25) 中，各个节点上的函数值 $y(x_i + \alpha_j h)$ 都未知。我们希望用若干已求得的 y 函数近似值来估算未知的 $y(x_i + \alpha_j h)$，进而得到所需的被积函数值 $f(x_i + \alpha_j h, y(x_i + \alpha_j h))$。借鉴前面初值问题数值求解过程的特点：一般利用较早得到的函数近似值计算后面的函数近似值。我们考虑大致思路如下：设积分节点为 $x_i + \alpha_j h, j = 1, 2, \cdots, r$。注意到 y_i 是已知条件，第一个积分节点就取在 x_i，即 $\alpha_1 = 0$。将计算积分所用的被积函数值依次记为 $k_i, i = 1, 2, \cdots, r$，它们分别表示各个节点上函数 y' 的近似值，这样 $k_1 = f(x_i, y_i) \approx f(x_i, y(x_i)) = y'(x_i)$。在计算 k_2 时，只能使用 k_1。利用欧拉公式 (6.5)

计算 $y(x_i + \alpha_2 h)$ 的近似值，即 $y(x_i + \alpha_2 h) \approx y_i + \alpha_2 h k_1$。在计算 $y(x_i + \alpha_3 h)$ 的近似值时，只能使用前面已经获得的 y' 近似值的线性组合，即 k_1 和 k_2 的线性组合。依次类推，可以构造出一般龙格-库塔法计算公式

$$\begin{cases} y_{i+1} = y_i + h \sum_{j=1}^{r} \omega_j k_j \\ k_1 = f(x_i, y_i) \\ k_2 = f(x_i + \alpha_2 h, y_i + \alpha_2 h k_1) \\ \vdots \qquad \vdots \\ k_p = f(x_i + \alpha_p h, y_i + h \sum_{j=1}^{p-1} \beta_{pj} k_j), \ p = 3, 4, \cdots, r \end{cases} \tag{6.26}$$

称式 (6.26) 为 **r 阶龙格-库塔公式**（**r-order Runge-Kutta formula**）。为方便叙述和书写，有时也将龙格-库塔公式 (6.26) 简称**r 阶 R-K 公式**。在指定 r 后，可根据公式所需达到的准确度阶数，通过待定系数法确定未知参数 $\omega_j, \alpha_j, \beta_{pj}, p = 3, 4, \cdots, r, \ j = 1, 2, \cdots, r$。

6.3.2 几种常用的 R-K 公式

下面以 $r=1$ 和 $r=2$，即 1 阶和 2 阶 R-K 公式为例详细说明待定参数的计算方法。

（1）在 r 阶 R-K 公式 (6.26) 中，取 $r=1$ 得 1 阶 R-K 公式

$$\begin{cases} y_{i+1} = y_i + h \omega_1 k_1 \\ k_1 = f(x_i, y_i) \end{cases} \tag{6.27}$$

只需确定待定参数 ω_1，使得式 (6.27) 的准确度尽可能高。

考虑 1 阶 R-K 公式 (6.27) 的局部截断误差 $l_{i+1} = y(x_{i+1}) - y_{i+1}$。将 $y(x_{i+1})$ 在 x_i 处进行泰勒展开

$$\begin{aligned} y(x_{i+1}) &= y(x_i + h) \\ &= y(x_i) + h y'(x_i) + O(h^2)。\end{aligned}$$

注意 $y(x_i) = y_i$，$y'(x_i) = f(x_i, y(x_i)) = f(x_i, y_i)$。比较 $y(x_{i+1})$ 和式 (6.27) 中的 y_{i+1}，局部截断误差

$$l_{i+1} = y(x_{i+1}) - y_{i+1} = h(1-\omega_1) y'(x_i) + O(h^2)$$

至多可达 1 阶准确度，这时要求 $\omega_1 = 1$。显然 1 阶 R-K 公式就是欧拉公式 (6.5)。

（2）在 r 阶 R-K 公式 (6.26) 中，取 $r=2$ 得 2 阶 R-K 公式

$$\begin{cases} y_{i+1} = y_i + h(\omega_1 k_1 + \omega_2 k_2) \\ k_1 = f(x_i, y_i) \\ k_2 = f(x_i + \alpha h, y_i + \alpha h k_1) \end{cases} \tag{6.28}$$

需要确定三个待定参数 ω_1、ω_2 和 α，使得式 (6.28) 的准确度尽可能高。

考虑 2 阶 R-K 公式 (6.28) 的局部截断误差 $l_{i+1} = y(x_{i+1}) - y_{i+1}$。先将 $k_2 = f(x_i + \alpha h, y_i + \alpha h k_1)$ 在 (x_i, y_i) 处进行二元函数泰勒展开，有

$$
\begin{aligned}
k_2 &= f(x_i + \alpha h, y_i + \alpha h k_1) \\
&= f(x_i, y_i) + \alpha h f_x(x_i, y_i) + \alpha h k_1 f_y(x_i, y_i) + O(h^2) \\
&= f(x_i, y_i) + \alpha h f_x(x_i, y_i) + \alpha h f_y(x_i, y_i) f(x_i, y_i) + O(h^2),
\end{aligned}
$$

代入式 (6.28) 整理得

$$
\begin{aligned}
y_{i+1} &= y_i + h(\omega_1 + \omega_2) f(x_i, y_i) + h^2 \alpha \omega_2 f_x(x_i, y_i) + h^2 \alpha \omega_2 f_y(x_i, y_i) f(x_i, y_i) + O(h^3) \\
&= y_i + h(\omega_1 + \omega_2) f(x_i, y_i) + h^2 \alpha \omega_2 \big[f_x(x_i, y_i) + f_y(x_i, y_i) f(x_i, y_i) \big] + O(h^3)。
\end{aligned}
$$
(6.29)

将 $y(x_{i+1})$ 在 x_i 处进行泰勒展开

$$
\begin{aligned}
y(x_{i+1}) &= y(x_i + h) \\
&= y(x_i) + h y'(x_i) + \frac{h^2}{2} y''(x_i) + O(h^3)。
\end{aligned}
$$

因为 $y'(x) = f(x, y)$，$y''(x) = f_x(x, y) + f_y(x, y) y'(x)$，所以

$$
y(x_{i+1}) = y(x_i) + h y'(x_i) + \frac{h^2}{2} \Big[f_x(x_i, y_i) + f_y(x_i, y_i) y'(x_i) \Big] + O(h^3)。
$$
(6.30)

比较式 (6.29) 和式 (6.30)，其中 y_i 与 $y(x_i)$ 对应，$f(x_i, y_i)$ 与 $y'(x_i)$ 对应，则局部截断误差最多达到 2 阶准确度，即 $l_{i+1} = y(x_{i+1}) - y_{i+1} = O(h^3)$，这时要求待定参数满足方程组

$$
\begin{cases}
\omega_1 + \omega_2 = 1 \\
\alpha \omega_2 = \dfrac{1}{2}
\end{cases}
$$
(6.31)

显然方程组 (6.31) 的解不唯一。将其任一解代入式 (6.28) 都可得到一个 2 阶 R-K 公式，它们均具有 2 阶准确度。例如，取 $\omega_1 = \omega_2 = \dfrac{1}{2}$，$\alpha = 1$，则得欧拉预测校正公式 (6.21)。若取 $\omega_1 = 0$，$\omega_2 = 1$，$\alpha = \dfrac{1}{2}$，则得 2 阶 R-K 公式

$$
\begin{cases}
y_{i+1} = y_i + h k_2 \\
k_1 = f(x_i, y_i) \\
k_2 = f\left(x_i + \dfrac{h}{2}, y_i + \dfrac{h}{2} k_1 \right)
\end{cases}
$$
(6.32)

类似 2 阶 R-K 公式的推导，可构造出达到最高阶准确度时，3 阶和 4 阶 R-K 公式中待定参数所满足的方程组。

（3）在 r 阶 R-K 公式 (6.26) 中取 $r=3$ 可得 3 阶 R-K 公式

$$\begin{cases} y_{i+1} = y_i + h(\omega_1 k_1 + \omega_2 k_2 + \omega_3 k_3) \\ k_1 = f(x_i, y_i) \\ k_2 = f(x_i + \alpha_2 h, y_i + \alpha_2 h k_1) \\ k_3 = f\big(x_i + \alpha_3 h, y_i + h(\beta_{31} k_1 + \beta_{32} k_2)\big) \end{cases} \tag{6.33}$$

式 (6.33) 至多可达 3 阶准确度，即 3 阶 R-K 公式的局部截断误差为 $O(h^4)$。这时相关参数需满足方程组

$$\begin{cases} \omega_1 + \omega_2 + \omega_3 = 1 \\ \alpha_3 = \beta_{31} + \beta_{32} \\ \omega_2 \alpha_2 + \omega_3 \alpha_3 = \dfrac{1}{2} \\ \omega_2 \alpha_2^2 + \omega_3 \alpha_3^2 = \dfrac{1}{3} \\ \omega_3 \alpha_2 \beta_{32} = \dfrac{1}{6} \end{cases} \tag{6.34}$$

显然方程组 (6.34) 的解不唯一。一般常用的 3 阶 R-K 公式为

$$\begin{cases} y_{i+1} = y_i + \dfrac{h}{6}(k_1 + 4k_2 + k_3) \\ k_1 = f(x_i, y_i) \\ k_2 = f\Big(x_i + \dfrac{h}{2}, y_i + \dfrac{h}{2} k_1\Big) \\ k_3 = f(x_i + h, y_i - hk_1 + 2hk_2) \end{cases} \tag{6.35}$$

称式 (6.35) 为 **3 阶库塔公式**。

（4）4 阶 R-K 公式至多可达 4 阶准确度，其局部截断误差为 $O(h^5)$。常用的一种 4 阶 R-K 公式为

$$\begin{cases} y_{i+1} = y_i + \dfrac{h}{6}(k_1 + 2k_2 + 2k_3 + k_4) \\ k_1 = f(x_i, y_i) \\ k_2 = f\Big(x_i + \dfrac{h}{2}, y_i + \dfrac{h}{2} k_1\Big) \\ k_3 = f\Big(x_i + \dfrac{h}{2}, y_i + \dfrac{h}{2} k_2\Big) \\ k_4 = f(x_i + h, y_i + hk_3) \end{cases} \tag{6.36}$$

它又被称为 **4 阶经典 R-K 公式**。

注：龙格-库塔法的推导过程基于泰勒展开式，故其准确度会受解函数光滑性的影响，对于光滑性不太好的解，最好采用低阶算法且步长 h 取较小的值。

例 6.6 利用 4 阶经典 R-K 公式求初值问题

$$\begin{cases} y' = y - \dfrac{2x}{y}, \ x \in [0,1] \\ y(0) = 1 \end{cases}$$

的数值解，取步长 $h = 0.2$。

解 由题意得 $f(x,y) = y - \dfrac{2x}{y}$, $x_0 = 0, y_0 = 1, h = 0.2$。利用 4 阶经典 R-K 公式 (6.36) 得

$$k_1 = f(x_0, y_0) = 1 - \frac{2 \times 0}{1} = 1,$$

$$k_2 = f\left(x_0 + \frac{h}{2}, y_0 + \frac{h}{2}k_1\right) = f(0.1, 1.1) = 0.918\,18,$$

$$k_3 = f\left(x_0 + \frac{h}{2}, y_0 + \frac{h}{2}k_2\right) = f(0.1, 1.091\,818) = 0.908\,64,$$

$$k_4 = f(x_0 + h, y_0 + hk_3) = f(0.2, 1.181\,728) = 0.843\,24,$$

于是

$$y_1 = y_0 + \frac{h}{6}(k_1 + 2k_2 + 2k_3 + k_4) = 1.183\,23。$$

依次类推，可计算出 y_2、y_3、y_4 和 y_5，结果如表 6.4 所示。

表 6.4 利用 4 阶经典 R-K 公式求解例 6.6 的结果

i	x_i	y_i
0	0	1
1	0.2	1.183 23
2	0.4	1.341 67
3	0.6	1.483 28
4	0.8	1.612 51
5	1.0	1.732 14

6.4 阿当姆斯法

6.4.1 基本思想

前面介绍的求解初值问题的各种方法都是单步法，即在求 y_{i+1} 时只利用了前面一步的信息 y_i。事实上，在计算 y_{i+1} 时，已经求出了一系列的近似值 $y_i, y_{i-1}, \cdots$ 和 $f(x_i,y_i), f(x_{i-1},y_{i-1}), \cdots$。如果能用多步法，即充分利用前面已经得到的若干步信息，那么就可能构造出精度更高的解 y_{i+1}。

对初值问题 (6.3) 中的 $y' = f(x, y)$ 在 $[x_i, x_{i+1}]$ 上积分得

$$y(x_{i+1}) - y(x_i) = \int_{x_i}^{x_{i+1}} f\big(x, y(x)\big) \, \mathrm{d}x。 \tag{6.37}$$

在式 (6.37) 中，如果用若干节点上的插值多项式逼近被积函数 $f\big(x, y(x)\big)$，然后再对插值多项式积分进行推导，就可得到近似计算公式。基于插值原理可以建立不同的插值多项式，积分后就得到不同的计算公式。设用插值多项式 $P_r(x)$ 近似被积函数 $f\big(x, y(x)\big)$，那么可用 $\int_{x_i}^{x_{i+1}} P_r(x) \, \mathrm{d}x$ 作为 $\int_{x_i}^{x_{i+1}} f\big(x, y(x)\big) \, \mathrm{d}x$ 的近似值，即可将式 (6.37) 离散化后得到

$$y_{i+1} - y_i = \int_{x_i}^{x_{i+1}} P_r(x) \, \mathrm{d}x。 \tag{6.38}$$

这就是阿当姆斯法的基本思想。

6.4.2　阿当姆斯显式公式

设 $x_i = x_0 + ih$, $i = 0, 1, \cdots$ 为等距节点，h 为步长，令 $x = x_i + th$。利用 $r+1$ 个节点 $(x_i, y_i), (x_{i-1}, y_{i-1}), \cdots, (x_{i-r}, y_{i-r})$ 构造插值多项式 $P_r(x)$。由牛顿后插公式 (4.15) 可知

$$P_r(x) = P_r(x_i + th) = N_r(x_i + th) = \sum_{j=0}^{r} (-1)^j \mathrm{C}_{-t}^j \Delta^j f_{i-j}, \tag{6.39}$$

其中，$t = \dfrac{x - x_i}{h}$，Δ^j 表示 j 阶向前差分。

将式 (6.39) 代入式 (6.38) 得

$$y_{i+1} = y_i + h \sum_{j=0}^{r} \alpha_j \Delta^j f_{i-j}, \tag{6.40}$$

其中，$r + 1$ 为公式的步数；$\alpha_j = (-1)^j \int_0^1 \mathrm{C}_{-t}^j \, \mathrm{d}t$，它的前四个值如表 6.5 所示。称式 (6.40) 为**阿当姆斯显式公式**（**Adams explicit formula**）。在阿当姆斯显式公式推导过程中，求插值多项式 $P_r(x)$ 是一个外推过程，所以式 (6.40) 也被称为**阿当姆斯外插公式**（**Adams extrapolation formula**）。

表 6.5　α_j 的前四个值

j	0	1	2	3
α_j	1	$\dfrac{1}{2}$	$\dfrac{5}{12}$	$\dfrac{3}{8}$

特别地，当 $r = 0$ 时，**阿当姆斯一步显式公式**为欧拉公式。当 $r = 1$ 时，**阿当姆斯两步显式公式**为

$$y_{i+1} = y_i + h\Big[f_i + \frac{1}{2}\big(f_i - f_{i-1}\big)\Big]$$

$$= y_i + \frac{h}{2}\big(3f_i - f_{i-1}\big)。 \tag{6.41}$$

常用的是 $r = 3$ 的**阿当姆斯四步显式公式**

$$y_{i+1} = y_i + \frac{h}{24}\big(55f_i - 59f_{i-1} + 37f_{i-2} - 9f_{i-3}\big)。 \tag{6.42}$$

下面分析阿当姆斯四步显式公式的局部截断误差。假设 $y_{i-k} = y(x_{i-k})$，$k = 0, 1, 2, 3$，则

$$f_{i-k} = f\big(x_{i-k}, y_{i-k}\big) = f\big(x_{i-k}, y(x_{i-k})\big) = y'(x_{i-k}),\ k = 0, 1, 2, 3。$$

代入式 (6.42) 得

$$y_{i+1} = y(x_i) + \frac{h}{24}\Big[55y'(x_i) - 59y'(x_{i-1}) + 37y'(x_{i-2}) - 9y'(x_{i-3})\Big]。 \tag{6.43}$$

将式 (6.43) 右端各项 $y'(x)$ 在点 x_i 处泰勒展开，整理得

$$y_{i+1} = y(x_i) + hy'(x_i) + \frac{1}{2}h^2 y''(x_i) + \frac{1}{6}h^3 y^{(3)}(x_i)$$

$$+ \frac{1}{24}h^4 y^{(4)}(x_i) - \frac{49}{144}h^5 y^{(5)}(x_i) + \cdots。$$

另外，准确解 $y(x_{i+1})$ 在点 x_i 处泰勒展开

$$y(x_{i+1}) = y(x_i) + hy'(x_i) + \frac{1}{2}h^2 y''(x_i) + \frac{1}{6}h^3 y^{(3)}(x_i)$$

$$+ \frac{1}{24}h^4 y^{(4)}(x_i) + \frac{1}{120}h^5 y^{(5)}(x_i) + \cdots,$$

两式相减得阿当姆斯四步显式公式 (6.42) 的局部截断误差

$$y(x_{i+1}) - y_{i+1} \approx \frac{251}{720}h^5 y^{(5)}(x_i) = O(h^5)。 \tag{6.44}$$

即阿当姆斯四步显式公式 (6.42) 具有 4 阶准确度。

6.4.3　阿当姆斯隐式公式

利用插值多项式逼近被积函数 $f\big(x, y(x)\big)$ 的关键在于插值节点的选取。上节阿当姆斯法选取的 $r + 1$ 个节点 $(x_i, y_i), (x_{i-1}, y_{i-1}), \cdots, (x_{i-r}, y_{i-r})$，其中不包含 (x_{i+1}, y_{i+1})，所以是显式方法。下面选取 $r + 1$ 个节点 $(x_{i+1}, y_{i+1}), (x_i, y_i), \cdots, (x_{i-r+1}, y_{i-r+1})$ 对被积函数 $f\big(x, y(x)\big)$ 进行插值，类似阿当姆斯显式公式的推导，得

$$y_{i+1} = y_i + h\sum_{j=0}^{r} \alpha_j^* \Delta^j f_{i-j+1},\ \alpha_j^* = (-1)^j \int_{-1}^{0} C_{-t}^{j}\,\mathrm{d}t, \tag{6.45}$$

其中，α_j^* 的前四个值如表 6.6 所示。称式 (6.45) 为**阿当姆斯隐式公式**（**Adams implicit**

formula)。在阿当姆斯隐式公式推导过程中，求插值多项式 $P_r(x)$ 是一个内插过程，所以式 (6.45) 也被称为**阿当姆斯内插公式**（**Adams interpolation formula**）。

表 6.6 α_j^* 的前四个值

j	0	1	2	3
α_j^*	1	$-\dfrac{1}{2}$	$-\dfrac{1}{12}$	$-\dfrac{1}{24}$

与阿当姆斯显式公式推导过程完全类似，可得一系列隐式公式。当 $r = 0$ 时，**阿当姆斯一步隐式公式**为后退欧拉公式。当 $r = 1$ 时，**阿当姆斯两步隐式公式**为梯形公式。常用的是 $r = 3$ 的**阿当姆斯四步隐式公式**

$$y_{i+1} = y_i + \frac{h}{24}\Big(9f_{i+1} + 19f_i - 5f_{i-1} + f_{i-2}\Big)。 \tag{6.46}$$

类似阿当姆斯四步显式公式局部截断误差 (6.44) 的推导过程，可得阿当姆斯四步隐式公式 (6.46) 的局部截断误差

$$y(x_{i+1}) - y_{i+1} \approx -\frac{19}{720}h^5 y^{(5)}(x_i) = O(h^5)。 \tag{6.47}$$

由式 (6.47) 知，阿当姆斯四步隐式公式 (6.46) 具有 4 阶准确度。

6.4.4 阿当姆斯预测校正系统

阿当姆斯四步隐式公式 (6.46) 右端的 f_{i+1} 中含有 y_{i+1}，不能从式 (6.46) 中直接求出 y_{i+1}，求解函数方程得到 y_{i+1} 非常复杂。为了减少计算量，可采用包含预测和校正步的迭代法求 y_{i+1}，计算细节如下。

步 1 预测

$$\bar{y}_{i+1} = y_i + \frac{h}{24}\Big(55f_i - 59f_{i-1} + 37f_{i-2} - 9f_{i-3}\Big),$$

$$\bar{f}_{i+1} = f(x_{i+1}, \bar{y}_{i+1})。$$

步 2 校正

$$y_{i+1} = y_i + \frac{h}{24}\Big(9\bar{f}_{i+1} + 19f_i - 5f_{i-1} + f_{i-2}\Big),$$

$$f_{i+1} = f(x_{i+1}, y_{i+1})。$$

$$\tag{6.48}$$

式 (6.48) 被称为**阿当姆斯预测校正公式**（**Adams predictor-corrector formula**）。

从式 (6.48) 可知，计算 y_{i+1} 时，需要用到前四步信息 y_i，f_i，f_{i-1}，f_{i-2}，f_{i-3}。实际计算时，除了已知 y_0 外，常需要借助某种单步法，如 4 阶 R-K 法提供 y_1，y_2，y_3 的值。计算步骤如下。

步 1　已知 y_0，用 4 阶 R-K 法计算初值 y_1，y_2，y_3 和 f_0, f_1, f_2, f_3。

步 2　利用阿当姆斯预测校正公式 (6.48) 计算 y_i，$i=4,5,\cdots$。

例 6.7　利用阿当姆斯预测校正法求初值问题

$$\begin{cases} y' = y - \dfrac{2x}{y}, \ x \in [0,1] \\ y(0) = 1 \end{cases}$$

的数值解，取步长 $h = 0.1$。

解　首先利用 4 阶 R-K 法计算初值 y_1, y_2, y_3，然后由阿当姆斯预测校正公式 (6.48) 计算 y_i，$i=4,5,\cdots$， 计算结果如表 6.7 所示。

表 6.7　利用阿当姆斯预测校正法求解例 **6.7** 的结果

i	x_i	4 阶 R-K 法 y_i	阿当姆斯预测校正法 y_i
0	0	1	
1	0.1	1.095 446	
2	0.2	1.183 217	
3	0.3	1.264 912	
4	0.4		1.341 641
5	0.5		1.414 214
6	0.6		1.483 240
7	0.7		1.549 193
8	0.8		1.612 452
9	0.9		1.673 332
10	1.0		1.732 051

习题六

1. 用欧拉法解初值问题

$$\begin{cases} y' = -y - xy^2 \\ y(0) = 1 \end{cases}$$

其中 $0 \leqslant x \leqslant 0.6$，$h = 0.2$，计算过程保留四位小数。

2. 用欧拉法解初值问题

$$\begin{cases} \dfrac{\mathrm{d}y}{\mathrm{d}x} = 1 - xy \\ y(0) = 0 \end{cases}$$

其中 $0 \leqslant x \leqslant 1$，步长 $h = 0.2$，计算过程保留四位小数。

3. 分别用欧拉法、欧拉预测校正法求初值问题

$$\begin{cases} y' = -y \\ y(0) = 1 \end{cases}$$

的数值解，其中 $x \in [0, 1.0]$，取 $h = 0.1$，结果保留四位小数。

4. 用欧拉预测校正法求

$$\begin{cases} y' = x^2 \\ y(0) = 0 \end{cases}$$

的数值解，其中 $x \in [0, 2]$。取 $h = 0.5$，结果保留四位小数，并与准确解 $y = \dfrac{1}{3}x^3$ 作比较。

5. 当点燃一根火柴时，火焰迅速增大直到一个临界体积，然后维持这一体积不变，此时火焰内部燃烧耗费的氧气和其表面现存的氧气达到了一种平衡。火焰（近似为球）半径 y 是时间 t 的函数，满足常微分方程

$$\begin{cases} y' = y^2 - y^3 \\ y(0) = \eta \end{cases}$$

其中 η 是初始半径，设为 0.000 1。分别用欧拉法、欧拉预测校正法和经典 R-K 法求火焰半径随时间 t 的变化规律。

附录 A 典型算法的 Python 代码

2.1 牛顿法解非线性方程

```python
def newton_method(func, func_derivative, initial_guess,
                  tol=1e-6, max_iter=100)
    """

        参数:

    func: 待解的非线性方程，输入一个函数
    func_derivative: func的导数，输入一个函数
    initial_guess: 初始近似值
    tol: 容许误差
    max_iter: 最大迭代次数

        返回值:

    root: 方程的近似根
    iterations: 迭代次数
    """
    x = initial_guess
    for iterations in range(max_iter):
        fx = func(x)
        fx_prime = func_derivative(x)

        if abs(fx_prime) < 1e-10:
            raise ValueError("导数过小，无法继续迭代")

        x_next = x - fx / fx_prime

        if abs(x_next - x) < tol:
            return x_next, iterations + 1

        x = x_next

    raise ValueError("达到最大迭代次数仍未收敛")
```

示例使用方法

```
if __name__ == "__main__":
```

测试用例 1　解方程 $x^2 - 4 = 0$, 初始值为 3。

```
def equation1(x):
return x**2 - 4

def equation1_derivative(x):
    return 2 * x

initial_guess1 = 3.0

root1, iterations1 = newton_method(equation1,
              equation1_derivative, initial_guess1)
print(f"近似根1为 {root1:.6f}, 迭代次数1为 {iterations1}")
```

测试用例 2　解方程 $x^3 - 2x^2 + 4 = 0$, 初始值为 1。

```
def equation2(x):
   return x**3 - 2*x**2 + 4

def equation2_derivative(x):
    return 3*x**2 - 4*x

initial_guess2 = 1.0

root2, iterations2 = newton_method(equation2,
                 equation2_derivative, initial_guess2)
print(f"近似根2为 {root2:.6f}, 迭代次数2为 {iterations2}")
```

2.2　割线法解非线性方程

```
def secant_method(func, x0, x1, tol=1e-6, max_iter=100):
    """

        参数:

    func: 待解的非线性方程，输入一个函数
    x0: 初始近似值1
    x1: 初始近似值2
    tol: 容许误差
    max_iter: 最大迭代次数

        返回值:

    root: 方程的近似根
    iterations: 迭代次数
    """
    iterations = 0
    while iterations < max_iter:
        fx0 = func(x0)
        fx1 = func(x1)

        # 避免除以零的情况
        if fx1 - fx0 == 0:
            raise ValueError("分母为零，无法继续迭代")

        x2 = x1 - fx1 * (x1 - x0) / (fx1 - fx0)

        if abs(x2 - x1) < tol:
            return x2, iterations + 1

        x0, x1 = x1, x2
        iterations += 1

        raise ValueError("达到最大迭代次数仍未收敛")
```

示例使用方法

```
if __name__ == "__main__":
```

测试用例 1 解方程 $x^2 - 4 = 0$，初始近似值取 3 和 2。

```python
def equation1(x):
    return x**2 - 4

initial_guess1 = 3.0
initial_guess2 = 2.0

root1, iterations1 = secant_method(equation1, initial_guess1,
                                    initial_guess2)
print(f"近似根1为 {root1:.6f}，迭代次数1为 {iterations1}")
```

测试用例 2 解方程 $x^3 - 2x^2 + 4 = 0$，初始近似值取 1 和 2。

```python
def equation2(x):
    return x**3 - 2*x**2 + 4

initial_guess3 = 1.0
initial_guess4 = 2.0

root2, iterations2 = secant_method(equation2, initial_guess3,
                                    initial_guess4)
print(f"近似根2为 {root2:.6f}，迭代次数2为 {iterations2}")
```

3.1 列主元高斯消去法解线性方程组

```python
import numpy as np

def gaussian_elimination(A, b):
    """

    参数:

    A: 系数矩阵
    b: 右端常数向量
```

返回值:

```
x: 方程组的解向量
"""
n = len(A)
augmented_matrix = np.hstack((A, b.reshape(-1, 1)))

for i in range(n):
    # 首先找到当前列中绝对值最大的元素所在的行，并交换行
    max_row = np.argmax(np.abs(augmented_matrix[i:, i])) + i
    augmented_matrix[[i, max_row]] = \
                              augmented_matrix[[max_row, i]]

    # 将当前列下方的元素消零
    for j in range(i + 1, n):
        factor = \
              augmented_matrix[j, i] / augmented_matrix[i, i]
        augmented_matrix[j, i:] -= \
                          factor * augmented_matrix[i, i:]

# 回代求解
x = np.zeros(n)
for i in range(n - 1, -1, -1):
    x[i] = \
        (augmented_matrix[i, -1] -
        np.dot(augmented_matrix[i, i+1:n], x[i+1:]))
        / augmented_matrix[i, i]

return x
```

示例使用方法

```
if __name__ == "__main__":
```

测试用例 1　解线性方程组 1 $A_1 x_1 = b_1$。

```python
A1 = np.array([[2, -1, 1], [1, 3, 2], [3, 1, 4]], dtype=float)
b1 = np.array([4, 7, 15], dtype=float)
x1 = gaussian_elimination(A1, b1)
print("解线性方程组1的结果: ", x1)
```

测试用例 2　解线性方程组 2 $A_2 x_2 = b_2$。

```python
A2 = np.array([[1, -2, 1], [2, -5, 3], [4, -8, 7]], dtype=float)
b2 = np.array([0, 4, 16], dtype=float)
x2 = gaussian_elimination(A2, b2)
print("解线性方程组2的结果: ", x2)
```

3.2　*LU* 分解法解线性方程组

1. 对系数矩阵 A 进行 LU 分解，返回上三角阵 U 和下三角阵 L

```python
import numpy as np

def lu_decomposition(A):
    """

        参数:

    A: 系数矩阵

        返回值:

    L: 下三角阵
    U: 上三角阵
    """
    n = len(A)
    L = np.zeros((n, n))
    U = np.zeros((n, n))

    for i in range(n):
        L[i, i] = 1.0  # 对角线上的元素为1
        for j in range(i, n):
```

```
        U[i, j] = A[i, j] - sum(L[i, k] * U[k, j]
        for k in range(i))
    for j in range(i + 1, n):
        L[j, i] = (A[j, i] - sum(L[j, k] * U[k, i]
        for k in range(i))) / U[i, i]

return L, U
```

2. 前代法解下三角线性方程组 $Ly = b$

```
def forward_substitution(L, b):
    """

        参数:

    L: 下三角阵
    b: 右端常数向量

        返回值:

    y: 解向量
    """
    n = len(L)
    y = np.zeros(n)

    for i in range(n):
        y[i] = (b[i] - sum(L[i, k] * y[k]
        for k in range(i))) / L[i, i]

    return y
```

3. 回代法解上三角线性方程组 $Ux = y$

```
def backward_substitution(U, y):
    """

        参数:

    U: 上三角阵
    y: 右端常数向量
```

```
        返回值:

    x: 解向量
    """
    n = len(U)
    x = np.zeros(n)

    for i in range(n - 1, -1, -1):
        x[i] = (y[i] - sum(U[i, k] * x[k]
        for k in range(i + 1, n))) / U[i, i]

    return x
```

4. LU 分解法解线性方程组 $Ax = b$

```
def solve_linear_system(A, b):
    """

        参数:

    A: 系数矩阵
    b: 右端常数向量

        返回值:

    x: 方程组的解向量
    """
    L, U = lu_decomposition(A)
    y = forward_substitution(L, b)
    x = backward_substitution(U, y)
    return x
```

示例使用方法

```
    if __name__ == "__main__":
```

测试用例 1　解线性方程组 1 $A_1 x_1 = b_1$。

```
A1 = np.array([[2, -1, 1], [1, 3, 2], [3, 1, 4]], dtype=float)
b1 = np.array([4, 7, 15], dtype=float)
x1 = solve_linear_system(A1, b1)
print("解线性方程组1的结果: ", x1)
```

测试用例 2　解线性方程组 2 $A_2 x_2 = b_2$。

```
A2 = np.array([[1, -2, 1], [2, -5, 3], [4, -8, 7]], dtype=float)
b2 = np.array([0, 4, 16], dtype=float)
x2 = solve_linear_system(A2, b2)
print("解线性方程组2的结果: ", x2)
```

3.3　追赶法解线性方程组

```
import numpy as np

def thomas_algorithm(A, d):
    """

        参数:

    A: 三对角系数矩阵, 以二维数组形式输入
    d: 右端常数向量

        返回值:

    x: 方程组的解向量
    """
    n = len(d)
    a = np.zeros(n)   # 下对角线元素
    b = np.zeros(n)   # 主对角线元素
    c = np.zeros(n)   # 上对角线元素
    x = np.zeros(n)   # 解向量

    for i in range(n):
        b[i] = A[i, i]
        if i > 0:
```

```
        a[i] = A[i, i - 1]
    if i < n - 1:
        c[i] = A[i, i + 1]

# 前代
for i in range(1, n):
    temp = a[i] / b[i - 1]
    b[i] -= temp * c[i - 1]
    d[i] -= temp * d[i - 1]

# 回代
x[-1] = d[-1] / b[-1]
for i in range(n - 2, -1, -1):
    x[i] = (d[i] - c[i] * x[i + 1]) / b[i]

return x
```

示例使用方法

```
if __name__ == "__main__":
```

测试用例 1 解三对角线性方程组 1 $A_1 x_1 = b_1$。

```
A1 = np.array([[2, 1, 0, 0], [1, 2, 1, 0], [0, 1, 2, 1],
               [0, 0, 1, 2]], dtype=float)
d1 = np.array([1, 2, 3, 4], dtype=float)
x1 = thomas_algorithm(A1, d1)
print("解线性方程组1的结果: ", x1)
```

测试用例 2 解三对角线性方程组 2 $A_2 x_2 = b_2$。

```
A2 = np.array([[3, 1, 0, 0], [1, 3, 1, 0], [0, 1, 3, 1],
               [0, 0, 1, 3]], dtype=float)
d2 = np.array([1, 2, 3, 4], dtype=float)
```

```
 x2 = thomas_algorithm(A2, d2)
 print("解线性方程组2的结果: ", x2)
```

3.4　雅克比迭代法解线性方程组

```python
import numpy as np

def jacobi_iteration(A, b, initial_guess, tol=1e-6,
                     max_iter=100):
    """

        参数:

    A: 系数矩阵
    b: 右端常数向量
    initial_guess: 初始猜测解向量
    tol: 容许误差
    max_iter: 最大迭代次数

        返回值:

    x: 方程组的解向量
    """
    n = len(b)
    x = initial_guess.copy()

    for iterations in range(max_iter):
        x_new = np.zeros_like(x)
        for i in range(n):
            x_new[i] = (b[i] - np.dot(A[i, :i], x[:i]) -
                        np.dot(A[i, i+1:], x[i+1:])) / A[i, i]

        if np.allclose(x, x_new, tol):
            return x_new

        x = x_new

    raise ValueError("达到最大迭代次数仍未收敛")
```

示例使用方法

```
if __name__ == "__main__":
```

测试用例 1 解线性方程组 1 $A_1 x_1 = b_1$。

```
A1 = np.array([[4, 1, 2], [3, 5, 1], [1, 1, 3]], dtype=float)
b1 = np.array([4, 7, 3], dtype=float)
initial_guess1 = np.array([0, 0, 0], dtype=float)
x1 = jacobi_iteration(A1, b1, initial_guess1)
print("解线性方程组1的结果: ", x1)
```

测试用例 2 解线性方程组 2 $A_2 x_2 = b_2$。

```
A2 = np.array([[2, -1, 0], [-1, 2, -1], [0, -1, 2]], dtype=float)
b2 = np.array([1, 2, 3], dtype=float)
initial_guess2 = np.array([0, 0, 0], dtype=float)
x2 = jacobi_iteration(A2, b2, initial_guess2)
print("解线性方程组2的结果: ", x2)
```

3.5 高斯-赛德尔迭代法解线性方程组

```
import numpy as np

def gauss_seidel_iteration(A, b, initial_guess, tol=1e-6,
                           max_iter=100):
    """

        参数:

    A: 系数矩阵
    b: 右端常数向量
    initial_guess: 初始猜测解向量
    tol: 容许误差
    max_iter: 最大迭代次数
```

> **返回值:**
>
> ```
> x: 方程组的解向量
> """
> n = len(b)
> x = initial_guess.copy()
>
> for iterations in range(max_iter):
>     for i in range(n):
>         x[i] = (b[i] - np.dot(A[i, :i], x[:i]) -
>                 np.dot(A[i, i+1:], x[i+1:])) / A[i, i]
>
>     if np.allclose(A @ x, b, atol=tol):
>         return x
>
> raise ValueError("达到最大迭代次数仍未收敛")
> ```

示例使用方法

```
if __name__ == "__main__":
```

测试用例 1 解线性方程组 1 $A_1 x_1 = b_1$。

```
A1 = np.array([[4, 1, 2], [3, 5, 1], [1, 1, 3]], dtype=float)
b1 = np.array([4, 7, 3], dtype=float)
initial_guess1 = np.array([0, 0, 0], dtype=float)
x1 = gauss_seidel_iteration(A1, b1, initial_guess1)
print("解线性方程组1的结果: ", x1)
```

测试用例 2 解线性方程组 2 $A_2 x_2 = b_2$。

```
A2 = np.array([[2, -1, 0], [-1, 2, -1], [0, -1, 2]], dtype=float)
b2 = np.array([1, 2, 3], dtype=float)
initial_guess2 = np.array([0, 0, 0], dtype=float)
x2 = gauss_seidel_iteration(A2, b2, initial_guess2)
print("解线性方程组2的结果: ", x2)
```

4.1 拉格朗日插值法

利用拉格朗日插值法估算给定节点 x 处的函数值

```python
import numpy as np

def lagrange_interpolation(x_data, y_data, x):
    """

        参数:

    x_data: 已知数据点的x坐标列表
    y_data: 对应的已知数据点的y坐标列表
    x: 待估算点的x坐标

        返回值:

    y: 在点x处估算的函数值
    """
    n = len(x_data)
    y = 0.0

    for i in range(n):
        term = y_data[i]
        for j in range(n):
            if i != j:
                term *= (x - x_data[j]) / (x_data[i] - x_data[j])
        y += term

    return y
```

示例使用方法

```python
if __name__ == "__main__":
```

测试用例 1

```python
x_data1 = np.array([1, 2, 3, 4], dtype=float)
y_data1 = np.array([1, 8, 27, 64], dtype=float)
```

```
x1 = 2.5
y1 = lagrange_interpolation(x_data1, y_data1, x1)
print(f"在点 {x1} 处估算的函数值为 {y1:.4f}")
```

测试用例 2

```
x_data2 = np.array([0, 1, 2, 3, 4], dtype=float)
y_data2 = np.array([0, 1, 8, 27, 64], dtype=float)
x2 = 2.7
y2 = lagrange_interpolation(x_data2, y_data2, x2)
print(f"在点 {x2} 处估算的函数值为 {y2:.4f}")
```

4.2 牛顿插值法

利用牛顿插值法估算给定节点 x 处的函数值

```
import numpy as np

def newton_interpolation(x_data, y_data, x):
    """

    参数:

    x_data: 已知数据点的x坐标列表
    y_data: 对应的已知数据点的y坐标列表
    x: 待估算点的x坐标

    返回值:

    y: 在点x处估算的函数值
    """
    n = len(x_data)
    coefficients = np.zeros(n)

    # 计算差商表
    for i in range(n):
        coefficients[i] = y_data[i]
        for j in range(i - 1, -1, -1):
```

```
            coefficients[j] = (coefficients[j+1] - coefficients[j])
                                  / (x_data[i] - x_data[j])

    # 计算插值多项式
    y = coefficients[0]
    temp = 1.0
    for i in range(1, n):
        temp *= (x - x_data[i - 1])
        y += coefficients[i] * temp

    return y
```

示例使用方法

```
if __name__ == "__main__":
```

测试用例 1

```
x_data1 = np.array([1, 2, 3, 4], dtype=float)
y_data1 = np.array([1, 8, 27, 64], dtype=float)
x1 = 2.5
y1 = newton_interpolation(x_data1, y_data1, x1)
print(f"在点 {x1} 处估算的函数值为 {y1:.4f}")
```

测试用例 2

```
x_data2 = np.array([0, 1, 2, 3, 4], dtype=float)
y_data2 = np.array([0, 1, 8, 27, 64], dtype=float)
x2 = 2.7
y2 = newton_interpolation(x_data2, y_data2, x2)
print(f"在点 {x2} 处估算的函数值为 {y2:.4f}")
```

4.3 三次样条插值法

```python
import numpy as np

def cubic_spline_interpolation(x_data, y_data, x):
    """

        参数:

    x_data: 已知数据点的x坐标列表
    y_data: 对应的已知数据点的y坐标列表
    x: 待估算点的x坐标

        返回值:

    y: 在点x处估算的函数值
    """
    n = len(x_data)
    h = np.diff(x_data)
    alpha = np.zeros(n)
    l, mu, z = np.zeros(n), np.zeros(n - 1), np.zeros(n)
    c, b, d = np.zeros(n), np.zeros(n - 1), np.zeros(n)

    for i in range(1, n - 1):
        alpha[i] = 3.0 / h[i] * (y_data[i+1] - y_data[i]) - 3.0 / \
                            h[i-1] * (y_data[i] - y_data[i-1])

    l[0] = 1
    mu[0] = 0
    z[0] = 0

    for i in range(1, n - 1):
        l[i] = 2.0 * (x_data[i+1] - x_data[i-1]) - h[i-1] * mu[i-1]
        mu[i] = h[i] / l[i]
        z[i] = (alpha[i] - h[i-1] * z[i-1]) / l[i]

    l[n-1] = 1
    z[n-1] = 0
    c[n-1] = 0
```

```
for j in range(n - 2, -1, -1):
    c[j] = z[j] - mu[j] * c[j+1]
    b[j] = (y_data[j+1] - y_data[j]) / h[j] - h[j] * (c[j+1]
                                        + 2.0 * c[j]) / 3.0
    d[j] = (c[j+1] - c[j]) / (3.0 * h[j])

# 根据插值段确定所在段并计算函数值
for i in range(n - 1):
    if x_data[i] <= x < x_data[i+1]:
        return y_data[i] + (x - x_data[i]) * (b[i] +
            (x - x_data[i]) * (c[i] + (x - x_data[i]) * d[i]))

# 如果x在数据点范围之外，返回None
return None
```

示例使用方法

```
if __name__ == "__main__":
```

测试用例 1

```
x_data1 = np.array([1, 2, 3, 4], dtype=float)
y_data1 = np.array([1, 8, 27, 64], dtype=float)
x1 = 2.5
y1 = cubic_spline_interpolation(x_data1, y_data1, x1)
print(f"在点 {x1} 处估算的函数值为 {y1:.4f}")
```

测试用例 2

```
x_data2 = np.array([0, 1, 2, 3, 4], dtype=float)
y_data2 = np.array([0, 1, 8, 27, 64], dtype=float)
x2 = 2.7
y2 = cubic_spline_interpolation(x_data2, y_data2, x2)
print(f"在点 {x2} 处估算的函数值为 {y2:.4f}")
```

4.4 最小二乘线性拟合法

```python
import numpy as np

def linear_least_squares_fit(x_data, y_data):
    """

        参数:

    x_data: 数据点的x坐标列表
    y_data: 对应的数据点的y坐标列表

        返回值:

    a: 拟合线性模型的斜率
    b: 拟合线性模型的截距
    """
    n = len(x_data)
    x_mean = np.mean(x_data)
    y_mean = np.mean(y_data)

    # 计算最小二乘拟合的斜率a和截距b
    numerator = sum((x_data[i] - x_mean) * (y_data[i] - y_mean) for i in
                range(n))
    denominator = sum((x_data[i] - x_mean) ** 2 for i in range(n))

    a = numerator / denominator
    b = y_mean - a * x_mean

    return a, b
```

示例使用方法

```python
if __name__ == "__main__":
```

测试用例 1

```python
x_data1 = np.array([1, 2, 3, 4, 5], dtype=float)
y_data1 = np.array([2.1, 3.9, 6.0, 8.2, 10.3], dtype=float)
```

```
a1, b1 = linear_least_squares_fit(x_data1, y_data1)
print(f"拟合结果:  y = {a1:.4f}x + {b1:.4f}")
```

测试用例 2

```
x_data2 = np.array([1, 2, 3, 4, 5], dtype=float)
y_data2 = np.array([1.0, 2.1, 3.2, 4.3, 5.5], dtype=float)
a2, b2 = linear_least_squares_fit(x_data2, y_data2)
print(f"拟合结果:  y = {a2:.4f}x + {b2:.4f}")
```

5.1 梯形公式求积分

梯形公式估计函数在区间 [a, b] 上的定积分值

```
import numpy as np

def trapezoidal_rule(f, a, b, n):
    """

        参数:

    f: 被积函数
    a: 积分区间的下限
    b: 积分区间的上限
    n: 划分的子区间数量

        返回值:

    integral: 定积分的估计值
    """
    h = (b - a) / n
    x_values = np.linspace(a, b, n + 1)
    y_values = f(x_values)

    integral = h * (0.5 * y_values[0] + sum(y_values[1:-1]) +
                                    0.5 * y_values[-1])
    return integral
```

示例使用方法

```
if __name__ == "__main__":
```

测试用例 1

```
def f1(x):
    return x ** 2
a1 = 0
b1 = 1
n1 = 4
integral1 = trapezoidal_rule(f1, a1, b1, n1)
print(f"定积分的估计值: {integral1:.4f}")
```

测试用例 2

```
def f2(x):
    return np.sin(x)
a2 = 0
b2 = np.pi
n2 = 100
integral2 = trapezoidal_rule(f2, a2, b2, n2)
print(f"定积分的估计值: {integral2:.4f}")
```

5.2 辛普森公式求积分

```
import numpy as np

def simpson_rule(f, a, b, n):
    """

    参数:

    f: 被积函数
    a: 积分区间的下限
    b: 积分区间的上限
    n: 划分的子区间数量（必须为偶数）
```

```
    返回值:

integral: 定积分的估计值
"""
if n % 2 != 0:
 raise ValueError("子区间数量 n 必须为偶数")

h = (b - a) / n
x_values = np.linspace(a, b, n + 1)
y_values = f(x_values)

integral = h / 3 * (y_values[0] + 4 * sum(y_values[1:-1:2])
                + 2 * sum(y_values[2:-2:2]) + y_values[-1])
return integral
```

示例使用方法

```
if __name__ == "__main__":
```

测试用例 1

```
def f1(x):
return x ** 2
a1 = 0
b1 = 1
n1 = 4
integral1 = simpson_rule(f1, a1, b1, n1)
print(f"定积分的估计值: {integral1:.4f}")
```

测试用例 2

```
def f2(x):
return np.sin(x)
a2 = 0
b2 = np.pi
```

```
n2 = 100
integral2 = simpson_rule(f2, a2, b2, n2)
print(f"定积分的估计值: {integral2:.4f}")
```

5.3 柯特斯公式求积分

```python
import numpy as np

def cote_rule(f, a, b, n):
    """

        参数:

    f: 被积函数
    a: 积分区间的下限
    b: 积分区间的上限
    n: 划分的子区间数量(必须为偶数)

        返回值:

    integral: 定积分的估计值
    """
    if n % 2 != 0:
        raise ValueError("子区间数量 n 必须为偶数")

    h = (b - a) / n
    x_values = np.linspace(a, b, n + 1)
    y_values = f(x_values)

    weights = np.full(n + 1, 2)
    weights[0] = weights[-1] = 1
    integral = h / 3 * np.dot(weights, y_values)

    return integral
```

示例使用方法

```python
    if __name__ == "__main__":
```

测试用例 1

```python
def f1(x):
  return x ** 2
a1 = 0
b1 = 1
n1 = 4
integral1 = cote_rule(f1, a1, b1, n1)
print(f"定积分的估计值: {integral1:.4f}")
```

测试用例 2

```python
def f2(x):
  return np.sin(x)
a2 = 0
b2 = np.pi
n2 = 100
integral2 = cote_rule(f2, a2, b2, n2)
print(f"定积分的估计值: {integral2:.4f}")
```

5.4 复化梯形公式求积分

```python
import numpy as np

def composite_trapezoidal_rule(f, a, b, n):
    """

        参数:

    f: 被积函数
    a: 积分区间的下限
    b: 积分区间的上限
    n: 划分的子区间数量

        返回值:

    integral: 定积分的估计值
    """
```

```
h = (b - a) / n
x_values = np.linspace(a, b, n + 1)
y_values = f(x_values)

integral = h * (0.5 * y_values[0] + sum(y_values[1:-1]) +
                                    0.5 * y_values[-1])
return integral
```

示例使用方法

```
if __name__ == "__main__":
```

测试用例 1

```
def f1(x):
  return x ** 2
a1 = 0
b1 = 1
n1 = 4
integral1 = composite_trapezoidal_rule(f1, a1, b1, n1)
print(f"定积分的估计值: {integral1:.4f}")
```

测试用例 2

```
def f2(x):
  return np.sin(x)
a2 = 0
b2 = np.pi
n2 = 100
integral2 = composite_trapezoidal_rule(f2, a2, b2, n2)
print(f"定积分的估计值: {integral2:.4f}")
```

5.5 复化辛普森公式求积分

```
import numpy as np

def composite_simpson_rule(f, a, b, n):
    """

        参数:

    f: 被积函数
    a: 积分区间的下限
    b: 积分区间的上限
    n: 划分的子区间数量(必须为偶数)

        返回值:

    integral: 定积分的估计值
    """
    if n % 2 != 0:
        raise ValueError("子区间数量 n 必须为偶数")

    h = (b - a) / n
    x_values = np.linspace(a, b, n + 1)
    y_values = f(x_values)

    weights = np.full(n + 1, 1)
    weights[1:-1:2] = 4
    weights[2:-2:2] = 2
    integral = h / 3 * np.dot(weights, y_values)

    return integral
```

示例使用方法

```
if __name__ == "__main__":
```

测试用例 1

```
def f1(x):
    return x ** 2
```

```
a1 = 0
b1 = 1
n1 = 4
integral1 = composite_simpson_rule(f1, a1, b1, n1)
print(f"定积分的估计值: {integral1:.4f}")
```

测试用例 2

```
def f2(x):
  return np.sin(x)
a2 = 0
b2 = np.pi
n2 = 100
integral2 = composite_simpson_rule(f2, a2, b2, n2)
print(f"定积分的估计值: {integral2:.4f}")
```

5.6　龙贝格积分法

```
import numpy as np

def romberg_integration(f, a, b, n):
  """

      参数:

  f: 被积函数
  a: 积分区间的下限
  b: 积分区间的上限
  n: 最大迭代次数

      返回值:

  integral: 定积分的估计值
  """
  # 初始化 Romberg 表格
  R = np.zeros((n, n), dtype=float)

  # 第一列的计算, 使用复化梯形法
```

```
h = b - a
R[0, 0] = 0.5 * h * (f(a) + f(b))

for i in range(1, n):
    h /= 2
    sum_f = 0.0
    for j in range(1, 2 ** i, 2):
        sum_f += f(a + j * h)
    R[i, 0] = 0.5 * R[i - 1, 0] + h * sum_f

    # 填充剩余的 Romberg 表格项，使用 Richardson 外推
    for j in range(1, n):
        for i in range(j, n):
            R[i, j] = R[i, j - 1] + (R[i, j - 1] -
                            R[i - 1, j - 1]) / (4 ** j - 1)

    integral = R[n - 1, n - 1]
    return integral
```

示例使用方法

```
if __name__ == "__main__":
```

测试用例 1

```
def f1(x):
    return x ** 2
a1 = 0
b1 = 1
n1 = 5
integral1 = romberg_integration(f1, a1, b1, n1)
print(f"定积分的估计值: {integral1:.6f}")
```

测试用例 2

```python
def f2(x):
    return np.sin(x)
a2 = 0
b2 = np.pi
n2 = 5
integral2 = romberg_integration(f2, a2, b2, n2)
print(f"定积分的估计值: {integral2:.6f}")
```

5.7 两点公式求数值微分

```python
import numpy as np
def two_point_difference(f, x, h):
    """

    参数:

    f: 要微分的函数
    x: 求导数的点
    h: 微小的步长

    返回值:

    derivative: 导数的估计值
    """
    derivative = (f(x + h) - f(x)) / h
    return derivative
```

示例使用方法

```python
if __name__ == "__main__":
```

测试用例 1

```python
def f1(x):
    return x ** 2
x1 = 2.0
h1 = 0.01
```

```
derivative1 = two_point_difference(f1, x1, h1)
print(f"导数的估计值: {derivative1:.4f}")
```

测试用例 2

```
def f2(x):
    return np.sin(x)
x2 = np.pi / 4
h2 = 0.001
derivative2 = two_point_difference(f2, x2, h2)
print(f"导数的估计值: {derivative2:.4f}")
```

5.8 三点公式求数值微分

```
import numpy as np
def three_point_difference(f, x, h):
    """

        参数:

    f: 要微分的函数
    x: 求导数的点
    h: 微小的步长

        返回值:

    derivative: 导数的估计值
    """
    derivative = (f(x + h) - f(x - h)) / (2 * h)
    return derivative
```

示例使用方法

```
if __name__ == "__main__":
```

测试用例 1

```
def f1(x):
    return x ** 2
```

```
x1 = 2.0
h1 = 0.01
derivative1 = three_point_difference(f1, x1, h1)
print(f"导数的估计值: {derivative1:.4f}")
```

测试用例 2

```
def f2(x):
    return np.sin(x)
x2 = np.pi / 4
h2 = 0.001
derivative2 = three_point_difference(f2, x2, h2)
print(f"导数的估计值: {derivative2:.4f}")
```

6.1　欧拉法解常微分方程初值问题

```
def euler_method(f, y0, t0, tn, h):
    """

        参数:

    f: 描述微分方程 dy/dt = f(t, y) 的函数
    y0: 初始条件 y(t0)
    t0: 初始时间
    tn: 终止时间
    h: 时间步长

        返回值:

    t_values: 时间值列表
    y_values: 对应的解列表
    """
    t_values = [t0]
    y_values = [y0]

    t = t0
    y = y0
    while t < tn:
```

```
   y = y + h * f(t, y)
   t = t + h
   t_values.append(t)
   y_values.append(y)

 return t_values, y_values
```

示例使用方法

```
if __name__ == "__main__":
```

测试用例 1

```
def f1(t, y):
    return -0.1 * y

y0_1 = 1.0
t0_1 = 0.0
tn_1 = 5.0
h_1 = 0.1

t_values_1, y_values_1 = euler_method(f1, y0_1, t0_1, tn_1, h_1)
print("时间值列表:", t_values_1)
print("解列表:", y_values_1)
```

测试用例 2

```
def f2(t, y):
    return t * y

y0_2 = 1.0
t0_2 = 0.0
tn_2 = 2.0
h_2 = 0.2
```

```
t_values_2, y_values_2 = euler_method(f2, y0_2, t0_2, tn_2, h_2)
print("时间值列表:", t_values_2)
print("解列表:", y_values_2)
```

6.2　欧拉预测校正法解常微分方程初值问题

```
def euler_predictor_corrector(f, y0, t0, tn, h):
    """

        参数:

    f: 描述微分方程 dy/dt = f(t, y) 的函数
    y0: 初始条件 y(t0)
    t0: 初始时间
    tn: 终止时间
    h: 时间步长

        返回值:

    t_values: 时间值列表
    y_values: 对应的解列表
    """
    t_values = [t0]
    y_values = [y0]

    t = t0
    y = y0
    while t < tn:
        # 预测步骤（使用欧拉法）
        y_pred = y + h * f(t, y)

        # 校正步骤（使用平均斜率）
        y_corrected = y + 0.5 * h * (f(t, y) + f(t + h, y_pred))

        t = t + h
        t_values.append(t)
        y_values.append(y_corrected)
```

```
    y = y_corrected

return t_values, y_values
```

示例使用方法

```
if __name__ == "__main__":
```

测试用例 1

```
def f1(t, y):
    return -0.1 * y

y0_1 = 1.0
t0_1 = 0.0
tn_1 = 5.0
h_1 = 0.1

t_values_1, y_values_1 = euler_predictor_corrector(f1, y0_1,
                                          t0_1, tn_1, h_1)
print("时间值列表:", t_values_1)
print("解列表:", y_values_1)
```

测试用例 2

```
def f2(t, y):
    return t * y

y0_2 = 1.0
t0_2 = 0.0
tn_2 = 2.0
h_2 = 0.2

t_values_2, y_values_2 = euler_predictor_corrector(f2, y0_2,
                                          t0_2, tn_2, h_2)
```

```
print("时间值列表:", t_values_2)
print("解列表:", y_values_2)
```

6.3   4 阶龙格-库塔法解常微分方程初值问题

```
def runge_kutta_4th_order(f, y0, t0, tn, h):
    """

        参数:

    f: 描述微分方程 dy/dt = f(t, y) 的函数
    y0: 初始条件 y(t0)
    t0: 初始时间
    tn: 终止时间
    h: 时间步长

        返回值:

    t_values: 时间值列表
    y_values: 对应的解列表
    """
    t_values = [t0]
    y_values = [y0]

    t = t0
    y = y0
    while t < tn:
        k1 = h * f(t, y)
        k2 = h * f(t + h / 2, y + k1 / 2)
        k3 = h * f(t + h / 2, y + k2 / 2)
        k4 = h * f(t + h, y + k3)

        y = y + (k1 + 2 * k2 + 2 * k3 + k4) / 6
        t = t + h

        t_values.append(t)
        y_values.append(y)

    return t_values, y_values
```

示例使用方法

```
if __name__ == "__main__":
```

测试用例 1

```
def f1(t, y):
    return -0.1 * y

y0_1 = 1.0
t0_1 = 0.0
tn_1 = 5.0
h_1 = 0.1

t_values_1, y_values_1 = runge_kutta_4th_order(f1, y0_1,
                                        t0_1, tn_1, h_1)
print("时间值列表:", t_values_1)
print("解列表:", y_values_1)
```

测试用例 2

```
def f2(t, y):
    return t * y

y0_2 = 1.0
t0_2 = 0.0
tn_2 = 2.0
h_2 = 0.2

t_values_2, y_values_2 = runge_kutta_4th_order(f2, y0_2,
                                        t0_2, tn_2, h_2)
print("时间值列表:", t_values_2)
print("解列表:", y_values_2)
```

6.4　阿当姆斯法解常微分方程初值问题

```python
import numpy as np
from scipy.optimize import fsolve

def adams_bashforth_moulton(f, y0, t0, tn, h):
    """

        参数:

    f: 描述微分方程 dy/dt = f(t, y) 的函数
    y0: 初始条件 y(t0)
    t0: 初始时间
    tn: 终止时间
    h: 时间步长

        返回值:

    t_values: 时间值列表
    y_values: 对应的解列表
    """
    t_values = [t0]
    y_values = [y0]

    t = t0
    y = y0
    while t < tn:
        if t + h > tn:
            h = tn - t

        # Adams-Bashforth 预测
        if len(t_values) < 4:
            k1 = h * f(t, y)
            k2 = h * f(t + h / 2, y + k1 / 2)
            k3 = h * f(t + h / 2, y + k2 / 2)
            k4 = h * f(t + h, y + k3)

            y_pred = y + (k1 + 2 * k2 + 2 * k3 + k4) / 6
        else:
            # 使用 Adams-Moulton 校正（隐式）
```

```
        def equation(y_next):
            return y - y_next - h / 24 * (9 * f(t + h, y_next)
                    + 19 * f(t, y) - 5 * f(t - h, y_values[-2])
                            + f(t - 2 * h, y_values[-3]))

        y_pred = fsolve(equation, y)

    t = t + h
    t_values.append(t)
    y_values.append(y_pred)
    y = y_pred


return t_values, y_values
```

示例使用方法

```
if __name__ == "__main__":
```

测试用例 1

```
def f1(t, y):
    return -0.1 * y

y0_1 = 1.0
t0_1 = 0.0
tn_1 = 5.0
h_1 = 0.1

t_values_1, y_values_1 = adams_bashforth_moulton(f1, y0_1,
                                        t0_1, tn_1, h_1)
print("时间值列表:", t_values_1)
print("解列表:", y_values_1)
```

测试用例 2

```
def f2(t, y):
    return t * y

y0_2 = 1.0
t0_2 = 0.0
tn_2 = 2.0
h_2 = 0.2

t_values_2, y_values_2 = adams_bashforth_moulton(f2, y0_2,
                                        t0_2, tn_2, h_2)
print("时间值列表:", t_values_2)
print("解列表:", y_values_2)
```

附录 B 参考数学基础知识

1. 概念和术语

- 在一元非线性方程 $f(x) = 0$ 中，若函数 $f(x)$ 是多项式，即

$$f(x) = a_n x^n + a_{n-1} x^{n-1} + \cdots + a_1 x + a_0 \ (a_n \neq 0),$$

则称方程 $f(x) = 0$ 为**代数方程**（**algebraic equation**）。若函数 $f(x)$ 中含有三角函数、指数函数或其他超越函数，则称方程 $f(x) = 0$ 为**超越方程**（**transcendental equation**）。

- 对于 n 阶矩阵 $\boldsymbol{A} = (a_{ij})_{n \times n}$，若 $a_{ij} = a_{ji}$，$i, j = 1, 2, \cdots, n$，则称 $\boldsymbol{A}$ 为**对称矩阵**（**symmetric matrix**）。若对于任意非零向量 $\boldsymbol{x}$，都有 $\boldsymbol{x}^{\mathrm{T}} \boldsymbol{A} \boldsymbol{x} > 0$，则称 $\boldsymbol{A}$ 为**正定矩阵**（**positive definite matrix**）。既对称又正定的矩阵称为**对称正定矩阵**。

- 行列式

$$D = \begin{vmatrix} 1 & x_0 & x_0^2 & \cdots & x_0^n \\ 1 & x_1 & x_1^2 & \cdots & x_1^n \\ \vdots & \vdots & \vdots & \ddots & \vdots \\ 1 & x_n & x_n^2 & \cdots & x_n^n \end{vmatrix}$$

称为 $\boldsymbol{n+1}$ **阶范德蒙**（**Vandermonde**）**行列式**。对任意 n，$n+1$ 阶范德蒙行列式等于 $x_0, x_1, \cdots, x_n$ 这 $n+1$ 个数的所有可能的差 $x_i - x_j \ (0 \leqslant j < i \leqslant n)$ 的乘积，即

$$D = \begin{vmatrix} 1 & x_0 & x_0^2 & \cdots & x_0^n \\ 1 & x_1 & x_1^2 & \cdots & x_1^n \\ \vdots & \vdots & \vdots & \ddots & \vdots \\ 1 & x_n & x_n^2 & \cdots & x_n^n \end{vmatrix} = \prod_{0 \leqslant j < i \leqslant n} (x_i - x_j)。$$

- 设函数 $f(x)$ 在 $[a, b]$ 上有界，$a = x_0 < x_1 < \cdots < x_n = b$。令 $\Delta x_i = x_{i+1} - x_i$，$i = 0, 1, \cdots, n-1$，记 $\lambda = \max\{\Delta x_0, \Delta x_1, \cdots, \Delta x_{n-1}\}$。$\forall \xi_i \in [x_i, x_{i+1}]$，$i = 0, 1, \cdots, n-1$，作 $\sum_{i=0}^{n-1} f(\xi_i) \Delta x_i$。若 $\lim_{\lambda \to 0} \sum_{i=0}^{n-1} f(\xi_i) \Delta x_i$ 存在，则称 $f(x)$ 在 $[a, b]$ 上**可积**，极限值称为函数 $f(x)$ 在区间 $[a, b]$ 上的**定积分**（也称为黎曼（**Riemann**）积分），记为 $\int_a^b f(x) \mathrm{d}x$。

2. 数学公式

- **解线性方程组的克莱姆**（**Cramer**）**法则**

若线性方程组

$$\begin{cases} a_{11}x_1 + a_{12}x_2 + \cdots + a_{1n}x_n = b_1 \\ a_{21}x_1 + a_{22}x_2 + \cdots + a_{2n}x_n = b_2 \\ \vdots \qquad \vdots \qquad \ddots \qquad \vdots \qquad \vdots \\ a_{n1}x_1 + a_{n2}x_2 + \cdots + a_{nn}x_n = b_n \end{cases}$$

的系数矩阵

$$\boldsymbol{A} = \begin{pmatrix} a_{11} & a_{12} & \cdots & a_{1n} \\ a_{21} & a_{22} & \cdots & a_{2n} \\ \vdots & \vdots & \ddots & \vdots \\ a_{n1} & a_{n2} & \cdots & a_{nn} \end{pmatrix}$$

的行列式

$$D = \det(\boldsymbol{A}) \neq 0,$$

则此线性方程组有解且唯一，解可以通过系数表示为

$$x_i = \frac{D_i}{D},\ i = 1, 2, \cdots, n,$$

其中 D_i 是将行列式 D 的第 i 列用右端项 b 替代后得到的行列式。

- 若函数 $F(x)$ 是连续函数 $f(x)$ 在区间 $[a,b]$ 上的原函数，则

$$\int_a^b f(x)\mathrm{d}x = F(b) - F(a),$$

称该公式为**牛顿-莱布尼茨（Newton-Leibniz）公式**，也称为**微积分基本公式**。

3. 定理陈述

- **泰勒（Taylor）中值定理 1**

若函数 $f(x)$ 在 x_0 处具有 n 阶导数，则存在 x_0 的某个邻域 $\delta(x_0)$，对 $\forall x \in \delta(x_0)$，有

$$f(x) = f(x_0) + f'(x_0)(x - x_0) + \frac{f''(x_0)}{2!}(x - x_0)^2 + \cdots + \frac{f^{(n)}(x_0)}{n!}(x - x_0)^n + \mathrm{o}(x - x_0)^n,$$

称该公式为**函数 $\boldsymbol{f(x)}$ 按 $\boldsymbol{x - x_0}$ 的幂展开的带佩亚诺（Peano）余项的 $\boldsymbol{n}$ 次泰勒公式**。

- **泰勒中值定理 2**

若函数 $f(x)$ 在 x_0 的某个邻域 $\delta(x_0)$ 内具有 $n+1$ 阶导数，则对 $\forall x \in \delta(x_0)$，有

$$f(x) = f(x_0) + f'(x_0)(x - x_0) + \frac{f''(x_0)}{2!}(x - x_0)^2 + \cdots + \frac{f^{(n)}(x_0)}{n!}(x - x_0)^n$$

$$+ \frac{f^{(n+1)}(\xi)}{(n+1)!}(x - x_0)^{n+1}, \quad 其中 \xi 介于 x 和 x_0 之间,$$

称该公式为函数 $f(x)$ 按 $x - x_0$ 的幂展开的带拉格朗日余项的 n 次泰勒公式。

- **拉格朗日（Lagrange）中值定理**

设 $f(x)$ 在闭区间 $[a, b]$ 上连续，在开区间 (a, b) 上可导，则至少存在一点 $\xi \in (a, b)$，使得

$$f'(\xi) = \frac{f(b) - f(a)}{b - a}。$$

- **罗尔（Rolle）中值定理**

设 $f(x)$ 在闭区间 $[a, b]$ 上连续，在 (a, b) 上可导，且 $f(a) = f(b)$，则至少存在一点 $\xi \in (a, b)$，使得 $f'(\xi) = 0$。

- **罗尔中值定理的推论**

设 $f(x)$ 在区间 $[a, b]$ 上充分光滑，$a \leqslant x_0 < x_1 < \cdots < x_n \leqslant b$ 且 $f(x_0) = f(x_1) = \cdots = f(x_n)$，则至少存在一点 $\xi \in (a, b)$，使得 $f^{(n)}(\xi) = 0$。

- **多元函数极值理论（多元函数极值存在的必要条件）**

设多元函数 $y = \varphi(x_1, x_2, \cdots, x_m)$ 在点 $M(x_1^*, x_2^*, \cdots, x_m^*)$ 处存在偏导数，且在点 M 处取得极值，则有

$$\varphi'_{x_i}(x_1^*, x_2^*, \cdots, x_m^*) = 0, \ i = 1, 2, \cdots, m。$$

- **积分第一中值定理**

设 $f(x)$ 在闭区间 $[a, b]$ 上连续，那么在积分区间 $[a, b]$ 上至少存在一点 ξ，使得

$$\int_a^b f(x)\,\mathrm{d}x = (b - a)\, f(\xi)。$$

- **推广的积分第一中值定理**

若函数 $f(x)$ 与 $g(x)$ 在闭区间 $[a, b]$ 上连续，函数 $g(x)$ 在 $[a, b]$ 上可积且不变号，则 $[a, b]$ 上至少存在一点 ξ，使得

$$\int_a^b f(x)g(x)\mathrm{d}x = f(\xi)\int_a^b g(x)\mathrm{d}x。$$

- **连续函数的"中值定理"（介值定理）**

设函数 $f(x)$ 在闭区间 $[a, b]$ 上连续，若 $f(a) \neq f(b)$，则对于 $f(a)$ 和 $f(b)$ 之间的任一数 C，都至少存在一点 $\xi \in (a, b)$，使得 $f(\xi) = C$。

- **泰勒定理**

若二元函数 $f(x, y)$ 在点 (x_0, y_0) 的某邻域 $U(x_0, y_0)$ 内有 $n + 1$ 阶连续偏导数，则对 $U(x_0, y_0)$ 内任一点 $(x_0 + h, y_0 + k)$，存在相应的 $\theta \in (0, 1)$，使得

$$f(x_0 + h, y_0 + k) = f(x_0, y_0) + \left(h\frac{\partial}{\partial x} + k\frac{\partial}{\partial y}\right)f(x_0, y_0)$$

$$+ \frac{1}{2!}\left(h\frac{\partial}{\partial x} + k\frac{\partial}{\partial y}\right)^2 f(x_0, y_0) + \cdots$$

$$+ \frac{1}{n!}\Big(h\frac{\partial}{\partial x} + k\frac{\partial}{\partial y}\Big)^n f(x_0, y_0)$$

$$+ \frac{1}{(n+1)!}\Big(h\frac{\partial}{\partial x} + k\frac{\partial}{\partial y}\Big)^{n+1} f(x_0 + \theta h, y_0 + \theta k),$$

称此式为二元函数 f 在点 (x_0, y_0) 的 n **阶泰勒公式**，其中

$$\Big(h\frac{\partial}{\partial x} + k\frac{\partial}{\partial y}\Big)^m f(x_0, y_0) = \sum_{i=0}^{m} C_m^i \frac{\partial^m}{\partial x^i \partial y^{m-i}} f(x_0, y_0) h^i k^{m-i}, \ m = 1, 2, \cdots, n+1。$$

参 考 文 献

[1] 靳天飞. 计算方法（Python 版）[M]. 北京：清华大学出版社，2023.

[2] 周生田，王际朝，郭会. 计算方法 [M]. 3 版. 北京：石油工业出版社，2020.

[3] 李庆扬，王能超，易大义. 数值分析 [M]. 4 版. 武汉：华中科技大学出版社，2006.

[4] 关治，陈景良. 数值计算方法 [M]. 北京：清华大学出版社，1990.

[5] 喻文健. 数值分析与算法 [M]. 2 版. 北京：清华大学出版社，2017.

[6] SAUER T. 数值分析 [M]. 裴玉茹，马赓宇，译. 北京：机械工业出版社，2020.

[7] 杨一都. 数值计算方法 [M]. 北京：高等教育出版社，2008.

[8] 冯康. 数值计算方法 [M]. 北京：国防工业出版社，1978.

[9] SciPy 参考手册. https://docs.scipy.org/doc/scipy/reference.

[10] NumPy 参考手册. https://numpy.org/doc/stable/reference/.

图 书 资 源 支 持

感谢您一直以来对清华版图书的支持和爱护。为了配合本书的使用,本书提供配套的资源,有需求的读者请扫描下方的"书圈"微信公众号二维码,在图书专区下载,也可以拨打电话或发送电子邮件咨询。

如果您在使用本书的过程中遇到了什么问题,或者有相关图书出版计划,也请您发邮件告诉我们,以便我们更好地为您服务。

我们的联系方式:

清华大学出版社计算机与信息分社网站: https://www.shuimushuhui.com/

地　　址: 北京市海淀区双清路学研大厦 A 座 714

邮　　编: 100084

电　　话: 010-83470236　010-83470237

客服邮箱: 2301891038@qq.com

QQ: 2301891038 (请写明您的单位和姓名)

资源下载: 关注公众号"书圈"下载配套资源。

资源下载、样书申请	图书案例	
书 圈	清华计算机学堂	观看课程直播